W0270788

Vorwort

Liebe Schülerin, lieber Schüler,

Sie stehen kurz vor dem Übergang in die Sekundarstufe II?
Klasse vorbereitet hilft Ihnen, Ihre Fähigkeiten im Fach Mathematik richtig einzuordnen und das zu trainieren, was Sie noch nicht sicher genug beherrschen.

Wie arbeiten Sie mit diesem Buch?

1 Beginnen Sie mit dem Einstiegstest. Bearbeiten Sie jeweils einen Teilbereich (A bis F). Für einen Teilbereich benötigen Sie ungefähr 45 Minuten.

2 Kontrollieren Sie Ihre Ergebnisse mithilfe der Lösungen im Anhang und notieren Sie Ihre Ergebnisse im Lernplaner (auf Seite 6).

3 Der Lernplaner gibt Ihnen eine Übersicht darüber, welche Themen Ihnen noch Schwierigkeiten bereiten und welche Kapitel Sie daher als Erstes bearbeiten sollten. Am Ende jedes Kapitels können Sie im Zwischentest Ihren Lernfortschritt überprüfen.

4 Nachdem Sie alle Kapitel durchgearbeitet haben, in den Sie noch Schwierigkeiten hatten, sind Sie fit für den Abschlusstest.

Wenn Sie im Buch nicht genügend Platz zur Bearbeitung der Aufgaben finden, nehmen Sie bitte ein Heft zur Hand.

Viel Erfolg beim Üben mit ***Klasse vorbereitet***!
Gotthard Jost

Inhalt

Lernplaner ... 6

Einstiegstest ... 7

Terme und Gleichungen ... 13
- Termbegriff ... 13
- Produkte von Summen, binomische Formeln ... 14
- Bruchterme ... 15
- Gleichungen ... 16
- Bruchgleichungen ... 17
- Formeln auflösen ... 18
- Lineare Gleichungssysteme ... 19
- Quadratische Gleichungen ... 21
- Ungleichungen ... 23
- **Zwischentest: Klasse vorbereitet?** ... 24

Potenzen, Wurzeln, Logarithmen ... 25
- Rationale Zahlen ... 25
- Potenzen mit Exponenten aus $\mathbb{Z}$ ... 26
- Potenzgesetze ... 28
- Normierte Exponentialform ... 30
- Wurzeln, irrationale Zahlen ... 32
- Potenzen mit rationalen Exponenten ... 34
- Potenzgleichungen ... 35
- Logarithmen und Logarithmengesetze ... 36
- Exponentialgleichungen ... 37
- **Zwischentest: Klasse vorbereitet?** ... 38

Geometrie ... 39
- Kongruenzsätze und Dreieckskonstruktionen ... 39
- Mittelsenkrechte und Winkelhalbierende im Dreieck ... 40
- Seitenhalbierende und Höhen im Dreieck ... 41
- Umfangswinkelsatz, Satz des Thales ... 42
- Ähnliche Figuren ... 43
- Zentrische Streckung ... 44
- Strahlensätze ... 45
- Satz des Pythagoras ... 46
- Kathetensatz und Höhensatz ... 47
- Trigonometrie ... 48
- Sinussatz und Kosinussatz ... 49
- **Zwischentest: Klasse vorbereitet?** ... 50

Flächen und Körper ... 51
- Vierecke ... 51
- Dreiecke ... 53
- Zusammengesetzte Flächen ... 54
- Kreis, Kreisteile ... 55

Würfel und quadratische Säule ... 57
Quader und Prisma ... 58
Zylinder ... 59
Pyramide und Kegel ... 61
Pyramiden- und Kegelstumpf ... 62
Kugel und Kugelschicht ... 63
Zwischentest: Klasse vorbereitet? ... 64

Funktionen ... 65
Begriffe und Definitionen ... 65
Geradengleichungen ... 67
Quadratische Funktionen ... 69
Normalparabel und verschobene Normalparabel ... 70
Potenzfunktionen ... 71
Winkelfunktionen am Einheitskreis ... 73
Zusammenhänge und besondere Funktionswerte ... 74
Bogenmaß und Graphen der Winkelfunktionen ... 75
Allgemeine Sinusfunktion ... 76
Umkehrfunktionen ... 77
Wurzelfunktionen ... 78
Exponentialfunktionen ... 79
Logarithmusfunktionen ... 80
Zwischentest: Klasse vorbereitet? ... 81

Wachstumsvorgänge ... 82
Lineares Wachstum ... 82
Exponentielles Wachstum ... 83
Beschränktes Wachstum ... 84
Modellieren von Wachstumsvorgängen ... 85
Zwischentest: Klasse vorbereitet? ... 86

Daten und Zufall ... 87
Median – Mittelwert – Standardabweichung ... 87
Permutationen, Variationen und Kombinationen ... 88
Ereignisse, absolute und relative Häufigkeit ... 89
Wahrscheinlichkeit ... 90
Gegenereignis, Vereinigung, Schnitt ... 91
Vierfeldertafel ... 92
Additionssatz ... 93
Unabhängigkeit von Ereignissen ... 94
Zwischentest: Klasse vorbereitet? ... 95

Abschlusstest ... 96

Lösungen ... 102

Lernplaner

1 Bearbeiten Sie den Einstiegstest. Kreuzen Sie hier an, welches Ergebnis Sie in den verschiedenen Teilbereichen erzielt haben.

Teilbereich Einstiegstest	🙂	😐	🙁	Seiten im Buch
A Terme und Gleichungen				Seite 13 bis 24
B Potenzen, Wurzeln, Logarithmen				Seite 25 bis 38
C Geometrie				Seite 39 bis 50
D Flächen und Körper				Seite 51 bis 64
E Funktionen (Aufgaben 33 – 35) und Wachstumsvorgänge (Aufgaben 36 – 37)				Seite 65 bis 81 Seite 82 bis 86
F Daten und Zufall				Seite 87 bis 95

2 Bei welchen Teilbereichen haben Sie 🙁 angekreuzt?
Notieren Sie sie in der Tabelle unten. Beginnen Sie mit dem schlechtesten Ergebnis.
Bearbeiten Sie dann die angegebenen Seiten im Buch der Reihe nach.
Ihr Ergebnis im Zwischentest sollte nun mindestens ein 😐 sein.

Teilbereich Einstiegstest	Ergebnis Einstiegs-test	erledigen bis	Ergebnis Zwischen-test

3 Ergänzen Sie, wo Sie im Einstiegstest ein 😐 erreicht haben. In diesen Bereichen bereiten Ihnen wahrscheinlich nur bestimmte Aufgabentypen Schwierigkeiten. Konzentrieren Sie sich auf diese Aufgaben, wenn Sie das jeweilige Kapitel bearbeiten. Auch wenn Sie überwiegend 🙂 erzielt haben, hilft Ihnen dieses Buch dabei, noch sicherer zu werden.

4 Kontrollieren Sie Ihren Lernerfolg mithilfe des Abschlusstests.

Einstiegstest

A Terme und Gleichungen

1 Ergänzen Sie die fehlenden Terme in der Gleichung. Links steht der Produktterm, rechts der Summenterm gemäß einer binomischen Formel.

a) $(3ab + 5b^2)^2 = \ldots\ldots + \ldots\ldots + \ldots\ldots$

b) $(3{,}5x - \ldots\ldots)^2 = \ldots\ldots - \ldots\ldots + 36x^2y^2$

c) $(-3x - \ldots\ldots)(\ldots\ldots - \ldots\ldots) = 25a^2 - 9x^2$

d) $(\ldots\ldots + \ldots\ldots)^2 = 64x^2 + 112x + \ldots\ldots$

4

2 Lösen Sie die Gleichung $3 \cdot (4 - y) - 5y + (y - 2) \cdot (y + 3) = y^2 - 9y + 32$ und führen Sie die Probe durch.

3

3 Geben Sie die Definitions- und die Lösungsmenge der Bruchgleichung $\frac{3}{x-3} = \frac{4x+1}{x^2-9}$ an und führen Sie die Probe durch.

6

4 Lösen Sie die Formel nach der gesuchten Variablen auf.

a) $A = \frac{g \cdot h}{2}$, gesucht ist g.

b) $u = 2a + 2b$, gesucht ist b.

c) $V = \frac{4}{3} \cdot \pi \cdot r^3$, gesucht ist r.

d) $O = 2 \cdot \pi \cdot r^2 + 2 \cdot \pi \cdot r \cdot h$, gesucht ist h.

4

5 Lösen Sie das Gleichungssystem nach dem von Ihnen bevorzugten Verfahren rechnerisch.

a) $\left| \begin{array}{l} \boxed{1}\ 3x - 5y = 37 \\ \boxed{2}\ 2x + 4y = 10 \end{array} \right|$

b) $\left| \begin{array}{l} \boxed{1}\ 2 \cdot (x + 6) + 8 = 5y - 25 \\ \boxed{2}\ 3 \cdot (x + y) - 2x = 2y + 2 \end{array} \right|$

4

6 Lösen Sie die Gleichung $(2x - 5)^2 - 7x + 16 = x - 7$ und führen Sie die Probe durch.

3

7 Prüfen Sie mit dem Satz des Vieta, ob die Gleichung die beiden angegebenen Lösungen x_1 und x_2 hat.
Gleichung: $x^2 - 7x - 18 = 0$; Lösungen: $x_1 = -9$ und $x_2 = 2$

2

8 Lösen Sie die folgenden Ungleichungen. Beachten Sie die Grundmenge G.

a) $-5 \cdot (x - 3) < (-2 + 2x) \cdot (-2)$; $G = \mathbb{R}$

b) Subtrahiert man das 3-fache einer Zahl von 9, so ist das Ergebnis größer als das 5-fache der Zahl $(G = \mathbb{N})$.

4

Gesamtpunktzahl: 30

Kontrollieren Sie Ihre Ergebnisse mithilfe der Lösungen (S. 102) und addieren Sie die erreichten Punkte.

☐ 30 bis 24 Punkte: ☺ ☐ 23 bis 15 Punkte: 😐 ☐ 14 bis 0 Punkte: ☹

Lern planer

B Potenzen, Wurzeln, Logarithmen

9 Berechnen Sie ohne Taschenrechner.

a) $\left(\frac{3}{4}+\frac{7}{12}\right)\cdot\frac{3}{8}$

b) $\left(\frac{17}{6}-3+\frac{5}{12}\right):\frac{7}{24}$

2 **10** Schreiben Sie in normierter Exponentialform.

a) 37 468 000

2 b) 0,000 000 0813

11 Ermitteln Sie das Ergebnis ohne Taschenrechner in normierter Exponentialform.

4 a) $\frac{6^5\cdot 10^3}{0{,}1^3\cdot 3^5}$ b) $\frac{9^4\cdot 10^{-3}}{3^7\cdot 10^6}$

12 Vereinfachen Sie den Term so weit wie möglich.

a) $x^{2n-7}\cdot x^{9-3n}$ b) $\frac{64\,y^{m-3}}{2^5\,y^{m-4}}$

4 c) $(a^{2n-3})^2\cdot a^{8-5n}$ d) $(2a^2b)^{n-1}\cdot\left(\frac{1}{4ab}\right)^{n-1}$

13 Berechnen Sie das Ergebnis ohne Taschenrechner.

3 a) $\sqrt[3]{2}\cdot\sqrt[3]{4}$ b) $\frac{\sqrt[5]{9}}{\sqrt[5]{\frac{1}{27}}}$ c) $\sqrt[21]{125^7}$

14 Berechnen Sie das Ergebnis ohne Taschenrechner.

3 a) $7^{\frac{1}{3}}\cdot 7^{\frac{2}{3}}$ b) $\sqrt[3]{8^4}\cdot 2^{\frac{2}{3}}\cdot 4^{\frac{2}{3}}$ c) $\left(4^{-\frac{1}{3}}\right)^{-6}$

15 a) Lösen Sie die Potenzgleichung $4x^4-3\cdot(x^2+1)\cdot(x^2-1)=628$.

4 b) Wie viele Lösungen sind bei einer Gleichung der Form $x^n=a$ $(n\in\mathbb{N}^*\setminus\{1\})$ möglich?

16 Berechnen Sie

a) ohne Taschenrechner:

$\log_5 25$ $\log_6 216$ $\log_2\frac{1}{8}$ $\log_7\frac{1}{\sqrt[3]{49}}$

b) mit Taschenrechner (auf 4 Nachkommastellen genau):

6 $\log_3 7{,}8$ $\log 123$ $\ln 16{,}5$ $\ln 0{,}25$

17 Lösen Sie die Gleichung $12{,}5-4\cdot 3^{x+3}=-38{,}7$.

2 Geben Sie die Lösung auf zwei Dezimalen gerundet an.

30 Gesamtpunktzahl

Lern planer Kontrollieren Sie Ihre Ergebnisse mithilfe der Lösungen (S. 102) und addieren Sie die erreichten Punkte.

☐ 30 bis 24 Punkte: ☺   ☐ 23 bis 15 Punkte: 😐   ☐ 14 bis 0 Punkte: ☹

C Geometrie

18 In dem abgebildeten rechtwinkligen Dreieck ABC sind die Strecken $\overline{AD}$ und $\overline{BC}$ gleich lang.
Beweisen Sie: In einem solchen Dreieck ist der Abstand des Punktes D von der Strecke $\overline{AC}$ gleich lang wie die Strecke $\overline{DB}$.

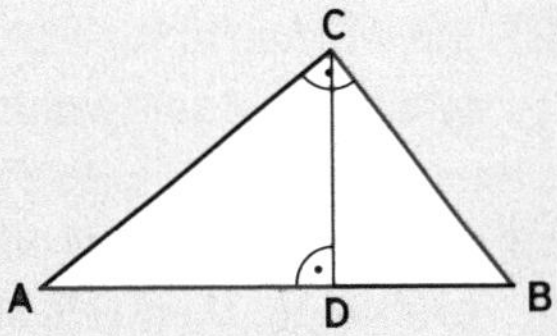

4

19 Berechnen Sie.

a) Wie lang ist die Strecke x? ($g \parallel h$)

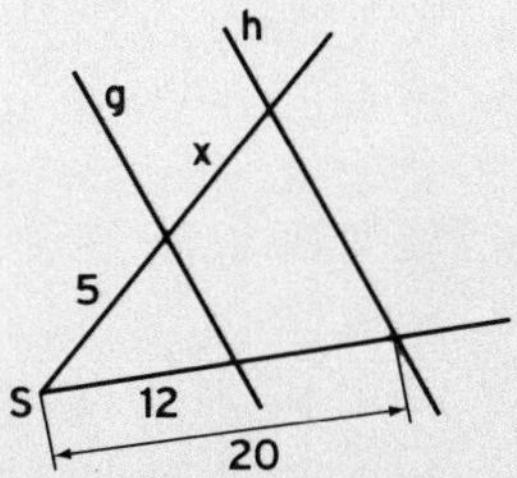

b) Wie lang ist die Strecke y? ($p \parallel q$)

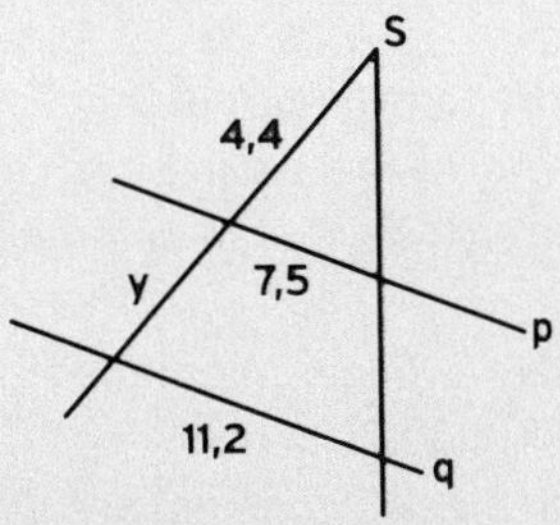

6

20 Berechnen Sie mithilfe der rechts abgebildeten Skizze eines Quaders.

a) Wie lang ist die Bodendiagonale d?
b) Wie lang ist die Raumdiagonale e?

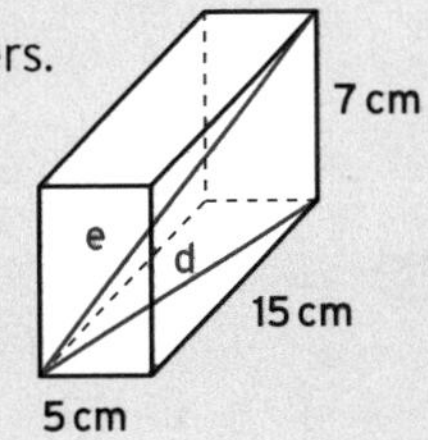

4

21 Eine Leiter ist 5,8 m lang. Sie lehnt an einer senkrechten Wand. Das untere Ende ist 3,10 m von der Wand entfernt aufgesetzt. In welcher Höhe lehnt das andere Ende an der Wand?

2

22 a) Geben Sie je zwei Gleichungen für $\sin\alpha$, $\cos\gamma$ und $\tan\alpha$ an.

b) Ergänzen Sie:

$\frac{d}{a} = \square\ \gamma$; $\frac{c}{a} = \square\ \gamma$; $\frac{c}{b} = \square\ \alpha$;

$\frac{f}{\square} = \tan \square$; $\frac{f}{\square} = \tan \square$

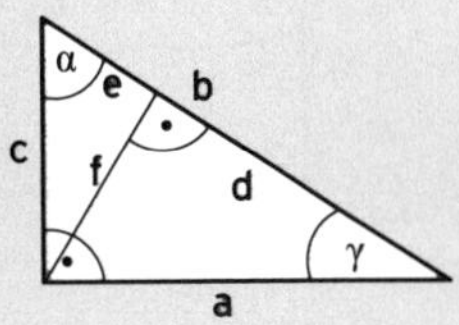

8

23 Berechnen Sie das gesuchte Maß, das als Variable notiert ist.

a)

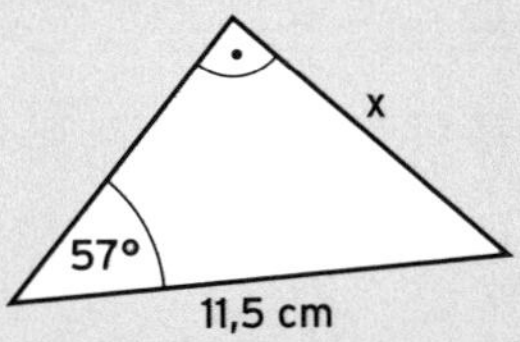

b)

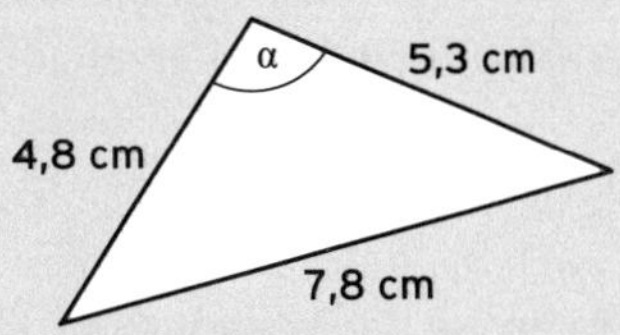

6

Gesamtpunktzahl: 30

Kontrollieren Sie Ihre Ergebnisse mithilfe der Lösungen (S. 102) und addieren Sie die erreichten Punkte.
☐ 30 bis 24 Punkte: ☺ ☐ 23 bis 15 Punkte: 😐 ☐ 14 bis 0 Punkte: ☹

Lern planer

Einstiegstest

D Flächen und Körper

24 Ein Würfel hat eine Oberfläche von $294\,cm^2$.
Wie groß ist sein Volumen?

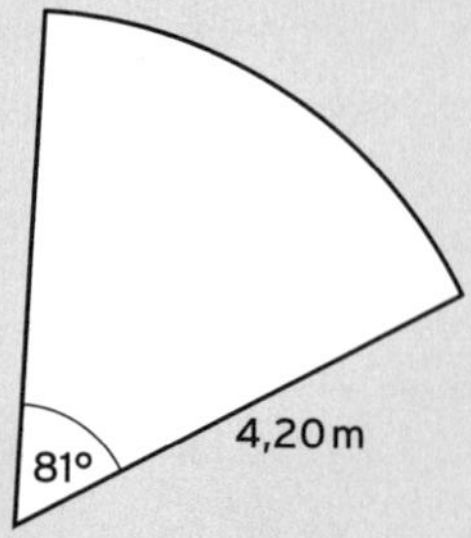

25 Aus einem Quadrat der Kantenlänge 12 cm wird der größtmögliche Kreis ausgeschnitten.
2 Welchen Flächeninhalt hat er?

2 **26** Berechnen Sie Flächeninhalt und Umfang des rechts abgebildeten Kreissektors.

4 **27** Ein Auto mit Reifen von 60 cm Durchmesser hat eine Gesamtfahrleistung von 24 526 km erbracht und besitzt noch die Erstbereifung.
4 Wie oft haben sich die Reifen gedreht?

28 Der abgebildete Zylinder mit aufgesetzter Halbkugel ist 70 cm breit und 1,80 m hoch.

a) Berechnen Sie das Volumen des Körpers.

b) Berechnen Sie den Oberflächeninhalt des Körpers.

4

29 Berechnen Sie das Volumen des abgebildeten Körpers in Litern.

a)

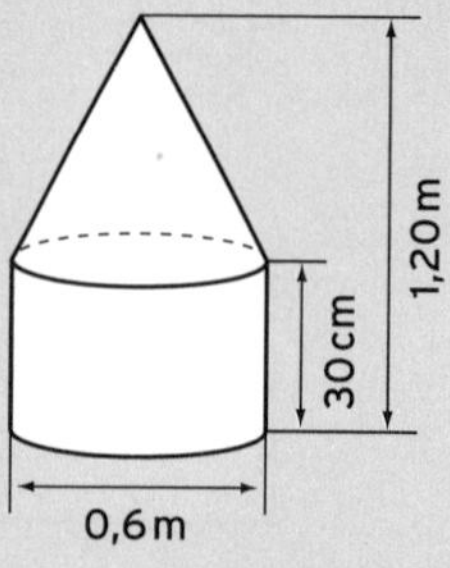

b)

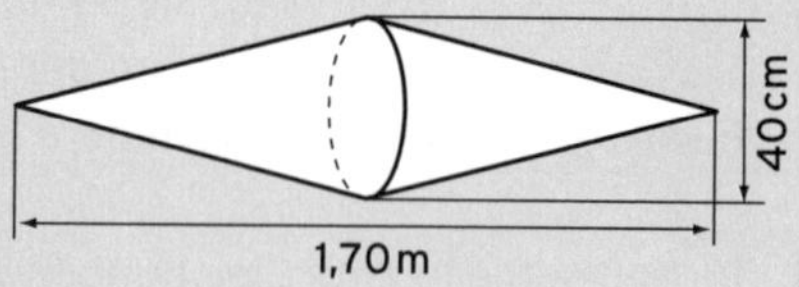

4

2 **30** Eine Kugel hat einen Oberflächeninhalt von $850\,cm^2$. Welches Volumen hat sie?

31 Ein Würfel und eine Kugel haben dasselbe Volumen von 8 Litern.
4 Berechnen Sie die Oberflächeninhalte der beiden Körper.

32 Ein Kegel hat die Kantenlänge $s = 12\,cm$ und den Oberflächeninhalt $267\,cm^2$.

a) Berechnen Sie den Grundflächenradius r.

4 b) Berechnen Sie das Volumen des Kegels.

30 **Gesamtpunktzahl**

Lern planer

Kontrollieren Sie Ihre Ergebnisse mithilfe der Lösungen (S. 102/103) und addieren Sie die erreichten Punkte.

☐ 30 bis 24 Punkte: ☺ ☐ 23 bis 15 Punkte: 😐 ☐ 14 bis 0 Punkte: ☹

E Funktionen und Wachstumsvorgänge

33 Bestimmen Sie die Gleichung der linearen Funktion zu folgendem Graphenverlauf.
a) Der Graph schneidet die y-Achse an der Stelle 4,5 und hat die Steigung 3.
b) Der Graph schneidet die y-Achse an der Stelle −3 und verläuft durch den Punkt (4 | 5).
c) Der Graph verläuft durch die Punkte A(−1 | 4) und B(2 | −5).
d) Der Graph schneidet die x-Achse an der Stelle 5 und die y-Achse an der Stelle −8. 7

34 Eine quadratische Funktion hat die Gleichung $f(x) = x^2 - 6x + 5$.
a) Formen Sie die Gleichung in die Scheitelpunktform um und skizzieren Sie den zugehörigen Funktionsgraphen.
b) Notieren Sie die Koordinaten des Scheitelpunktes.
c) Wie heißen die Nullstellen der Funktion? 5

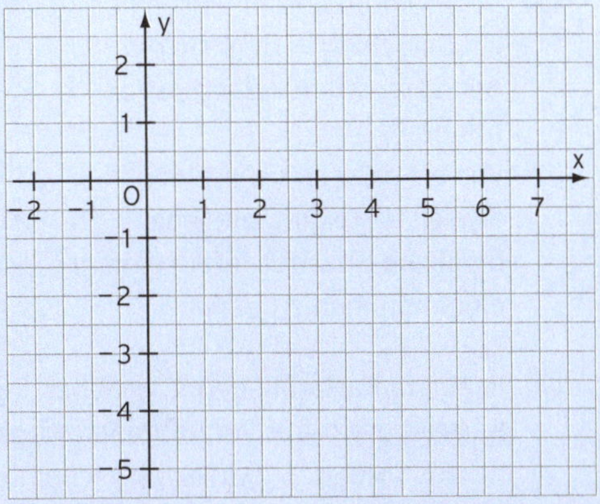

35 Ordnen Sie die Funktionsgraphen den Gleichungen zu.
a) $f(x) = 2^x$ b) $g(x) = \left(\frac{1}{2}\right)^x$ c) $h(x) = \log_2 x$ d) $k(x) = \log_{0,5} x$.

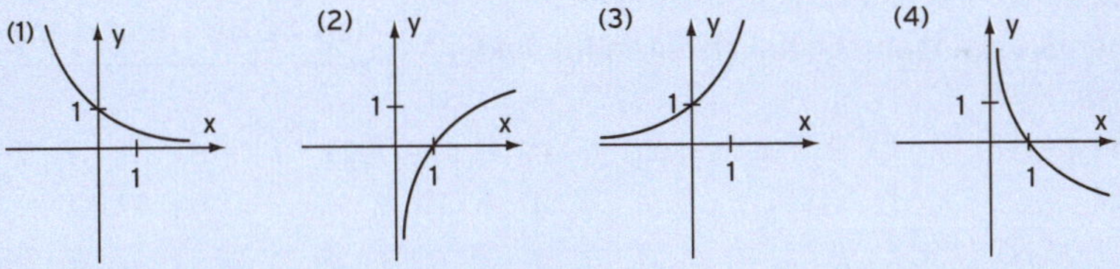

4

36 a) Skizzieren Sie jeweils ein Diagramm für lineares, exponentielles und beschränktes Wachstum.
b) Zu welcher Art von Wachstum passt folgende Aussage:
„Die Änderungsrate ist konstant (proportional zum Sättigungsmanko)“?
c) Gegeben ist ein linearer Wachstumsvorgang mit B(0) = 4; B(3) = 11,8.
Bestimmen Sie die Änderungsrate „d“, sowie eine rekursive und eine explizite Darstellung. 7

37 Ein Schüler isst in der Schulkantine zu Mittag. Es gibt eine Suppe als Vorspeise. Die Suppe hat eine Temperatur von 65 °C. Damit sie schnell abkühlt, rührt der Schüler in der Suppe. Die Temperatur der Suppe nimmt dadurch alle 15 Sekunden um 12 % der Differenz zwischen Raumtemperatur (21 °C) und Suppentemperatur ab.
a) Welche Temperatur hat die Suppe nach 45 s (1:30 min)?
b) Nach welcher Zeit fällt die Temperatur der Suppe unter 35 °C? 7

Gesamtpunktzahl: 30

Kontrollieren Sie Ihre Ergebnisse mithilfe der Lösungen (S. 103) und addieren Sie die erreichten Punkte.
☐ 30 bis 24 Punkte: ☺ ☐ 23 bis 15 Punkte: 😐 ☐ 14 bis 0 Punkte: ☹

Lern planer

F Daten und Zufall

38 Alle Schülerinnen und Schüler der 11. Klasse eines Gymnasiums haben einen Test absolviert, der mit Punkten zwischen 0 und 15 bewertet wurde. Hier ist das Ergebnis:

0	1	2	3	4	5	6	7	8	9	10	11	12	13	14	15
0	2	1	3	5	4	7	8	11	9	8	6	4	1	2	1

Berechnen Sie den Punktedurchschnitt auf eine Stelle nach dem Komma gerundet.

3

39 Sechs Freundinnen fahren in ein Skigebiet, in dem sie ein 6er-Sessellift zur Bergstation bringt.
Wie oft müssen sie auf den Sessellift steigen, um jede mögliche Sitzanordnung einmal eingenommen zu haben?

3

40 In einem Karton liegen 12 gleichartige Kugeln. 6 von ihnen sind rot, 4 blau und 2 gelb. Karsten greift mit verbundenen Augen hinein und holt nacheinander zwei Kugeln heraus. Wie groß ist die Wahrscheinlichkeit, dass mindestens eine davon gelb ist?

4

41 Ein Zufallsexperiment ergab die in der Tabelle angegebene Wahrscheinlichkeitsverteilung. Berechnen Sie die Wahrscheinlichkeiten folgender Ereignisse:

e_i	e_1	e_2	e_3	e_4
$P(e_i)$	0,08	0,49	0,27	0,16

a) $A = \{e_2; e_4\}$ b) $B = \{e_1; e_2; e_3\}$ c) $C = \{e_1; e_3\}$ d) $\overline{A}$
e) $A \cup B$ f) $A \cap C$ g) $\overline{A} \cap B$ h) $\overline{A \cup C}$

8

42 Von den 34 Schülern einer 9. Klasse gaben 12 an, schon Nachhilfe in Englisch (E) oder Mathematik (M) gehabt zu haben. 27 Schüler hatten noch nie Englischnachhilfe ($\overline{E}$), 26 noch keine Mathematiknachhilfe ($\overline{M}$).

	M	$\overline{M}$	Ges.
E			
$\overline{E}$		22	27
Ges.		26	34

a) Vervollständigen Sie die Vierfeldertafel.
b) Was bedeutet die Zahl im Feld $\overline{E} \cap M$?
c) Wie groß ist die Wahrscheinlichkeit, dass ein zufällig gewählter Schüler schon Nachhilfe in beiden Fächern hatte?

6

43 Eine Urne enthält Kugeln mit den Zahlen 1 bis 25. Bei einem Glücksspiel wird eine Kugel gezogen. Man gewinnt, wenn die Zahl auf der gezogenen Kugel
a) durch 3 oder 7 teilbar ist, b) eine gerade Zahl oder eine Quadratzahl ist.
Berechnen Sie jeweils die Gewinnwahrscheinlichkeit. Wenn Sie an einem Schulfest eine der beiden Versionen anbieten wollen, für welche würden Sie sich entscheiden?

6

30 Gesamtpunktzahl

Kontrollieren Sie Ihre Ergebnisse mithilfe der Lösungen (S. 103) und addieren Sie die erreichten Punkte.
☐ 30 bis 24 Punkte: ☺ ☐ 23 bis 15 Punkte: 😐 ☐ 14 bis 0 Punkte: ☹

Terme und Gleichungen

Vorschau
- → Terme aufstellen und vereinfachen
- → Produkte von Summen, binomische Formeln
- → Bruchterme: Definitionsmenge und Hauptnenner
- → Gleichungen und Bruchgleichungen lösen
- → Formeln auflösen
- → Lineare Gleichungssysteme
- → Ungleichungen

Termbegriff

REGEL

Als mathamatischen **Term** bezeichnet man einen sinnvollen Ausdruck, der Zahlen, mathematische Verknüpfungen (plus, minus ...), Klammern und Variablen enthalten kann.
Setzt man für die Variablen Zahlen ein, so erhält man eine Zahl als **Ergebnis**.

Beispiel: Welchen Umfang u hat das Dreieck bei $x = 3$ und $y = 2{,}5$?

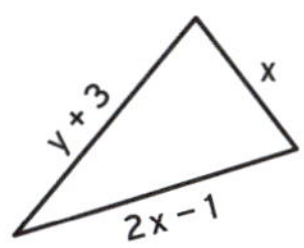

$u = 2x - 1 + x + y + 3$ | Variablen und Zahlen ordnen
$u = 2x + x + y - 1 + 3$ | gleiche Variablen zusammenfassen
$u = 3x + y + 2$ | Zahlen einsetzen
$u = 3 \cdot 3 + 2{,}5 + 2$ | Term berechnen
$u = 13{,}5$ LE (Längeneinheiten)

TIPP

Multiplikationszeichen zwischen Zahlen und Variablen dürfen weggelassen werden, wenn das nicht zu Missverständnissen führt.

1 Schreiben Sie einen Term für den Umfang u des Vierecks auf.
Berechnen Sie anschließend den Umfang.
a) $x = 5{,}5$ und $y = 9$ b) $a = 1{,}3$ c) $x = 2{,}6$ und $y = 1{,}8$

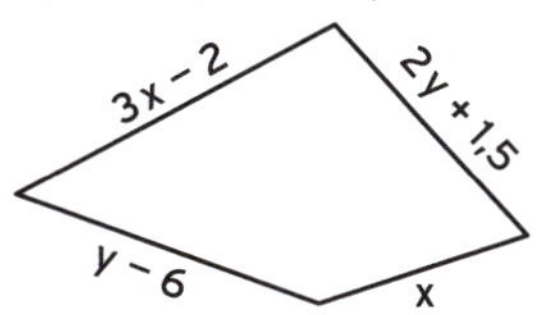

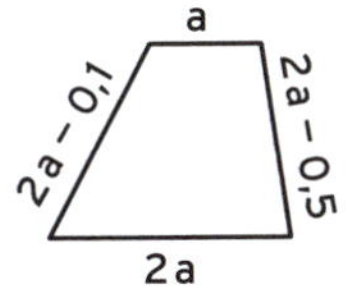

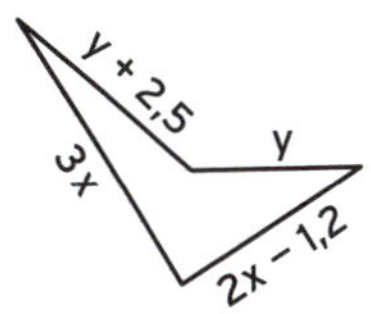

REGEL

Beim Auflösen einer Klammer, vor der ein Minuszeichen steht, ändern sich die Vorzeichen der Terme in der Klammer.

Beispiele: a) $5 - (x - y) = 5 - x + y$ b) $5 - 3 \cdot (-x + y) = 5 + 3x - 3y$

2 Vereinfachen Sie die Terme so weit wie möglich.
a) $12 - 3 \cdot (2x + 1) + 4 \cdot (x - 5) - (7 - x) - 3$
b) $-5 \cdot (u - 2v) - 0{,}5 \cdot (-8u + 12v) + (2v + 3) - 3 \cdot [1 - 2 \cdot (3u + 4v)]$

Produkte von Summen, binomische Formeln

REGEL

Zwei **Summen** werden miteinander **multipliziert**, indem man jeden Summanden der einen Summe mit jedem Summanden der anderen Summe multipliziert:
$(a + b) \cdot (c + d) = ac + ad + bc + bd$

Beispiele:
a) $(6 + x) \cdot (y - 3) = 6y - 18 + xy - 3x = xy - 3x + 6y - 18$
b) $(2x + 5y) \cdot (3y - 4x) = 6xy - 8x^2 + 15y^2 - 20xy = 8x^2 - 14xy + 15y^2$

3 Multiplizieren Sie die Summen und fassen Sie dann zusammen.
a) $(x + 7) \cdot (5 + y)$ b) $(4x + 9) \cdot (-3 + 2x)$ c) $(3x - 2y) \cdot (6x - 4y) + (x + 3y) \cdot (2x - y)$

4 Multiplizieren Sie erst die Summen und fassen Sie dann zusammen.
a) $(2x + y) \cdot (4 + 3x) - 6x + 9$
b) $3a - 6 + (2a - 4) \cdot (3a + 5) + 2b$
c) $(4b - 2a) \cdot (5 + b) + 3 \cdot (2b + 4a)$
d) $2x + 4 \cdot (x - 10) + 4 + (5x - 8) \cdot (1 + x)$

REGEL

Folgende Sonderfälle sind als **binomische Formeln** bekannt:
$(a + b) \cdot (a + b) = (a + b)^2 = a^2 + 2ab + b^2$ 1. binomische Formel
$(a - b) \cdot (a - b) = (a - b)^2 = a^2 - 2ab + b^2$ 2. binomische Formel
$(a + b) \cdot (a - b) = a^2 - b^2$ 3. binomische Formel

5 Bilden Sie mit der zutreffenden binomischen Formel einen Summenterm.
a) $(5x + 10)^2$ b) $(-4a + 7) \cdot (4a + 7)$ c) $(-3 + 2x)^2$ d) $(-0{,}5x - 0{,}3)^2$
e) $(7x - 12)^2$ f) $(8z - 6) \cdot (8z + 6)$ g) $(9x + 15)^2$ h) $(-0{,}2x + 0{,}1)^2$

6 Schreiben Sie den Rechenausdruck als Produktterm.
a) $4b^2 + 12b + 9$ b) $0{,}25x^2 - 2{,}25$ c) $9y^2 - 48y + 64$ d) $a^2 + 8ay + 16y^2$

7 a) $x^2 + 4x + \square = (x + \square)^2$ b) $x^2 - 16x + \square = (x - \square)^2$
c) $25x^2 + 20x + \square = (\square x + \square)^2$ d) $9x^2 - 30x + \square = (\square x - \square)^2$

8 Beschriften Sie folgende Figuren so, dass bei a) die 1. und bei b) die 3. binomische Formel veranschaulicht wird.

a)
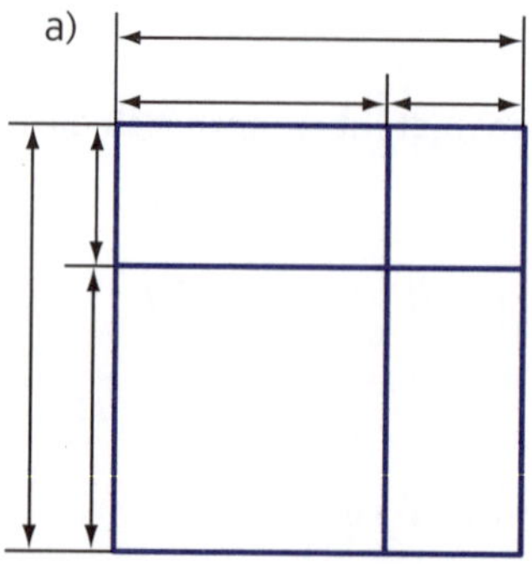

b)
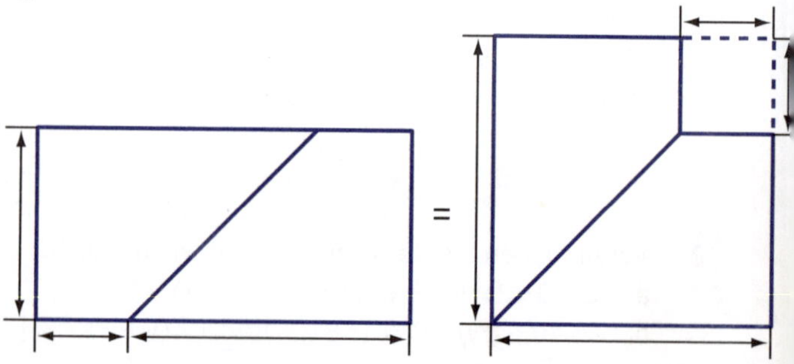

Bruchterme

REGEL

Brüche, bei denen im Nenner Variablen auftreten, heißen **Bruchterme.**
Da die Division durch Null nicht definiert ist, müssen Sie darauf achten, dass der **Nenner** bei Einsetzung von Zahlen für die Variable **nicht Null** wird.
Solche Zahlen müssen vorab, z. B. durch Angabe einer **Definitionsmenge D** (auch: eines Definitionsbereiches), ausgeschlossen werden.

Beispiele:

Bruchterm	$\frac{4}{x}$	$\frac{1}{x-3}$	$\frac{2x}{2x\cdot(x-y)}$	$\frac{2x+6}{a\cdot(b-c)}$	$\frac{5-2x}{x^2-36}$
Definitionsmenge	Definiert für alle Zahlen außer 0 kurz: $D = \mathbb{R}\setminus\{0\}$ oder $x \neq 0$	$x - 3 = 0$ $x = 3$ $D = \mathbb{R}\setminus\{3\}$ $x \neq 3$	$x \neq 0$, $x \neq y$ (*)	$a \neq 0$, $b \neq c$	$(x+6)\cdot(x-6) = 0$ (binomische Formel) $D = \mathbb{R}\setminus\{6, -6\}$ $x \neq -6$, $x \neq 6$

(*) alternative Schreibweise: $D = \{x, y \in \mathbb{R} \mid x, y \neq 0;\ x \neq y\}$

9 Bestimmen Sie, für welche Zahlen der Bruchterm definiert ist.

a) $\frac{5}{8x}$ b) $\frac{2b}{b+5}$ c) $\frac{a+3}{4a-20}$ d) $\frac{b-6}{5-2b}$ e) $\frac{y-2}{y^2-9y}$ f) $\frac{3x+6}{x^2+4x+4}$

REGEL

Bruchterme können wie Brüche gekürzt und erweitert werden.

Beispiele: a) $\frac{6xy}{2x^2y} = \frac{\overset{3}{\cancel{6}}\,\overset{1}{\cancel{x}}\,\overset{1}{\cancel{y}}}{\underset{1}{\cancel{2}}\,x\,\cancel{x}\,\cancel{y}} = \frac{3}{x}$ für $x, y \neq 0$; b) $\frac{5\cdot(x+3)}{x^2+6x+9} = \frac{5\cdot(x+3)}{(x+3)^2} = \frac{5}{x+3}$ für $x \neq -3$

10 Kürzen Sie so weit wie möglich.

a) $\frac{14a^2b}{28ab^3}$ b) $\frac{16x^2y^3}{4xy^2}$ c) $\frac{10x+25}{5x}$ d) $\frac{3\cdot(x-4)}{x^2-8x+16}$ e) $\frac{3\cdot(x+5)}{x^2+10x+25}$

REGEL

Bruchterme können wie Brüche addiert, subtrahiert, multipliziert und dividiert werden: $\frac{a}{c} + \frac{b}{c} = \frac{a+b}{c}$; $\frac{a}{c} - \frac{b}{c} = \frac{a-b}{c}$; $\frac{a}{b}\cdot\frac{c}{d} = \frac{a\cdot c}{b\cdot d}$; $\frac{a}{b}:\frac{c}{d} = \frac{a\cdot d}{b\cdot c}$
Vor dem Addieren (Subtrahieren) den **Hauptnenner** (Hn) bestimmen!

Beispiele: a) $\frac{3+a}{5a} + \frac{7a-4}{4a}$; Hn: $5\cdot4\cdot a$; $\frac{4\cdot(3+a)}{20a} + \frac{5\cdot(7a-2)}{20a} = \frac{12+4a+35a-10}{20a} = \frac{39a+2}{20a}$

b) $\frac{3x}{4} + \frac{5}{x-2}$; Hn: $4\cdot(x-2)$; $\frac{3x\cdot(x-2)}{4\cdot(x-2)} + \frac{4\cdot5}{4\cdot(x-2)} = \frac{3x^2-6x+20}{4\cdot(x-2)} = \frac{3x^2-6x+20}{4x-8}$

11 Fassen Sie so weit wie möglich zusammen und kürzen Sie, wenn es möglich ist.

a) $\frac{y}{c}\cdot\frac{8}{2y^2}$ b) $\frac{x-3}{x+4}\cdot\frac{2\cdot(x+4)}{3}$ c) $\frac{4}{3x} + \frac{5}{9}$ d) $\frac{3}{a+2} - \frac{2a}{5}$

12 Schreiben Sie möglichst einfach.

a) $\frac{3x}{4x+8} + \frac{5x}{x+2}$ b) $\frac{3y}{y^2+4y+4} : \frac{4y}{y^2-2^2}$ c) $\frac{4x+6}{10x+5} - \frac{3x+2}{6x+3}$

Gleichungen

REGEL

Gleichungen vereinfachen:
1. **Die Klammern auflösen,**
2. **Terme links und rechts des Gleichheitszeichens ordnen / zusammenfassen,**
3. **auf beiden Seiten dasselbe addieren bzw. subtrahieren,**
4. **beide Seiten mit derselben Zahl multiplizieren oder durch dieselbe Zahl (außer 0) dividieren.**

Beispiel:

$2\cdot(2x-5)+7=22-(7-x)$	| Klammern auflösen
$4x-10+7=22-7+x$	| ordnen, zusammenfassen
$4x-3=x+15$	| $-x$ (Gegenoperation durchführen)
$3x-3=15$	| $+3$ (Gegenoperation durchführen)
$3x=18$	| $:3$ (Gegenoperation durchführen)
$x=6$	

13 Lösen Sie die Gleichung. Beachten Sie die Lösungsschritte.

a) $5\cdot(2x+3)=8x-6$ b) $2\cdot(3x+4)=8\cdot(2x-4)$ c) $-4\cdot(x-7)=2x+4$

REGEL

Auch in Gleichungen mit Produkten von Summen werden zuerst die Klammern ausmultipliziert. Anschließend wird auf beiden Seiten der Gleichung geordnet und zusammengefasst.

Beispiel:

$(4x+2)\cdot(3x-2)+6=12x^2+4$	| Summen multiplizieren
$12x^2-8x+6x-4+6=12x^2+4$	| zusammenfassen
$12x^2-2x+2=12x^2+4$	| $-12x^2$
$-2x+2=4$	| -2
$-2x=2$	| $:(-2)$
$x=-1$	

14 Vervollständigen Sie den Lösungsgang.

$4x\cdot(2x-9)-10x=(x-7)\cdot(8x-4)-2\cdot(x+4)$

.... $-36x$	=	.... $+28$ .... -8	
.... $-46x$	=	$-62x$	| $+62x$
....	=	....	| $:16$
....	=	.... $=\frac{10}{8}=$ .... $=$	

15 Lösen Sie die Gleichung.

a) $5x-(2x+4)^2=17-4x^2$ b) $(x+5)^2-(x-3)^2=12\cdot(x+4)$

c) $(3y-2)\cdot(5-8y)=21-24y^2$ d) $(3x+4)\cdot(4x+3)=(2x+6)\cdot(6x+2)$

Bruchgleichungen

REGEL

Gleichungen, in denen mindestens ein Bruchterm auftritt, heißen **Bruchgleichungen**. In der Definitionsmenge D einer Bruchgleichung darf keine Zahl auftreten, für die einer der Bruchterme nicht definiert ist.
Haben Bruchgleichungen die Form $\frac{a}{b} = \frac{c}{d}$ darf man **„über Kreuz multiplizieren"**. Anschließend löst man die neue Gleichung.

Beispiele:

a) $\frac{1}{3} = \frac{5}{2x}$ $\quad D = \mathbb{R}\setminus\{0\}$
$1 \cdot 2x = 3 \cdot 5$
$2x = 15 \quad |:2$
$x = 7{,}5$

b) $\frac{2x}{x+3} = \frac{5}{4}$ $\quad D = \mathbb{R}\setminus\{-3\}$
$2x \cdot 4 = 5 \cdot (x+3)$
$8x = 5x + 15 \quad |-5x$
$3x = 15 \quad |:3$
$x = 5$

16 Geben Sie die Definitionsmenge an und lösen Sie dann die Bruchgleichung.

a) $\frac{a-3}{2a} = \frac{3}{4}$ b) $\frac{7}{3x+4} = \frac{1}{4}$ c) $\frac{12}{3x-6} = \frac{5}{x}$

d) $\frac{3}{x+4} = \frac{2}{x-2}$ e) $\frac{x-2}{x+3} = \frac{x}{x+4}$ f) $\frac{3x+1}{4x-2} = \frac{6x-1}{8x-7}$

REGEL

Bruchgleichungen lassen sich auch lösen, indem man mit dem Hauptnenner (Hn) multipliziert, anschließend kürzt und die neue Gleichung löst.

Beispiele:

a) $\frac{5}{2x} + 3 = \frac{7}{3x}$ $\quad D = \mathbb{R}\setminus\{0\}$
$\frac{5}{2x} + 3 = \frac{7}{3x}$ $\quad$ |Hn: $2 \cdot 3 \cdot x = 6x$
$\frac{5 \cdot 6x}{2x} + 3 \cdot 6x = \frac{7 \cdot 6x}{3x}$ $\quad$ |mit 6 x multipliziert
$5 \cdot 3 + 3 \cdot 6x = 7 \cdot 2$ $\quad$ |gekürzt
$15 + 18x = 14 \quad |-15$
$18x = -1 \quad |:18$
$x = -\frac{1}{18}$

b) $\frac{3}{x} - \frac{2}{4x} = \frac{1}{5}$ $\quad D = \mathbb{R}\setminus\{0\}$
$\frac{3}{x} - \frac{2}{4x} = \frac{1}{5}$ $\quad$ |Hn: $4 \cdot 5 \cdot x = 20x$
$\frac{3 \cdot 20x}{x} - \frac{2 \cdot 20x}{4x} = \frac{1 \cdot 20x}{5}$ $\quad$ |mit 20 x multipliziert
$3 \cdot 20 - 2 \cdot 5 = 1 \cdot 4x$ $\quad$ |gekürzt
$60 - 10 = 4x$ $\quad$ |zusammenfassen
$50 = 4x \quad |:4$
$12{,}5 = x$

17 Lösen Sie die Bruchgleichung.

a) $\frac{8}{x} + \frac{7}{x} = 5$ b) $\frac{1}{2x} + \frac{1}{3x} = \frac{1}{4}$ c) $\frac{8}{3x} - \frac{2}{6x} = \frac{4}{x} + \frac{5}{6}$

REGEL

Stehen im Nenner Summen, ist es oft hilfreich, den Nenner zu **faktorisieren**.

Beispiel: $\frac{3x+11}{4x+8} = \frac{6x+10}{8x-16}$ faktorisieren: $\frac{3x+11}{4 \cdot (x+2)} = \frac{6x+10}{8 \cdot (x-2)}$ Hn: $8 \cdot (x+2) \cdot (x-2)$

18 a) $\frac{6x+8}{12x-4} = \frac{2x+6}{4x+2}$ b) $\frac{2x+1}{4x-2} = \frac{6x-1}{8x-4}$ c) $\frac{5}{x-2} = \frac{2x}{x^2-4}$

Formeln auflösen

REGEL

Um Formeln nach einer Variablen aufzulösen, geht man wie beim Lösen von Gleichungen vor: Man isoliert die gesuchte Variable auf einer Gleichungsseite.

Beispiel: **Dreiecksfläche**

Formel: $A = \frac{g \cdot h}{2}$
gesucht: h

$A = \frac{g \cdot h}{2} \quad | \cdot 2$

$2 \cdot A = g \cdot h \quad | : g$

$\frac{2 \cdot A}{g} = h$

Kreisfläche

Formel: $A = \pi \cdot r^2$
gesucht: r

$A = \pi \cdot r^2 \quad | : \pi$

$\frac{A}{\pi} = r^2 \quad | \sqrt{\ }$

$\sqrt{\frac{A}{\pi}} = r$

19 Stellen Sie die Formel nach der gesuchten Variablen um.

a) Umfang Quadrat: $u = 4 \cdot a$ $\quad a =$ ……………

b) Umfang Kreisring: $u = 2 \cdot \pi \cdot (r_1 + r_2)$ $\quad r_1 =$ ……………

c) Volumen quadratische Pyramide: $V = \frac{1}{3}a^2 \cdot h$ $\quad a =$ ……………

d) Oberfläche regelmäßiges sechseckiges Prisma: $O = 3a \cdot (a\sqrt{3} + 2h)$ $\quad h =$ ……………

20 Stellen Sie die Formel erst um und berechnen Sie dann die gesuchte Größe.

a) Formel: $V = a \cdot b \cdot c$; $V = 14{,}504\,\text{cm}^3$; $a = 3{,}7\,\text{cm}$; $b = 2{,}8\,\text{cm}$; gesucht: c

b) Formel: $W = G \cdot \frac{p}{100}$; $W = 15\,€$; $\frac{p}{100} = 2{,}5\,\%$; gesucht: G

21 Lösen Sie die Formel auf.

a) Dichte: $\varrho = \frac{m}{V}$;
gesucht: m, dann gesucht V.

b) Geschwindigkeit: $v = \frac{s}{t}$;
gesucht: s, dann gesucht t.

c) Trapez: $A = \frac{a + c}{2} \cdot h$;
gesucht: a, dann c und anschließend h.

TIPP

Enthält die Formel einen Bruch, ist es oft hilfreich, durch Multiplizieren den Bruch zu beseitigen:

$R = \frac{U}{I}$ **| mit I multiplizieren**

$R \cdot I = U$ **| jetzt nach I auflösen**

22 Zur Berechnung der Bildweite b, der Gegenstandsweite g und der Brennweite f an Linsen gilt die Formel: $\frac{1}{f} = \frac{1}{g} + \frac{1}{b}$.

a) Geben Sie die Formel zur Bestimmung der Brennweite f an.
Tipp: Addieren Sie die Brüche auf der rechten Seite der Gleichung, indem Sie auf den Hauptnenner erweitern. Bilden Sie nun den Kehrwert.

b) Geben Sie die Formel zur Bestimmung der der Bildweite b an.
Tipp: Subtrahieren Sie zunächst $\frac{1}{g}$ auf beiden Seiten. Subtrahieren Sie dann die Brüche auf der linken Seite, indem Sie auf den Hauptnenner erweitern.

Lineare Gleichungssysteme

REGEL

Ein System aus linearen Gleichungen mit mehreren Variablen (z. B. x, y) nennt man **lineares Gleichungssystem**.
Die Grundform eines linearen Gleichungssystems mit zwei Gleichungen und zwei Variablen ist: $\left| \begin{array}{l} \boxed{1}\ a_1 x + b_1 y = c_1 \\ \boxed{2}\ a_2 x + b_2 y = c_2 \end{array} \right|$ *
Das Zahlenpaar (x | y), das beide Gleichungen erfüllt, nennt man die **Lösungsmenge** $L = \{(x|y)\}$.
Lineare Gleichungssysteme werden häufig verwendet, um Zusammenhänge zwischen Größen mathematisch zu beschreiben und zu berechnen.

Beispiele:

a) **Frau Meier kauft 8 Pakete „Knabbersachen" für 16,80 €. Erdnüsse kosten 1,60 € und Salzbrezeln 2,40 €. Wie viel Pakete kauft Frau Meier von jeder Sorte?**

x: Packungen Erdnüsse; y: Packungen Salzbrezeln $\left| \begin{array}{l} \boxed{1}\ x + y = 8 \\ \boxed{2}\ 1{,}6x + 2{,}4y = 16{,}8 \end{array} \right|$

b) **Vollmilch hat einen Fettgehalt von 3,5 %, Magermilch von 0,1 %. Wie viel Voll- und Magermilch muss man mischen, um 2 ℓ Milch mit 1,5 % Fettgehalt zu erhalten?**

x: Menge Vollmilch; y: Menge Magermilch $\left| \begin{array}{l} \boxed{1}\ x + y = 2 \\ \boxed{2}\ 0{,}035x + 0{,}001y = 0{,}015 \cdot 2 \end{array} \right|$

23 Stellen Sie ein geeignetes lineares Gleichungssystem auf.

a) Ein Laborant soll 10 Liter 20 %ige Schwefelsäure herstellen. Es stehen ihm eine 5 %ige und eine 40 %ige Schwefelsäure zur Verfügung. Wie muss er mischen?

b) Herr Schleck kauft 7 Tafeln Zartbitterschokolade und 5 Tafeln Vollmilchschokolade. Er bezahlt 13,90 €. Gleichzeitig zahlt Frau Lecker im selben Geschäft für 3 Tafeln Zartbitter- und 4 Tafeln Vollmilchschokolade 8 €. Wie viel kostet jede Tafel?

REGEL

Lineare Gleichungssysteme kann man mit dem **Additionsverfahren** lösen.
Durch Äquivalenzumformungen werden die Gleichungen gegebenenfalls so verändert, dass entweder die Faktoren vor dem x oder vor dem y Gegenzahlen sind.

Beispiel:

$\left| \begin{array}{l} \boxed{1}\ 3x + 2y = 4 \\ \boxed{2}\ 2x + 7y = -3 \end{array} \right| \begin{array}{l} |\cdot 2 \\ |\cdot(-3) \end{array}$

$\left| \begin{array}{l} \boxed{1}\ 6x + 4y = 8 \\ \boxed{2}\ -6x + (-21)y = 9 \end{array} \right| \}+$

$-17y = 17 \;|:(-17)$

y = −1 in $\boxed{1}$ einsetzen, x ausrechnen:
$3x + 2 \cdot (-1) = 4$
$\Leftrightarrow x = 2 \quad L = \{(2|-1)\}$

24 Lösen Sie mit dem Additionsverfahren.

a) $\left| \begin{array}{l} \boxed{1}\ -5x + 9y = 66 \\ \boxed{2}\ 5x + 2y = 33 \end{array} \right|$

b) $\left| \begin{array}{l} \boxed{1}\ 2x + 3y = 6 \\ \boxed{2}\ 6x + 8y = 22 \end{array} \right|$

c) $\left| \begin{array}{l} \boxed{1}\ 6x + \frac{1}{3}y = -3 \\ \boxed{2}\ -5x + \frac{2}{3}y = 11 \end{array} \right|$

* Die beiden Teilgleichungen sind oft nummeriert, hier mit $\boxed{1}$, $\boxed{2}$; oft sind sie mit römischen Zahlen gekennzeichnet (I), (II), und manchmal gar nicht gekennzeichnet. Auch die senkrechten Striche rechts und links vom Gleichungssystem finden sich nicht überall.

REGEL

Manchmal lassen sich lineare Gleichungssysteme einfacher mit dem Einsetzungsverfahren lösen (siehe Beispiel a).
Oft kann man sich die Arbeit erleichtern, indem man die Gleichung nach einem geeigneten Vielfachen einer Unbekannten auflöst und dann einsetzt (b).

Beispiel: a)

$\left|\begin{array}{ll} \boxed{1} & y = \mathbf{-10x + 3} \\ \boxed{2} & -5y + 30x = -7 \end{array}\right|$

$\boxed{1}$ einsetzen in $\boxed{2}$:
$-5 \cdot (\mathbf{-10x + 3}) + 30x = -7$
$50x - 15 + 30x = -7$
$x = \mathbf{0{,}1}$

Ergebnis in $\boxed{1}$ einsetzen:
$y = -10 \cdot \mathbf{0{,}1} + 3$
$y = 2$
$L = \{(0{,}1 \mid 2)\}$

b) $\left|\begin{array}{ll} \boxed{1} & 3x + 5y = 19 \\ \boxed{2} & 3x - 2y = -26 + 2y \end{array}\right|$ $\boxed{2}$ $3x = \mathbf{4y - 26}$ | in $\boxed{1}$: $\mathbf{4y - 26} + 5y = 19$ | auflösen

25 Lösen Sie mit dem Einsetzungsverfahren.

a) $\left|\begin{array}{ll} \boxed{1} & y = 3x - 4 \\ \boxed{2} & 4x + 8y = 80 \end{array}\right|$

b) $\left|\begin{array}{ll} \boxed{1} & x + 4y = -4 \\ \boxed{2} & 7x + 9y = 29 \end{array}\right|$

c) $\left|\begin{array}{ll} \boxed{1} & 9x + 8y = -43 \\ \boxed{2} & -7x - 37 = 8y \end{array}\right|$

d) $\left|\begin{array}{ll} \boxed{1} & 4x - 3y = -8 \\ \boxed{2} & 2 \cdot (2x + y) = 12 \end{array}\right|$

REGEL

Löst man beide Gleichungen nach der gleichen Variablen bzw. dem gleichen Vielfachen einer Variablen auf, kann man auch das Gleichsetzungsverfahren anwenden.

Beispiel:

$\left|\begin{array}{ll} \boxed{1} & 5x = 11 + 3y \\ \boxed{2} & 5x + 9y = 7 \end{array}\right| \; |-9y$

$\left|\begin{array}{ll} \boxed{1} & \mathbf{5x} = 11 + 3y \\ \boxed{2} & \mathbf{5x} = 7 - 9y \end{array}\right|$

$\boxed{1}$ mit $\boxed{2}$ gleichsetzen:
$11 + 3y = 7 - 9y$
Gleichung auflösen:
$y = -\frac{1}{3}$

in $\boxed{1}$ einsetzen, x ausrechnen:
$x = 2$
$L = \left\{\left(2 \,\middle|\, -\frac{1}{3}\right)\right\}$

26 Lösen Sie nach dem Prinzip des Gleichsetzungsverfahrens.

a) $\left|\begin{array}{ll} \boxed{1} & y = -2x - 1 \\ \boxed{2} & y = 5x - 8 \end{array}\right|$

b) $\left|\begin{array}{ll} \boxed{1} & 4x = 3y - 7 \\ \boxed{2} & 2x = -2y + 7 \end{array}\right|$

c) $\left|\begin{array}{ll} \boxed{1} & 6x + 2y = -2 \\ \boxed{2} & 15x + 10y = 5 \end{array}\right|$

27 Lösen Sie die in Aufgabe 23 aufgestellten Gleichungssysteme mit einem Verfahren Ihrer Wahl.

28 Lösen Sie mit einem beliebigen Verfahren. (Tipp: Erst die Klammern auflösen und die Gleichungen dann auf die Grundform bringen.)

a) $\left|\begin{array}{ll} \boxed{1} & 4 \cdot (x - 1) + 3 \cdot (y + 1) = -8 \\ \boxed{2} & 6 \cdot (x + 2) - 5 \cdot (y + 5) = 5 \end{array}\right|$

b) $\left|\begin{array}{ll} \boxed{1} & 2 \cdot (3x - 5) = 5 \cdot (8 + 2y) \\ \boxed{2} & 3 \cdot (4 - 2x) = 2 \cdot (3y - 3) \end{array}\right|$

c) $\left|\begin{array}{ll} \boxed{1} & 3 \cdot (x - 2) + 2 \cdot (y + 7) = -4 \\ \boxed{2} & 12 \cdot (x - 4) - 5 \cdot (y - 2) = -47 \end{array}\right|$

d) $\left|\begin{array}{ll} \boxed{1} & 3 \cdot (4x - 2) = 2 \cdot (5y - 10) \\ \boxed{2} & 2 \cdot (1 + 3x) = -4 \cdot (5 - 2y) \end{array}\right|$

Quadratische Gleichungen

REGEL

- Gleichungen, die in die Form $ax^2 + bx + c = 0$ mit $a \neq 0$ gebracht werden können, heißen **quadratische Gleichungen**.
- Dabei ist ax^2 das quadratische, bx das lineare und c das absolute Glied.
- Hat das quadratische Glied den Faktor 1, so spricht man von der **Normalform der quadratischen Gleichung: $x^2 + px + q = 0$**

Beispiel: $3x \cdot (x - 6) + 5 = (x - 4)^2$

$3x^2 - 18x + 5 = x^2 - 8x + 16$ | ordnen und zusammenfassen

$2x^2 - 10x - 11 = 0$ | :2

$x^2 - 5x - 5{,}5 = 0$ | Normalform mit $p = -5$ und $q = -5{,}5$

29 Bringen Sie die Gleichung auf die Normalform und bestimmen Sie p und q.

a) $(x - 3) \cdot (3 + x) = 8x - 3$
b) $(x - 7)^2 + 5x^2 = -7 \cdot (2 - x)$
c) $(x - 2)^2 + (3 + x)^2 = (x - 1)^2 - x^2$
d) $(x - 5) \cdot (x - 10) = 10 - 2x^2$

REGEL

Eine Gleichung der Form $x^2 + q = 0$ heißt **reinquadratische Gleichung**.
Sie ist nur für $q \leqq 0$ lösbar. Wir schreiben: $x^2 - q = 0$ für $q \geqq 0$.
$x^2 - q = 0$ wird umgeformt zu $x^2 = q \Rightarrow x_{1/2} = \pm\sqrt{q}$

Beispiele: a) $x^2 - 36 = 0 \Leftrightarrow x^2 = 36 \Rightarrow x_1 = -6;\ x_2 = 6$

b) $x^2 - 5 = 0 \Leftrightarrow x^2 = 5 \Rightarrow x_1 = -\sqrt{5};\ x_2 = \sqrt{5}$

30 Lösen Sie die Gleichung. Dividieren Sie zunächst ggf. durch den Faktor von x^2.

a) $x^2 - 144 = 0$
b) $-4x^2 + 28 = 0$
c) $x^2 - \frac{16}{25} = 0$
d) $3x^2 - 6{,}75 = 0$

REGEL

Eine Gleichung der Form $x^2 + px = 0$ heißt **gemischtquadratische Gleichung** ohne absolutes Glied.
Ausklammern von x: $x^2 + px = 0 \Leftrightarrow x \cdot (x + p) = 0$
Ein Produkt ist 0, wenn ein Faktor 0 ist: $\Rightarrow x_1 = 0$ und $x_2 = -p$.

Beispiele: a) $x^2 + 9x = 0 \Leftrightarrow x \cdot (x + 9) = 0 \Rightarrow x_1 = 0;\ x_2 = -9$

b) $x^2 - 5{,}3x = 0 \Leftrightarrow x \cdot (x - 5{,}3) = 0 \Rightarrow x_1 = 0;\ x_2 = 5{,}3$

31 Bestimmen Sie die Lösungen der Gleichung.

a) $x^2 - 12x = 0$
b) $x^2 + 5{,}6x = 0$
c) $x^2 - \frac{2}{3}x = 0$
d) $2x^2 - 8x = 0$

REGEL

Die Lösungen von quadratischen Gleichungen lassen sich mit der **quadratischen Ergänzung** rechnerisch bestimmen.

1. Die Gleichung wird in die Normalform gebracht. $3x^2 + 18x - 21 = 0 \quad |:3$ $x^2 + 6x - 7 = 0$
2. Die quadratische Ergänzung $\left(\frac{p}{2}\right)^2$ und ihre Gegenzahl werden eingefügt. $x^2 + 6x + \mathbf{9 - 9} - 7 = 0$
3. Die ersten drei und letzten zwei Summanden werden zusammengefasst. $(x+3)^2 - 16 = 0$ $(x+3)^2 - 4^2 = 0$
4. Die dritte binomische Formel wird angewandt. $(x+3+4)\cdot(x+3-4) = 0$ $(x+7)\cdot(x-1) = 0$
5. Die Lösungen x_1 und x_2 werden notiert. $\mathbf{x_1 = -7,\ x_2 = 1}$

32 Lösen Sie die Gleichung durch quadratische Ergänzung.

a) $x^2 + 2x - 15 = 0$ b) $x^2 - 4x - 21 = 0$
c) $2x^2 - 8x - 64 = 0$ d) $-4x^2 - 8x + 192 = 0$

REGEL

Die quadratische Gleichung $\mathbf{x^2 + px + q = 0}$ hat die Lösungen:

$x_{1,2} = -\frac{p}{2} \pm \sqrt{\left(\frac{p}{2}\right)^2 - q}$ (= „Lösungsformel“)

Für $\left(\frac{p}{2}\right)^2 - q < 0$ gibt es keine Lösung; für $\left(\frac{p}{2}\right)^2 - q = 0$ ist die Lösung $x = -\frac{p}{2}$.

Beispiel: $x^2 - 3{,}5x - 15 = 0;\ p = -3{,}5;\ q = -15$

$x_{1/2} = -\frac{(-3{,}5)}{2} \pm \sqrt{\left(\frac{3{,}5}{2}\right)^2 + 15} = 1{,}75 \pm \sqrt{18{,}0625}$; also: $x_1 = 6;\ x_2 = -2{,}5$

33 Lösen Sie die Gleichung durch Einsetzen in die Lösungsformel.

a) $x^2 - 4x - 77 = 0$ b) $x^2 + 8x + 16 = 0$
c) $x^2 + 4{,}5x - 17{,}5 = 0$ d) $x^2 - 0{,}5x - 22{,}5 = 0$

REGEL

Zum Überprüfen der Lösungen einer quadratischen Gleichung ist der **Satz des Vieta** hilfreich: x_1 und x_2 sind Lösungen einer quadratischen Gleichung $x^2 + px + q = 0$, wenn $\mathbf{x_1 + x_2 = -p}$ und $\mathbf{x_1 \cdot x_2 = q}$ gilt, sonst nicht.

Beispiel: Für $x^2 + \mathbf{5}x + \mathbf{6} = 0$ wurden die Lösungen $x_1 = -3$ und $x_2 = -2$ ermittelt. Die Kontrolle durch den Satz des Vieta bestätigt die Richtigkeit der Lösungen:
$x_1 + x_2 = -3 + (-2) = \mathbf{-5} = -p;\quad x_1 \cdot x_2 = -3\cdot(-2) = \mathbf{6} = q$

34 Überprüfen Sie, ob x_1 und x_2 Lösungen der Gleichung sind.

a) $x^2 + 11x - 336$; $x_1 = 7$ und $x_2 = -18$ b) $x^2 - \frac{5}{12}x - \frac{1}{4}$; $x_1 = \frac{3}{4}$ und $x_2 = -\frac{1}{3}$
c) $x^2 + 0{,}5x - 16{,}5$; $x_1 = 4{,}5$ und $x_2 = -4$ d) $x^2 + \frac{8}{15}x - \frac{1}{15}$; $x_1 = \frac{1}{5}$ und $x_2 = \frac{1}{3}$

Ungleichungen

REGEL

Ungleichungen löst man wie Gleichungen, muss dabei aber auf folgende Besonderheiten achten:
- **Multipliziert man die beiden Seiten mit einer negativen Zahl oder dividiert man sie durch eine negative Zahl, dreht sich das Ungleichheitszeichen um.**
- **Vertauscht man die beiden Seiten, dreht sich das Ungleichheitszeichen um.**
- **Die Lösungsmenge enthält in der Regel viele, oft sogar unendlich viele Lösungen.**

Beispiel:
$-4\cdot(3x-5)+2x<2\cdot(x-2)$ |Klammer auflösen
$-12x+20+2x<2x-4$ |zusammenfassen
$-10x+20<2x-4$ $|-2x-20$
$-12x<-24$ $|:(-12)$
$x>2$ $L=\{x\,|\,x>2\}$

TIPP

Es kann hilfreich sein, sich die Lösungsmenge auf einem Zahlenstrahl zu verdeutlichen:

$x\geq 2$

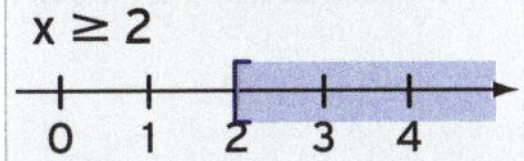

$x<1$

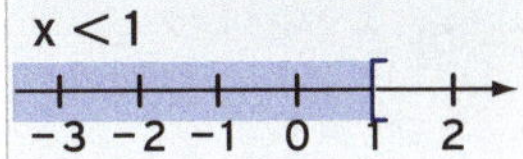

35 Lösen Sie die Ungleichungen.

a) $3x-15>27$
b) $-4\cdot(4-3x)\leq 20$
c) $-\frac{3}{4}x-\frac{9}{4}<\frac{15}{4}$
d) $5\cdot(-3x-8)+9x\geq -28$

36 Stellen Sie die Ergebnisse auf dem Zahlenstrahl dar.

a) $3x-2\leq 7$

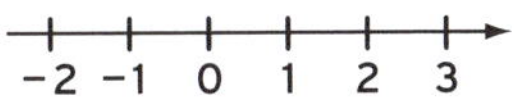

b) $-x+5>4$

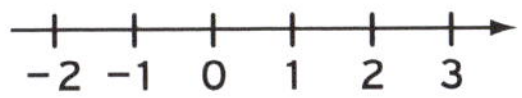

c) $-\frac{1}{2}x+5<\frac{23}{4}$

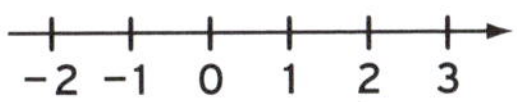

d) $-0{,}5\cdot(6-3x)\geq -4{,}5$

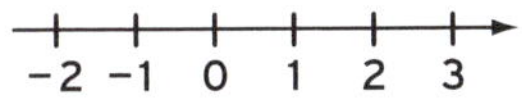

REGEL

Die **Grundmenge G** (die Menge aller Zahlen, aus der die Lösungen einer Gleichung oder Ungleichung stammen dürfen) beeinflusst die Lösungsmenge oft wesentlich. Wenn nichts anderes angegeben ist, verwenden Sie $G=\mathbb{R}$.

Beispiel:

a) $G=\mathbb{R}$
$3x-5<-14$
$3x<-9$
$x<-3$
$L=\{x\,|\,x<-3\}$

b) $G=\mathbb{Z}$
$3x-5<-14$
$x<-3$
$L=\{x\,|\,x<-3\}$
mit $L=\{...;-5;-4\}$

c) $G=\mathbb{N}$
$3x-5<-14$
$x<-3$
$L=\{\ \}$ es gibt keine Lösung, da $\mathbb{N}=\{0;1;2;...\}$

37 Geben Sie die Lösungsmenge der Ungleichung in aufzählender Form ($L=\{1;2;3;...\}$) an. Achten Sie auf die Grundmenge.

a) $2\cdot(7-x)<18;\ G=\mathbb{Z}$
b) $5-\frac{1}{2}x>3;\ G=\mathbb{N}$
c) $-3\left(1-\frac{2}{3}x\right)<-8;\ G=\mathbb{N}$

Zwischentest

Klasse vorbereitet?

1 Berechnen Sie den Umfang mithilfe eines Terms.

a)

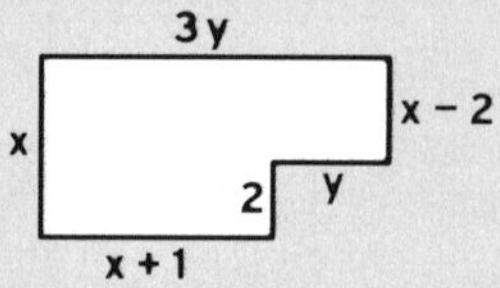

b)

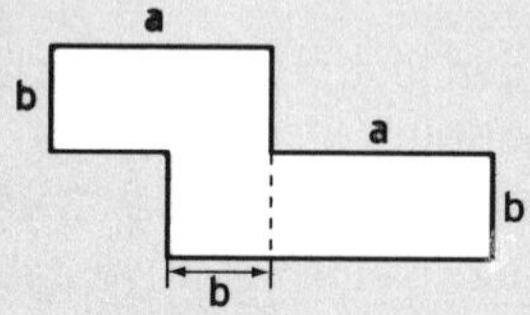

4 $x = 4{,}4$; $y = 2{,}7$; u = ... $a = 3$; $b = 0{,}3a$; u = ...

2 Multiplizieren Sie aus und fassen Sie zusammen.

a) $3 \cdot (x - 5) + (x + 2) \cdot (x - 3) - 7 \cdot (x - 3) =$ ....

2 b) $4a - 5 \cdot (a - 2b) - 3 \cdot (a + 4b) + 3a - (a - b) =$ ....

3 Lösen Sie mithilfe der binomischen Formeln.

a) $(4 - 3a)^2 =$ .... b) $(2y - 7z) \cdot (2y + 7z) =$ ....

4 c) $(2a -$ ......$)^2 = 4a^2 - 12ab +$ ...... d) $25r^4 + 20r^2y^2 +$ ...... = (...... + 2 ...... $)^2$

4 Bestimmen Sie die Definitionsmenge und den Hauptnenner (Hn) und fassen Sie soweit wie möglich zusammen.

a) $\frac{2x}{3} + \frac{5}{x - 3} =$ .... D = ... Hn = ...

b) $\frac{2 + x}{x - 2} - \frac{1 - x}{x + 2} =$ .... D = ... Hn = ...

6 c) $\frac{3}{(2y + 4)^2} - \frac{2}{4y + 8} =$ .... D = ... Hn = ...

5 Lösen Sie die Gleichung.

a) $10x - (3 - 5x) = 3x + 9$ b) $\frac{1}{2} \cdot (4 - x) = 8 - 2{,}5x$

4 c) $(x - 2) \cdot (x + 3) - 2 \cdot (x - 1)^2 = 2 \cdot (2 - x)$ d) $\frac{1}{x \cdot (x - 2)} + \frac{2}{x} = \frac{3}{x - 2}$

6 a) Lösen Sie das lineare Gleichungssystem $\left| \begin{array}{l} \text{[1]}\ 3x + 2y = -11 \\ \text{[2]}\ -x + 3y = 22 \end{array} \right|$. L = ...

b) Marc kauft sich zwei T-Shirts und drei Boxershorts. Er bezahlt 33,97 €. Für drei T-Shirts und zwei Boxershorts hätte er 38,48 € bezahlen müssen. Lösen Sie

4 mithilfe eines Gleichungssystems. T-Shirt: ....; Boxershorts: ....

7 Lösen Sie die Ungleichung. Stellen Sie die Lösungsmenge auf einem Zahlenstrahl dar.

6 a) $10 - 4x < 2x + 4$ b) $2 - (7 + x) \leq 4(-x + 1)$ c) $\frac{2x + 5}{-3} < \frac{4 - 3x}{2}$

....

30 **Gesamtpunktzahl**

Lern planer

Kontrollieren Sie Ihre Ergebnisse mithilfe der Lösungen (S. 106) und addieren Sie die erreichten Punkte.

☐ **30 bis 24 Punkte:** ☺ ☐ **23 bis 15 Punkte:** 😐 ☐ **14 bis 0 Punkte:** ☹

Potenzen, Wurzeln, Logarithmen

Vorschau

→ Rationale Zahlen
→ Potenzen mit Exponenten aus $\mathbb{Z}$
→ Potenzgesetze
→ Normierte Exponentialform
→ Wurzeln, irrationale Zahlen, Wurzelgesetze
→ Potenzen mit rationalen Exponenten
→ Potenzgleichungen
→ Logarithmen und -gesetze
→ Exponentialgleichungen

Rationale Zahlen

REGEL

Die Menge $\mathbb{Q} = \left\{\frac{a}{b} \middle| a \in \mathbb{Z};\ b \in \mathbb{N}^*\right\}$ nennt man die rationalen Zahlen.
Zu ihr gehören die ganzen Zahlen ($\mathbb{Z}$) und die Brüche, wobei mehrere Brüche die gleiche rationale Zahl darstellen können, z. B. $\frac{150}{300} = \frac{4}{8} = \frac{3}{6} = \frac{1}{2} = 0{,}5$.

1 Suchen Sie alle Zahlen, die jeweils die gleiche rationale Zahl beschreiben.
$\frac{9}{2}$; $\frac{8}{2}$; $\frac{3}{5}$; 4,5; $\frac{15}{25}$; 0,6; $\frac{45}{10}$; 4; $\frac{51}{85}$; $\sqrt{16}$; $(-2)^2$

REGEL

Brüche werden addiert/subtrahiert, indem man sie gleichnamig macht und anschließend die Zähler addiert/subtrahiert und den Nenner beibehält.

Beispiele: a) $\frac{2}{5} + \frac{1}{3} = \frac{2 \cdot \mathbf{3}}{5 \cdot \mathbf{3}} + \frac{1 \cdot \mathbf{5}}{3 \cdot \mathbf{5}} = \frac{6+5}{15} = \frac{11}{15}$ b) $\frac{3a}{2c} - \frac{5}{4d} = \frac{3a \cdot \mathbf{2d}}{2c \cdot \mathbf{2d}} - \frac{5 \cdot \mathbf{c}}{4d \cdot \mathbf{c}} = \frac{6ad - 5c}{4cd}$

2 Berechnen Sie.

a) $\frac{1}{7} + \frac{3}{5}$
b) $\frac{6}{13} - \frac{4}{39}$
c) $3\frac{1}{6} - \frac{2}{3} + \frac{1}{4}$
d) $\frac{a}{b} + \frac{c}{d}$
e) $\frac{3x}{z} + \frac{2x}{y}$
f) $\frac{7}{18}w - \left(\frac{1}{6}w + \frac{5}{12}v\right) + \frac{3}{8}v$

REGEL

Brüche werden multipliziert, indem man Zähler mit Zähler und Nenner mit Nenner multipliziert. Durch einen Bruch wird dividiert, indem man mit dem Kehrwert des Bruches multipliziert.

Beispiele: a) $\frac{4}{7} \cdot \frac{3}{5} = \frac{4 \cdot 3}{7 \cdot 5} = \frac{12}{35}$ b) $15 : \frac{30}{4} = \frac{\overset{1}{\cancel{15}}}{1} \cdot \frac{\overset{2}{\cancel{4}}}{\underset{\underset{1}{\cancel{2}}}{\cancel{30}}} = \frac{2}{1} = 2$
kürzen

3 Berechnen Sie.

a) $\frac{5}{8} \cdot \frac{1}{7}$
b) $-\frac{3}{4} \cdot \frac{5}{11}$
c) $\frac{4}{9} : \frac{12}{27}$
d) $\left(-\frac{2}{17}\right) : \left(-\frac{9}{11}\right)$
e) $\frac{6v}{7} : \left(-\frac{3}{14}\right)$
f) $\frac{2t}{9} : \left(-\frac{5}{4}\right)$
g) $\left(-\frac{6xy}{25}\right) \cdot \frac{30}{32}$
h) $\frac{8x}{11} : \left(-2\frac{3}{4}\right)$

Potenzen mit Exponenten aus $\mathbb{Z}$

REGEL

Produkte mit n gleichen Faktoren a kann man verkürzt als **Potenz** a^n schreiben.
$\underbrace{a \cdot a \cdot a \cdot a \cdot \ldots \cdot a \cdot a}_{n \text{ Faktoren}} = a^n$ a heißt **Basis**, n heißt Hochzahl bzw. **Exponent**.

Festlegung für alle $a \neq 0$: $a^1 = a$ und $a^0 = 1$
Potenzrechnung geht vor Punkt- und Strichrechnung.

Beispiele: a) $(-4)^5 = (-4)\cdot(-4)\cdot(-4)\cdot(-4)\cdot(-4)$ b) $-4^5 = -4\cdot4\cdot4\cdot4\cdot4$
c) $(3x-2)^3 = (3x-2)\cdot(3x-2)\cdot(3x-2)$ d) $3\cdot\left(\frac{1}{2}\right)^3 = 3\cdot\frac{1}{2}\cdot\frac{1}{2}\cdot\frac{1}{2}$

4 Schreiben Sie ausführlich.
a) $(3x+4)^4$ b) $3x+4^4$ c) $3(x+4)^4$ d) $\frac{(4y)^3}{3}$
e) $\frac{4y^3}{3}$ f) $\left(\frac{4y}{3}\right)^3$ g) a^3b^4 h) $(3a)^3b^4$
i) $-3^3\cdot2a^3$ j) x^4+y^4 k) $(2a^3b)^2$ l) $(-4)^3-x^2$

5 Setzen Sie das richtige Zeichen ein: <, > oder = .
a) $(-2)^4$ ☐ -2^4 b) 3^2 ☐ 2^3 c) 2^5 ☐ $2\cdot5$ d) 10^2 ☐ 2^{10}

6 Schreiben Sie mit Potenzen.
a) $x\cdot x\cdot x\cdot x-3\cdot3\cdot3\cdot3\cdot3 =$ .... b) $a\cdot a\cdot a-2\cdot(-2) =$ ....
c) $4\cdot5\cdot4\cdot5\cdot4 =$ .... d) $x\cdot x\cdot x\cdot(-3)\cdot(-3) =$ ....

7 Berechnen Sie.
a) $4\cdot2^3 =$ .... b) $20-3^3 =$ .... c) $(2\cdot4)^2 =$ ....
d) $\frac{2^4}{8} =$ .... e) $\left(\frac{1}{2}\right)^3 =$ .... f) $\frac{6+3^2}{5} =$ ....

REGEL

Zerlegt man Terme mit mehreren Potenzen zunächst in ihre Faktoren, lässt sich ein solcher Term oft noch weiter vereinfachen.

Beispiele:
a) $2\cdot x^4\cdot b^3\cdot4\cdot x^2\cdot b = 2\cdot x\cdot x\cdot x\cdot x\cdot b\cdot b\cdot b\cdot4\cdot x\cdot x\cdot b$
$= 2\cdot4\cdot x\cdot x\cdot x\cdot x\cdot x\cdot x\cdot b\cdot b\cdot b\cdot b$
$= 8x^6b^4$

b) $\frac{4\cdot x^2\cdot b^3}{8\cdot x^3\cdot b} = \frac{\overset{1}{\cancel{4}}\cdot\overset{1}{\cancel{x}}\cdot\overset{1}{\cancel{x}}\cdot\overset{1}{\cancel{b}}\cdot b\cdot b}{8\cdot\underset{1}{\cancel{x}}\cdot\underset{1}{\cancel{x}}\cdot x\cdot\underset{1}{\cancel{b}}} = \frac{b^2}{2x}$

8 Vereinfachen Sie den Term.
a) $3x^2x^3\cdot5xy\cdot4xy^2$ b) $\frac{10a^6b^2\cdot3a^4}{6a^3\cdot2b^4}$ c) $6s^2t\cdot0{,}5s^5t^3$ d) $\frac{2x^2y^2\cdot2x^3}{8x^5\cdot2y^6}$

REGEL

Potenzen mit einer negativen ganzen Zahl als Exponent sind wie folgt definiert:

$$a^{-1} = \frac{1}{a} \qquad a^{-n} = \frac{1}{a^n}$$

Beispiele: a) $2^{-1} = \frac{1}{2}$ b) $3^{-3} = \frac{1}{3^3} = \frac{1}{27}$

c) $\left(\frac{1}{2}\right)^{-4} = \frac{1}{\left(\frac{1}{2}\right)^4} = \frac{1}{\frac{1}{16}} = 16$ d) $\left(-\frac{2}{3}\right)^{-5} = \frac{1}{\left(-\frac{2}{3}\right)^5} = \frac{1}{-\frac{32}{243}} = -\frac{243}{32}$

9 Schreiben Sie als Bruch mit Exponenten n im Nenner, dann ohne Exponenten.
a) 4^{-3} b) 2^{-6} c) 10^{-3} d) $(-5)^{-2}$ e) 10^{-1} f) 2^{-4}

10 Berechnen Sie mit dem Taschenrechner und runden Sie auf drei Stellen.
a) $\left(\frac{3}{4}\right)^{-3}$ b) $\left(\frac{2}{5}\right)^{-4}$ c) $\left(\frac{4}{10}\right)^{-3}$ d) $\left(\frac{3}{100}\right)^{-2}$ e) $\left(\frac{5}{6}\right)^{-4}$

11 Berechnen Sie in der Tabelle das Ergebnis dezimal ohne Taschenrechner.

Exponent / Basis	0	−1	−2	−3	−4
1					
2					
10					
−1					
−2					
−10					

REGEL

So vereinfachen Sie einen Term mit negativen Exponenten schrittweise:
- **Schreiben Sie den Term mit Brüchen.**
- **Schreiben Sie Potenzen als Produkte gleicher Faktoren und kürzen Sie.**
- **Fassen Sie in Zähler und Nenner gleiche Faktoren zusammen.**
- **Schreiben Sie nun den Term mit positiven und negativen Exponenten auf.**

Beispiel: $\frac{4}{5}x^2y^3y^{-4}x^{-5} = \frac{4\cancel{x}\cancel{x}\cancel{y}\cancel{y}\cancel{y}}{5\cancel{x}\cancel{x}xxx\cancel{y}\cancel{y}\cancel{y}y} = \frac{4}{5}x^{-3}y^{-1}$

12 Vereinfachen Sie den Term schrittweise.
a) $2a^2b^5a^{-1}b^{-3}$ b) $v^5z^2v^{-2}z^{-4}$ c) $a^8b^{-4}b^2a^{-2}$ d) $u^6v^3w^2u^{-2}w^{-5}$

13 Oft werden Einheiten für physikalische Größen mit negativen Exponenten angegeben. Geben Sie die Einheit als Bruch an.

a) Geschwindigkeit v: $m \cdot s^{-1}$ .... b) Beschleunigung a: $m \cdot s^{-2}$ ....

c) Energie E: $kg \cdot m^2 \cdot s^{-2}$ .... d) Dichte ϱ (rho): $g \cdot cm^{-3}$ ....

e) Kraft F: $kg \cdot m \cdot s^{-2}$ ....

Potenzgesetze

REGEL

Potenzen mit gleicher Basis $a \neq 0$ werden multipliziert (dividiert), indem man die Basis mit der Summe (Differenz) der Exponenten potenziert.

$$a^x \cdot a^y = a^{x+y} \qquad a^x : a^y = a^{x-y}$$

Beispiele: a) $4^3 \cdot 4^5 = 4^8$ b) $2^4 \cdot 2^{-5} = 2^{-1}$ c) $5^6 : 5^2 = 5^4$ d) $3^2 : 3^{-5} = 3^{2-(-5)} = 3^7$

14 Schreiben Sie das Produkt als *eine* Potenz.
a) $6^7 \cdot 6^3$ b) $2^{-3} \cdot 2^{-4}$ c) $10^8 \cdot 10^{-5}$ d) $\left(\frac{1}{2}\right)^3 \cdot \left(\frac{1}{2}\right)^4$

15 Schreiben Sie den Quotienten als *eine* Potenz.
a) $8^6 : 8^5$ b) $4^{-5} : 4^2$ c) $10^{-6} : 10^{-4}$ d) $0{,}2^{10} : 0{,}2^{-4}$

16 Schreiben Sie erst als *eine* Potenz. Geben Sie die Potenz dann nur mit positivem Exponenten an (siehe Beispiel auf Seite 27 oben).
a) $4^2 \cdot 4^{-6}$ b) $3^{-4} : 3^2$ c) $10^{-7} : 10^{-3}$ d) $0{,}5 : 0{,}5^3$

REGEL

Terme mit Potenzen vereinfacht man wie folgt:
1. **Schreiben Sie den Term unter Anwendung der Potenzgesetze als *eine* Potenz.**
2. **Beachten Sie die Rechenregeln für rationale Zahlen, ordnen Sie die Exponenten und fassen Sie diese dann zusammen.**

Beispiele:

a) $x^{n-3} \cdot x^{4-n} = x^{n-3+4-n}$
$= x^{n-n-3+4}$
$= x^1$
$= x$

b) $x^{2n+3} : x^{-3n+4} = x^{2n+3-(-3n+4)}$
$= x^{2n+3+3n-4}$
$= x^{2n+3n+3-4}$
$= x^{5n-1}$

17 Vereinfachen Sie den Term.
a) $x^{4n-3} \cdot x^{2-n}$ b) $y^{4z+2} : y^{3z+5}$ c) $m^{2x} \cdot m^{2(x-4)}$

18 Vereinfachen Sie den Term in der Tabelle. Setzen Sie für die Variable die Zahl ein. Berechnen Sie dann den Wert der Potenz.

Term	Termvereinfachung	x	Wert der Potenz	x	Wert der Potenz
$10^{3x-4} \cdot 10^{2x+3}$		6		4	
$2^{-3+x} : 2^{-4-2x}$		4		2	

19 Vereinfachen Sie den Term. Achten Sie dabei auf Potenzen mit gleicher Basis.
a) $x^{m-n} \cdot y^{-2n} \cdot x^{-m} \cdot y^{n+2m}$ b) $a^{x-4} \cdot b^{-4y} \cdot a^{-2x} \cdot b^{y-3}$
c) $(x^4 y^{-6}) : (x^8 y^{-12})$

REGEL

Potenzen mit Basen a, b ≠ 0 und gleichen Exponenten werden multipliziert (dividiert), indem man das Produkt (den Quotienten) der Basen mit dem gemeinsamen Exponenten potenziert.

$$a^x \cdot b^x = (a \cdot b)^x \qquad a^x : b^x = (a : b)^x$$

Beispiele: a) $4^3 \cdot 25^3 = 100^3$ b) $(5x)^{-3} \cdot \left(\frac{1}{5}\right)^{-3} = x^{-3}$

c) $16^6 : 8^6 = 2^6$ d) $(6x)^{2+n} : (3x)^{2+n} = 2^{2+n}$

20 Multiplizieren Sie zuerst die Basen. Berechnen Sie das Ergebnis dann im Kopf.

a) $4^6 \cdot 0{,}25^6$ b) $10^{-9} \cdot 0{,}1^{-9}$ c) $10^4 \cdot 0{,}2^4$ d) $\left(\frac{1}{14}\right)^3 \cdot 7^3$

21 Dividieren Sie zuerst die Basen. Berechnen Sie das Ergebnis dann im Kopf.

a) $20^3 : 4^3$ b) $7^{-5} : 3{,}5^{-5}$ c) $30^{-6} : 3^{-6}$ d) $20^2 : 0{,}2^2$

22 Vereinfachen Sie den Term.

a) $2m^{n+1} \cdot \left(\frac{1}{2}\right)^{n+1}$ b) $\left(\frac{x}{8}\right)^5 : \left(\frac{x}{4}\right)^5$ c) $(ab)^{-7} \cdot (2b)^{-7}$ d) $(uv)^{-2} : (2v)^{-2}$

REGEL

Potenzen werden potenziert, indem man die Basis mit dem Produkt der Exponenten potenziert.

$$(a^x)^y = a^{x \cdot y} \quad (a \neq 0)$$

Beispiele: a) $(5^6)^2 = 5^{12}$ b) $(4^{-3})^5 = 4^{-15}$ c) $(a^{3x+1})^2 = a^{6x+2}$ d) $(b^{-4})^{-y} = b^{4y}$

23 Schreiben Sie als *eine* Potenz.

a) $(3^4)^5$ b) $(6^{-3})^8$ c) $(10^{-6})^{-5}$ d) $(3^{-1})^4$

24 Ergänzen Sie den fehlenden Exponenten.

a) $(b^{\square})^3 = b^{12}$ b) $(a^{-5})^{\square} = a^{10}$ c) $(x^{-4})^{\square} = b^{-8x+4}$

25 Vereinfachen Sie den Term.

a) $(x^{2n-3})^4$ b) $(y^{2z+1})^{3z}$ c) $(m^{2y+3})^{y-2}$

26 Vereinfachen Sie den Term so weit wie möglich.
Beachten Sie dabei alle Potenzgesetze.

a) $(a^{3n-2})^2 \cdot (a^{3-n})^4$ b) $(b^3)^{2u-3v} \cdot (b^{-5})^{4v+u}$ c) $\frac{(m^{2+3n})^4 \cdot m^{4n-1}}{(m^{n-1})^{-3}}$

d) $(x^{-6})^{5+t} \cdot (x^t)^{5-1}$ e) $(y^{-m})^{-(n+3)} \cdot (y^{-4+2n})^m$ f) $(a^{-n})^{m-3} \cdot (a^{-m})^{2-n}$

Normierte Exponentialform

REGEL

Sehr große Zahlen gibt man häufig in der **normierten Exponentialform** an. Man schreibt dann eine Zahl a als Produkt aus einem Dezimalbruch x ($1 \leqq x < 10$) und einer Potenz zur Basis 10: $a = x \cdot 10^y$ (y ist eine positive ganze Zahl.)

Beispiele: a) $1000 = 1 \cdot 10^3$

b) $6\,000\,000 = 6 \cdot 10^6$

c) $45\,000\,000\,000 = 4{,}5 \cdot 10^{10}$

d) $20\,030 = 2{,}003 \cdot 10^4$

TIPP

Zum Auffinden des Exponenten setzen Sie einfach hinter der ersten Ziffer ein Komma und zählen dann die verbleibenden Stellen.

27 Schreiben Sie die Zahlen in der normierten Exponentialform.

a) 100 b) 1 Mio. c) Zehntausend
d) 1 Bio. e) 1 Mrd. f) 10

28 Schreiben Sie in der normierten Exponentialform.

a) 360 000 b) 800 200 000 c) 600 Mio.
d) 38 Mrd. e) 0,5 Mio. f) 708 400 000

29 Schreiben Sie die Zahl ausführlich.

a) $5{,}13 \cdot 10^7$ b) $1{,}926 \cdot 10^6$ c) $2{,}08 \cdot 10^5$ d) $4{,}702 \cdot 10^8$

30 Die Lichtgeschwindigkeit c beträgt ca. 300 000 km pro Sekunde.

a) Geben Sie die Lichtgeschwindigkeit in normierter Exponentialform an.
b) Geben Sie die Lichtgeschwindigkeit in normierter Exponentialform in der Einheit m/s an.

REGEL

Sehr kleine Zahlen gibt man häufig in der **normierten Exponentialform mit negativen Exponenten** an. Man schreibt dann eine Zahl a als Produkt aus einem Dezimalbruch x ($1 \leq x < 10$) und einer Potenz zur Basis 10: $a = x \cdot 10^y$ (y ist eine negative ganze Zahl.)

Beispiele: a) $0{,}001 = 1 \cdot 10^{-3}$

b) $0{,}000\,006 = 6 \cdot 10^{-6}$

c) $0{,}000\,000\,004\,5 = 4{,}5 \cdot 10^{-9}$

d) $0{,}0305 = 3{,}05 \cdot 10^{-2}$

TIPP

Zum Auffinden des Exponenten zählen Sie einfach die Stellen nach dem Komma einschließlich der ersten geltenden Ziffer.

31 Schreiben Sie die Zahlen in der normierten Exponentialform.

a) 0,01 b) 1 Millionstel c) 1 Zehntausendstel d) 1 Milliardstel

32 Schreiben Sie in der normierten Exponentialform.

a) 0,0036 b) 0,000 207 c) 1:200 Mio. d) 1:5 Mrd. e) 0,000 000 000 38

33 Schreiben Sie die Zahl ausführlich.
a) $4{,}18 \cdot 10^{-5}$ b) $1{,}926 \cdot 10^{-10}$ c) $4 \cdot 10^{-6}$ d) $9{,}604 \cdot 10^{-9}$

34 Setzen Sie die Reihe fort: $1\,\text{mm} = 10^{-1}\,\text{cm} = \_\_\_\_\,\text{dm} = \_\_\_\_\,\text{m} = \_\_\_\_\,\text{km}$.

REGEL

Produkte oder Quotienten von Zahlen lassen sich in normierter Exponentialform leicht unter Anwendung der Potenzgesetze berechnen.

Beispiele: a) $a \cdot 10^x \cdot b \cdot 10^y = ab \cdot 10^{x+y}$ b) $\frac{a \cdot 10^x}{b \cdot 10^y} = \frac{a}{b} \cdot 10^{x-y}$

c) $4{,}5 \cdot 10^7 \cdot 6{,}2 \cdot 10^8 = 27{,}9 \cdot 10^{15} = 2{,}79 \cdot 10 \cdot 10^{15} = 2{,}79 \cdot 10^{16}$

d) $\frac{5{,}5 \cdot 10^{12}}{8 \cdot 10^4} = 0{,}6875 \cdot 10^8 = 6{,}875 \cdot 10^{-1} \cdot 10^8 = 6{,}875 \cdot 10^7$

e) $8 \cdot 10^{-3} \cdot 2 \cdot 10^7 = 16 \cdot 10^{-3+7} = 16 \cdot 10^4 = 1{,}6 \cdot 10^5$

f) $\frac{5 \cdot 10^{-12}}{2 \cdot 10^{-3}} = 2{,}5 \cdot 10^{-12-(-3)} = 2{,}5 \cdot 10^{-12+3} = 2{,}5 \cdot 10^{-9}$

35 Geben Sie das Produkt in der normierten Exponentialform an.
a) $4{,}53 \cdot 10^9 \cdot 5 \cdot 10^6$ b) $7{,}4 \cdot 10^{12} \cdot 6 \cdot 10^3 \cdot 4{,}5 \cdot 10^8$ c) $250 \cdot 7 \cdot 10^3 \cdot 9 \cdot 10^6$

36 Der Neptun ist 30-mal weiter von der Sonne entfernt als die Erde.
Der mittlere Abstand Erde – Sonne beträgt $1{,}496 \cdot 10^8\,\text{km}$.
Berechnen Sie die mittlere Entfernung Sonne – Neptun.

37 Geben Sie den Quotienten in der normierten Exponentialform an.
a) $\frac{4{,}75 \cdot 10^9}{5 \cdot 10^4}$ b) $\frac{5 \cdot 10^8 \cdot 8 \cdot 10^9}{2{,}5 \cdot 10^7}$ c) $\frac{104 \cdot 10^{15}}{5{,}2 \cdot 10^3 \cdot 4 \cdot 10^5}$

38 Die Masse der Erde beträgt ca. $6 \cdot 10^{24}\,\text{kg}$, die der Sonne ca. $2 \cdot 10^{30}\,\text{kg}$.
Wie viel mal so groß ist die Masse der Sonne gegenüber der Masse der Erde?

39 Geben Sie das Produkt in der normierten Exponentialform an.
a) $5{,}2 \cdot 10^{-8} \cdot 4{,}1 \cdot 10^{-6}$ b) $8{,}3 \cdot 10^{-11} \cdot 2 \cdot 10^3$ c) $32 \cdot 5 \cdot 10^8 \cdot 4 \cdot 10^{-5}$

40 Geben Sie den Quotienten in der normierten Exponentialform an.
a) $\frac{3 \cdot 10^{-11}}{4 \cdot 10^{-6}}$ b) $\frac{5 \cdot 10^5}{4 \cdot 10^{-8}}$ c) $\frac{2 \cdot 10^{-16}}{8 \cdot 10^3 \cdot 2{,}5 \cdot 10^{-5}}$

41 Die Masse eines Wasserstoffatoms beträgt $1{,}6727 \cdot 10^{-27}\,\text{kg}$.
Wie viele Atome sind in 1 g Wasserstoffgas enthalten? Runden Sie ganzzahlig.

42 Unter einem Lichtjahr (Lj) versteht man die vom Licht in einem Jahr im leeren Raum zurückgelegte Strecke. Pro Sekunde legt das Licht 300 000 km zurück.
a) Berechnen Sie die Anzahl der Sekunden eines Jahres.
Geben Sie den errechneten Wert in der normierten Exponentialform an.
b) Welchen Weg legt das Licht in dieser Zeit zurück?

43 Wie viele Atome bilden eine 1 mm dicke Goldschicht? (Atomdurchmesser: ca. $10^{-10}\,\text{m}$)

Wurzeln, irrationale Zahlen

REGEL

Für alle positiven rationalen Zahlen a ist das Wurzelziehen eine Umkehrung des Potenzierens.

$$a \underset{\text{hoch } n}{\overset{\text{n-te Wurzel}}{\rightleftarrows}} b \quad \text{für alle } a > 0 \text{ und } n \in \mathbb{N}^* \setminus \{1\}$$

Die Zahl $\sqrt[n]{a}$ (lies: n-te Wurzel aus a) ist diejenige positive Zahl b, für die $b^n = a$ gilt.

$\sqrt[2]{a}$ wird kurz $\sqrt{a}$ geschrieben und heißt Quadratwurzel, $\sqrt[3]{a}$ heißt Kubikwurzel.

Allgemein gilt: $\sqrt[n]{a^n} = (\sqrt[n]{a})^n = a$

Beispiele: a) $\sqrt{9} = 3$, weil $3^2 = 9$ b) $\sqrt[3]{1000} = 10$, weil $10^3 = 1000$

c) $\sqrt[4]{\frac{1}{16}} = \frac{1}{2}$, weil $\left(\frac{1}{2}\right)^4 = \frac{1}{16}$ d) $\sqrt{\frac{25}{49}} = \frac{5}{7}$, weil $\left(\frac{5}{7}\right)^2 = \frac{25}{49}$

44 Berechnen Sie die Wurzel.

a) $\sqrt{144}$ b) $\sqrt[3]{343}$ c) $\sqrt{0{,}16}$ d) $\sqrt[3]{\frac{64}{216}}$

45 Bestimmen Sie n durch Probieren.

a) $\sqrt[n]{289} = 17$ b) $\sqrt[n]{0{,}0081} = 0{,}3$ c) $\sqrt[n]{256} = 2$ d) $\sqrt[n]{\frac{81}{625}} = \frac{3}{5}$

REGEL

- **Viele Wurzeln sind keine rationalen Zahlen, sie sind irrational (d. h. nicht darstellbar als gekürzter Bruch $\frac{a}{b}$ mit $a \in \mathbb{N}$ und $b \in \mathbb{N}^*$). Man kann sie dann als unendliche, nicht periodische Brüche schreiben. $\sqrt{2}$ ist z. B. irrational.**
- **Beweis: Gäbe es einen gekürzten Bruch $\frac{a}{b}$ $(b \neq 1)$ mit $\sqrt{2} = \frac{a}{b}$, dann müsste durch Quadrieren gelten $2 = \frac{a^2}{b^2}$. Das aber ist unmöglich, da nicht weiter gekürzt werden kann.**

Beispiele: Welche Kantenlänge a hat ein Würfel, dessen Volumen $4\,m^3$ beträgt?
Auch $\sqrt[3]{4}$ ist irrational, es gilt: $\sqrt[3]{4} = 1{,}587\,4010\ldots \Rightarrow a \approx 1{,}59\,m$

46 Geben Sie die Wurzel auf drei Nachkommastellen gerundet an.

a) $\sqrt{2}$ b) $\sqrt[3]{10}$ c) $\sqrt[4]{5}$ d) $\sqrt{0{,}75}$

47 Gegeben ist der Flächeninhalt eines Quadrates.
Geben Sie seine Kantenlänge auf vier geltende Ziffern gerundet an.

a) $A = 7\,m^2$ b) $A = 4{,}8\,m^2$ c) $A = 12{,}5\,m^2$ d) $A = 1000\,m^2$

48 Gegeben ist das Volumen eines Würfels.
Geben Sie die Kantenlänge auf drei geltende Ziffern gerundet an.

a) $V = 2\,cm^3$ b) $V = 5{,}5\,m^3$ c) $V = 200\,dm^3$ d) $V = 100\,mm^3$

REGEL

Es gelten die folgenden Wurzelgesetze:

1. $\sqrt[n]{a}\cdot\sqrt[n]{b}=\sqrt[n]{ab}$ **2.** $\sqrt[n]{a}:\sqrt[n]{b}=\sqrt[n]{a:b}$ **3.** $\sqrt[n]{\sqrt[m]{b}}=\sqrt[n\cdot m]{b}$

Hinweis: Die Zahl unter dem Wurzelzeichen heißt Radikand.

Beispiele: a) $\sqrt[3]{10}\cdot\sqrt[3]{2,7}=\sqrt[3]{27}=3$ b) $\sqrt{50}:\sqrt{2}=\sqrt{25}=5$ c) $\sqrt[3]{\sqrt{64}}=\sqrt[6]{64}=2$

49 Wenden Sie das passende Wurzelgesetz an und ziehen Sie dann die Wurzel.

a) $\sqrt{3}\cdot\sqrt{27}$ b) $\sqrt{8}\cdot\sqrt{18}$ c) $\sqrt[3]{250}\cdot\sqrt[3]{4}$ d) $\sqrt[3]{432}\cdot\sqrt[3]{0,5}$

50 Wenden Sie das passende Wurzelgesetz an und ziehen Sie dann die Wurzel.

a) $\sqrt{7,2}:\sqrt{0,2}$ b) $\sqrt[5]{2430}:\sqrt[5]{10}$ c) $\sqrt[3]{96}:\sqrt[3]{12}$ d) $\sqrt[3]{171,5}:\sqrt[3]{0,5}$

51 Wenden Sie das passende Wurzelgesetz an, ziehen Sie dann die Wurzel mit dem Taschenrechner und geben Sie das Ergebnis auf zwei Nachkommastellen gerundet an.

a) $\sqrt[3]{\sqrt{25}}$ b) $\sqrt[4]{\sqrt[3]{100}}$ c) $\sqrt[3]{\sqrt[3]{91}}$ d) $\sqrt[5]{\sqrt{0,4}}$

TIPP

Durch geschicktes Anwenden der Potenz- und Wurzelgesetze lassen sich Wurzeln oft vereinfachen.

Beispiele:

Teilweises Wurzelziehen:

$\sqrt{50}=\sqrt{25}\cdot\sqrt{2}=5\cdot\sqrt{2}$

Anwenden einer Kürzungsregel:

$\sqrt[3]{5^6}=\sqrt[3]{(5^2)^3}=5^2$; $(\sqrt[7]{a})^{21}=\left[(\sqrt[7]{a})^7\right]^3=a^3$

52 Zerlegen Sie den Radikanden geschickt, sodass Sie teilweise die Wurzel ziehen können.

a) $\sqrt{12}$ b) $\sqrt[3]{16}$ c) $\sqrt{125}$ d) $\sqrt{\frac{3}{16}}$

53 Vereinfachen Sie die Wurzel.

a) $\sqrt[5]{8^{15}}$ b) $\sqrt[4]{7^8}$ c) $(\sqrt[4]{5})^{12}$ d) $(\sqrt[3]{7})^{18}$

54 Vereinfachen Sie den Term.

a) $\sqrt{5a^2}$ b) $\sqrt[3]{27x^3}$ c) $\sqrt{5a^2b^4}$ d) $\sqrt{4a^6\cdot 2b^2}$

e) $(\sqrt[6]{a})^{18}$ f) $(\sqrt[3]{a})^{15}$ g) $(\sqrt[4]{ab})^{20}$ h) $(\sqrt[6]{xy})^{24}$

55 Vereinfachen Sie den Term.

a) $\sqrt{\frac{2a^4}{b^6}}$ b) $\sqrt{\frac{a}{49}}$ c) $\sqrt{\frac{9a^4}{b^3}}$ d) $\sqrt{\frac{27a^4}{b^2}}\cdot\sqrt{\frac{b^6}{3a^2}}$

Potenzen mit rationalen Exponenten

REGEL

Für positive Zahlen a gilt für Potenzen mit einem Bruch als Exponenten:

$$a^{\frac{1}{n}} = \sqrt[n]{a} \quad n \in \mathbb{N}^* \setminus \{1\}$$

$$a^{\frac{z}{n}} = \sqrt[n]{a^z} = (\sqrt[n]{a})^z \quad \text{mit } n \in \mathbb{N}^* \setminus \{1\},\ z \in \mathbb{Z}$$

Wurzel der Potenz — Potenz der Wurzel

Es spielt keine Rolle, ob die Exponenten gekürzt, erweitert oder in Dezimalschreibweise dargestellt werden. Außerdem gelten auch für Potenzen mit rationalen Exponenten die fünf Potenzgesetze.

Beispiele: a) $a^{\frac{1}{2}} = \sqrt{a}$ b) $a^{\frac{1}{3}} = \sqrt[3]{a}$

c) $a^{\frac{3}{2}} = \sqrt{a^3} = (\sqrt{a})^3$ d) $a^{2,5} = a^{\frac{5}{2}} = \sqrt{a^5} = (\sqrt{a})^5$

56 Schreiben Sie als Wurzel aus einer Potenz.

a) $10^{\frac{4}{5}}$ b) $3^{\frac{1}{2}}$ c) $7^{\frac{5}{2}}$ d) $0,5^{\frac{7}{6}}$

57 Schreiben Sie als Potenz mit gebrochenem Exponenten.

a) $\sqrt[5]{8^7}$ b) $\sqrt[3]{7^8}$ c) $(\sqrt[5]{5})^{11}$ d) $\sqrt[3]{7^2}$

58 Schreiben Sie als Potenz. Vereinfachen und berechnen Sie dann.

a) $\sqrt[4]{2^{12}}$ b) $(\sqrt[4]{10})^{-8}$ c) $(\sqrt[4]{3})^{12}$ d) $\sqrt[3]{7^{-6}}$

59 Berechnen Sie ohne Verwendung des Taschenrechners.

a) 9^2 b) $9^{\frac{1}{2}}$ c) 9^{-1} d) 9^0

e) $9^{\frac{3}{2}}$ f) $9^{-\frac{3}{2}}$ g) $9^{-\frac{1}{2}}$ h) 9^{-2}

60 Schreiben Sie die Potenz mit einem gekürzten Bruch als Exponenten und dann als Wurzel der Potenz. Bestimmen Sie den Potenzwert mit dem Taschenrechner in ursprünglicher und veränderter Form, z. B. $17^{2,5} = 17^{\frac{5}{2}} = (\sqrt{17})^5$, und vergleichen Sie.

a) $8,27^{0,25}$ b) $26,8^{1,6}$ c) $2,713^{3,75}$ d) $19,4^{2,16}$ e) $3,8^{0,085}$

61 Schreiben Sie das Ergebnis in der Form $(\sqrt[n]{a})^z$.

a) $a^{1,6} \cdot a^{0,2}$ b) $x^{0,6} \cdot x^{-0,2}$ c) $16^{\frac{2}{3}} : 4^{\frac{2}{3}}$ d) $y^{2,75} : y^{0,25}$

62 Schreiben Sie als eine Potenz, dann in der Form $(\sqrt[n]{a})^z$. Vor dem Addieren bzw. dem Subtrahieren der Exponenten müssen diese einen gemeinsamen Nenner haben.

a) $a^{\frac{3}{4}} \cdot a^{\frac{1}{2}}$ b) $a^{\frac{5}{6}} : a^{\frac{2}{3}}$ c) $\left(p^{\frac{2}{3}}\right)^{\frac{1}{2}}$ d) $\left(a^{\frac{4}{7}} : b^{\frac{4}{7}}\right)^{\frac{7}{2}}$

63 Schreiben Sie als eine Potenz mit einem Bruch oder Dezimalbruch als Exponenten.

a) $\sqrt[4]{a^{12}} \cdot \sqrt{a^6}$ b) $(\sqrt[4]{b})^3 : (\sqrt[5]{b})^3$ c) $\left[(\sqrt[4]{3})^7\right]^{\frac{1}{2}}$ d) $\sqrt[4]{x^3} \cdot x^{1,25}$

Potenzgleichungen

REGEL

Gleichungen der Form $x^n = a$ mit $n \in \mathbb{N}^* \setminus \{1\}$ nennt man Potenzgleichungen.
Für die Lösung solcher Gleichungen gilt:

	n gerade	n ungerade
a > 0	$x_1 = \sqrt[n]{a}$; $x_2 = -\sqrt[n]{a}$	$x = \sqrt[n]{a}$
a = 0	$x = 0$	$x = 0$
a < 0	keine Lösung	$x = -\sqrt[n]{\lvert a \rvert}$

Beispiele: a) $x^4 = 7 \Rightarrow x_1 = \sqrt[4]{7}$; $x_2 = -\sqrt[4]{7}$

b) $4x^3 = 19 \;|:4 \Leftrightarrow x^3 = \frac{19}{4} \Rightarrow x = \sqrt[3]{\frac{19}{4}}$

c) $x^5 = -32 \Rightarrow x = -\sqrt[5]{\lvert -32 \rvert} = -\sqrt[5]{32} = -2$

d) $2x^4 + 16 = 0 \Leftrightarrow x^4 = -8 \Rightarrow$ keine Lösung!

TIPP

$\lvert a \rvert$ nennt man den **Betrag** der Zahl a. Er gibt den Abstand einer Zahl zur Null an.
Es gilt $\lvert a \rvert = a$ für $a \geq 0$
und $\lvert a \rvert = -a$ für $a < 0$.
Beispiel: $\lvert 4 \rvert = 4$
$\lvert -5 \rvert = -(-5) = 5$

64 Geben Sie die Lösung an.

a) $x^4 = 20$
b) $3x^6 - 18 = 0$
c) $x^3 = 6 + 2x^3$
d) $\frac{1}{2}x^5 - 2 \cdot (x^5 + 1) = 25$

65 Lösen Sie mithilfe einer Potenzgleichung.

a) Das Zweifache der 4. Potenz einer Zahl ist 162.
b) Die Hälfte der 5. Potenz einer Zahl ist 512.
c) Das vierfache Volumen eines Würfels mit der Kantenlänge a beträgt 6912 cm^3. Wie lang ist die Würfelkante a?

REGEL

Potenzen mit rationalen Exponenten sind nur für positive Basen definiert.
Daher haben Potenzgleichungen der Form $x^{\frac{z}{n}} = a$ nur die Lösung $x = \sqrt[z]{a^n} = a^{\frac{n}{z}}$.

Beispiele: a) $x^{\frac{2}{5}} = 6$

$x = \sqrt[2]{6^5} = 6^{\frac{5}{2}} \approx 88{,}18$

b) $3x^{\frac{4}{7}} = 8 \quad |:3$

$x^{\frac{4}{7}} = \frac{8}{3} \Rightarrow x = \sqrt[4]{\left(\frac{8}{3}\right)^7} = \left(\frac{8}{3}\right)^{\frac{7}{4}} \approx 5{,}56$

66 a) $x^{\frac{3}{4}} = 8$
b) $x^{\frac{2}{3}} = 25$
c) $\frac{1}{3}x^{\frac{3}{2}} = 9$
d) $4 + 8x^{\frac{3}{5}} = 5$

Logarithmen und Logarithmengesetze

REGEL

Für alle $a > 0,\ a \neq 1,\ b > 0$ und $c \in \mathbb{R}$ gilt:

- c heißt **Logarithmus** der Zahl b zur Basis a, wenn $a^c = b$ gilt.
  $\mathbf{c = \log_a b \Leftrightarrow a^c = b}$
- c heißt **dekadischer Logarithmus** (Zehnerlogarithmus) der Zahl b, wenn $10^c = b$ gilt.
  $\mathbf{c = \log b}$ **(oder lg b)** $\mathbf{\Leftrightarrow 10^c = b}$
- c heißt **natürlicher Logarithmus** der Zahl b, wenn $e^c = b$ gilt (mit $e = 2{,}718\,281...$).
  $\mathbf{c = \ln b \Leftrightarrow e^c = b}$ (lies: logarithmus naturalis)
- Jede positive Zahl x kann als Potenz zur Basis $a > 0,\ a \neq 1$ geschrieben werden: $x = a^{\log_a x}$

67 Bestimmen Sie die Logarithmen ohne Taschenrechner.

a) $\log_2 32$ b) $\log_2 \frac{1}{8}$ c) $\log_2 1$ d) $\log_5 125$
e) $\log 10\,000$ f) $\log_8 4$ g) $\log_9 3$ h) $\log_{625} 125$
i) $\log_7 (7^{15})$ j) $\log_{0,5} 8$

68 Bestimmen Sie die Variable.

a) $\log_a 16 = 2$ b) $\log_a 32 = 5$ c) $\log_a \frac{1}{7} = -1$ d) $\log_a 125 = -3$
e) $\log_2 b = 4$ f) $\log_3 b = -3$ g) $\log_8 b = \frac{1}{3}$ h) $\log_7 b = \frac{2}{5}$

REGEL

- Für das Rechnen mit Logarithmen gelten die folgenden Gesetze:
  (1) $\mathbf{\log_a (b \cdot c) = \log_a b + \log_a c}$ **(2)** $\mathbf{\log_a (b : c) = \log_a b - \log_a c}$
  (3) $\mathbf{\log_a (b^r) = r \cdot \log_a b}$ **(4)** $\mathbf{\log_a (\sqrt[n]{b}) = \frac{\log_a b}{n}}$
- Berechnung von beliebigen Logarithmen:
  $\mathbf{\log_c b = \frac{\log_a b}{\log_a c}}$ also z. B.: $\log_c b = \frac{\log b}{\log c} = \frac{\ln b}{\ln c}$
- Beweis von Gesetz (1):
  $b \cdot c = a^{\log_a b} \cdot a^{\log_a c}$ 1. Potenzgesetz
  $b \cdot c = a^{\log_a b + \log_a c}$
  $\log_a (b \cdot c) = \log_a b + \log_a c$

TIPP
Mit log und ln auf dem Taschenrechner kann man jeden Logarithmus berechnen.

Beispiel: $\log_7 90 = \frac{\ln 90}{\ln 7} \approx \frac{4{,}499\,8097}{1{,}945\,9101} \approx 2{,}312\,4447$

69 Berechnen Sie mit dem Taschenrechner.

a) $\log_{11} 250$ b) $\log_{0,7} 16$ c) $\log_\pi \sqrt{10\,000}$

Exponentialgleichungen

REGEL

Eine Gleichung, in der die zu bestimmende Variable im Exponenten auftritt, heißt **Exponentialgleichung**. Solche Gleichungen löst man, indem man zuerst alle möglichen Term- und Gleichungsumformungen ausführt und dann die Gleichungen **logarithmiert**. Welchen Logarithmus (z. B. den natürlichen oder dekadischen) man dabei benutzt, spielt keine Rolle. Anschließend folgen wieder die üblichen Gleichungsumformungen.

Beispiel:

$$\begin{aligned} & 4248 + 3{,}8 \cdot 17^{4y-3} = 67\,542 && \mid -4248 \\ \Leftrightarrow\ & 3{,}8 \cdot 17^{4y-3} = 63\,294 && \mid :3{,}8 \\ \Leftrightarrow\ & 17^{4y-3} = 16\,656{,}3158 && \text{(gerundet)} \\ \Leftrightarrow\ & \ln(17^{4y-3}) = \ln 16\,656{,}3158 && \\ \Leftrightarrow\ & (4y-3)\ln 17 = \ln 16\,656{,}3158 && \mid :\ln 17 \\ \Leftrightarrow\ & 4y - 3 = \frac{\ln 16\,656{,}3158}{\ln 17} && \mid +3 \\ \Leftrightarrow\ & 4y = \frac{\ln 16\,656{,}3158}{\ln 17} + 3 && \mid :4 \\ \Leftrightarrow\ & y = \frac{1}{4}\left(\frac{\ln 16\,656{,}3158}{\ln 17} + 3\right) && \\ \Leftrightarrow\ & y = 1{,}60773 && \text{(gerundet)} \end{aligned}$$

70 Bestimmen Sie die Lösung der Exponentialgleichung.

a) $2{,}53^{2x+1} - 478 = 50196$ b) $17^{2y-5} = 21^{y}$

71 Mit der Formel $p_x = p_0 \cdot 0{,}88^x$ (p_0: Luftdruck in Meereshöhe; x: Höhe in km) lässt sich näherungsweise der Luftdruck berechnen.
In welcher Höhe fliegt ein Flugzeug, das einen äußeren Luftdruck von 328 hp (Hektopascal) misst, wenn gleichzeitig auf Meereshöhe ein Luftdruck von 1020 hp herrscht?

72 Lena hat zu ihrem 18. Geburtstag 5000 € bekommen, die sie zu 3 % Zinsen p. a. anlegt. Sie möchte wissen, wie lange es dauern würde, bis ihr Kapital bei gleichbleibendem Zinssatz auf 80 000 € angewachsen wäre. In ihrer Formelsammlung findet sie dazu folgende Formel: $K_t = K_0 \cdot q^t$ (K_0: Startkapital, $q = 1 + \frac{p}{100}$ mit p: Zinssatz; t in Jahren). Auf welches Ergebnis kommt Lena?

73 Ein Biologe forscht mit Bakterien. Eine seiner Bakterienkolonien verdreifacht bei ungehindertem Wachstum alle 8 Stunden ihren Bestand. Der Biologe legt die Kolonie mit 750 Bakterien an. Nach welcher Zeit kann er eine Zahl von 3 000 000 Bakterien erwarten? Verwenden Sie zur Berechnung die Formel $B_t = B_0 \cdot 3^x$.

Die in den Aufgaben 71 bis 73 genannten Formeln lassen sich alle auf die Formel für exponentielles Wachstum zurückführen. Vergleichen Sie dazu das Kapitel „Exponentielles Wachstum" auf Seite 83.

Zwischentest

Klasse vorbereitet?

1 Berechnen Sie ohne Taschenrechner.

a) 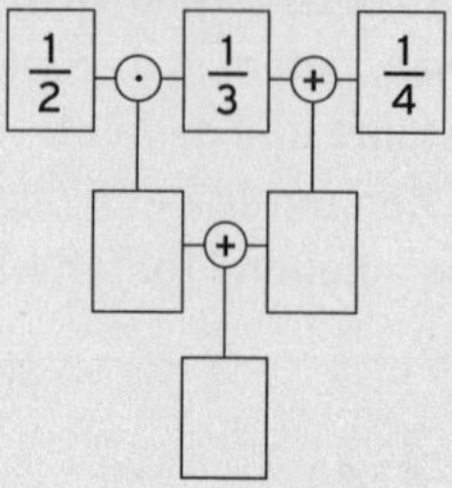

b) 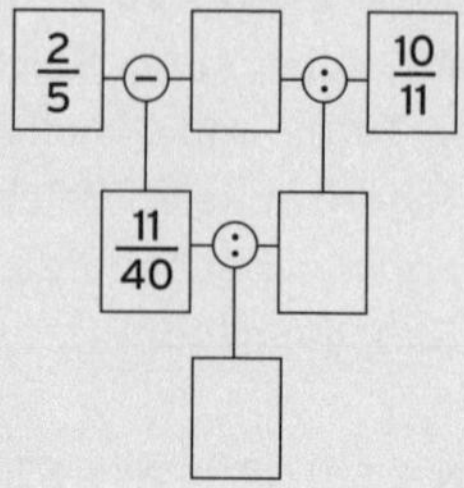

6

2 Berechnen Sie ohne Taschenrechner.

a) $\left(\frac{2}{3}\right)^3 =$ .... b) $2^{-5} =$ .... c) $16^6 : 8^6 =$ .... d) $\frac{(2^5 \cdot 15^4)^3}{5^{11} \cdot 6^{12} \cdot 20} =$ ....

4

3 Geben Sie in normierter Exponentialform an.

a) $2\,570\,000 =$ .... b) $48\,563\,000\,000 =$ ....

c) $2{,}5 \cdot 10^4 \cdot 3{,}2 \cdot 10^5 =$ ....

3

4 Geben Sie in Dezimaldarstellung an.

a) $3{,}048 \cdot 10^7 =$ ....

b) mittlere Entfernung Erde – Mond: $3{,}844 \cdot 10^8\,\text{m} =$ ....

c) mittlere Entfernung Erde – Sonne: $1{,}496 \cdot 10^{11}\,\text{m} =$ ....

3

5 Vereinfachen Sie.

a) $\sqrt[3]{a^6 b^3} =$ .... b) $\sqrt[4]{81 x^5} =$ ....

c) $\sqrt[2]{\sqrt[5]{1024}} =$ .... d) $\sqrt[3]{a^7 b^2} \cdot \sqrt[3]{a^{-1} b^3} =$ ....

4

6 Lösen Sie die Potenzgleichungen.

a) $3x^4 - 25 = (x^2 - 1)(x^2 + 1)$; $x =$ .... b) $4x \cdot (x^2 - 2) = -8 - 2 \cdot (4x - x^3)$; $x =$ ....

2

7 Bestimmen Sie die Logarithmen ohne Taschenrechner.

a) $\log_2 32 =$ .... b) $\log_5 \frac{1}{25} =$ .... c) $\log_5 \sqrt{5} =$ .... d) $\log_7 \frac{1}{\sqrt[3]{7}} =$ ....

4

8 Lösen Sie die Exponentialgleichungen.

a) $0{,}4 \cdot 5^x = 162{,}5 - 0{,}9 \cdot 5^x$; $x =$ .... b) $212 - 4 \cdot 3^{4x+5} = 36$; $x =$ ....

4

30 Gesamtpunktzahl

Lernplaner

Kontrollieren Sie Ihre Ergebnisse mithilfe der Lösungen (S. 109) und addieren Sie die erreichten Punkte.

☐ 30 bis 24 Punkte: ☺ ☐ 23 bis 15 Punkte: ☺ ☐ 14 bis 0 Punkte: ☹

Geometrie

Vorschau

- → Kongruenz und Dreieckskonstruktionen
- → Linien und Punkte im Dreieck
- → Umfangswinkelsatz, Satz des Thales
- → Ähnliche Figuren
- → Zentrische Streckung
- → Strahlensätze
- → Satzgruppe des Pythagoras
- → Trigonometrie
- → Sinus- und Kosinussatz

Kongruenzsätze und Dreieckskonstruktionen

REGEL

- Dreiecke, bei denen entsprechende Seiten gleich lang sind und entsprechende Winkel gleich groß sind, heißen kongruent zueinander.
- **Kongruenzsätze:** Zwei Dreiecke sind **kongruent**, wenn sie übereinstimmen in
  (1) allen drei Seiten (sss),
  (2) zwei Seiten und dem eingeschlossenen Winkel (sws),
  (3) zwei Seiten und dem Gegenwinkel der größeren Seite (Ssw),
  (4) einer Seite und zwei Winkeln (wsw oder sww).

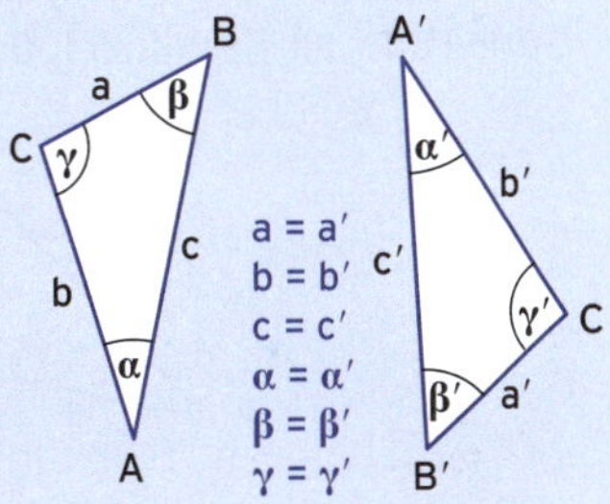

- Von einem Dreieck müssen **drei Stücke bekannt** sein, um es eindeutig konstruieren zu können.

1 Konstruieren Sie das Dreieck und messen Sie das angegebene vierte Stück.

a)	b)	c)	d)
$c = 8\,cm$	$b = 7{,}2\,cm$	$c = 9\,cm$	$a = 8{,}4\,cm$
$a = 5{,}6\,cm$	$c = 5{,}8\,cm$	$b = 6{,}7\,cm$	$\alpha = 73°$
$b = 4{,}9\,cm$	$\alpha = 61°$	$\gamma = 113°$	$\beta = 49°$
$\gamma =$	$a =$	$a =$	$c =$

2 Warum lässt sich mit der Angabe kein Dreieck konstruieren?

a)	b)	c)	d)
$c = 8{,}9\,cm$	$a = 9{,}6\,cm$	$b = 7{,}6\,cm$	$\alpha = 75°$
$\alpha = 106°$	$b = 7{,}2\,cm$	$c = 5{,}3\,cm$	$\beta = 60°$
$\beta = 141°$	$c = 20{,}2\,cm$	$\gamma = 98°$	$\gamma = 45°$

3 Beweisen Sie:
Zeichnet man in ein gleichseitiges Dreieck ABC ein neues Dreieck DEF mit $\overline{AD} = \overline{BE} = \overline{CF}$, dann ist das Dreieck DEF ebenfalls gleichseitig.

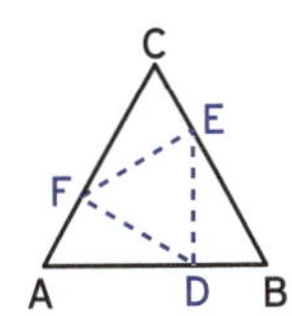

Mittelsenkrechte und Winkelhalbierende im Dreieck

REGEL

Die Mittelsenkrechten m_a, m_b und m_c eines Dreiecks schneiden sich in einem Punkt. Es ist der Mittelpunkt des Umkreises.

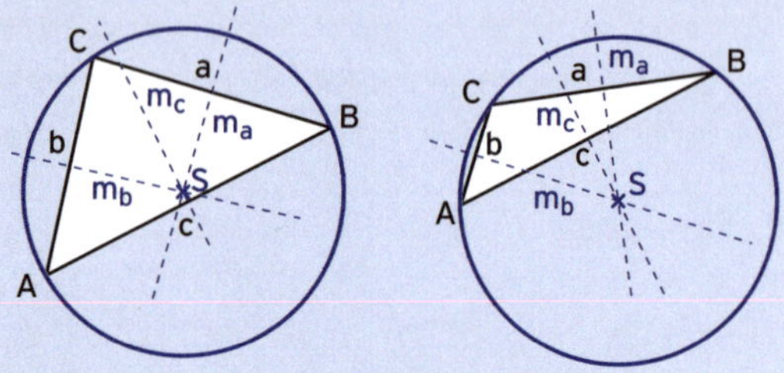

4 Beweisen Sie, dass sich die Mittelsenkrechten in einem Punkt S schneiden, der von den Dreieckspunkten A, B und C gleich weit entfernt ist, in folgenden Schritten:
(1) Der Schnittpunkt S von m_a und m_b ist gleich weit von A, B und C entfernt.
(2) Der Punkt S muss auf m_c liegen.

REGEL

Die Winkelhalbierenden w_α, w_β und w_γ eines Dreiecks schneiden sich in einem Punkt. Er ist der Mittelpunkt des Inkreises.

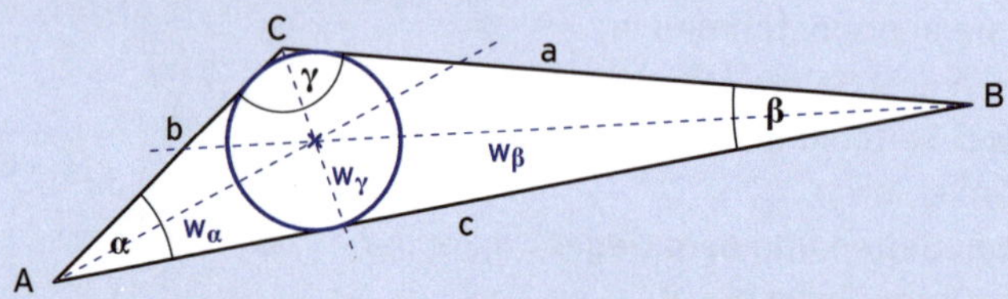

5 Die Forschungsstationen F_1, F_2 und F_3 in der Antarktis sollen einen gemeinsamen Hubschrauberlandeplatz H erhalten, der von den Forschungsstationen gleich weit entfernt ist.
Konstruieren Sie die Lage von H.

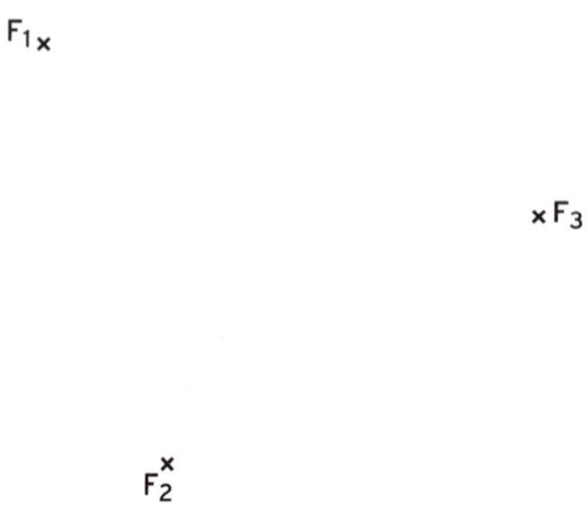

6 Konstruieren und messen Sie den Inkreisradius.

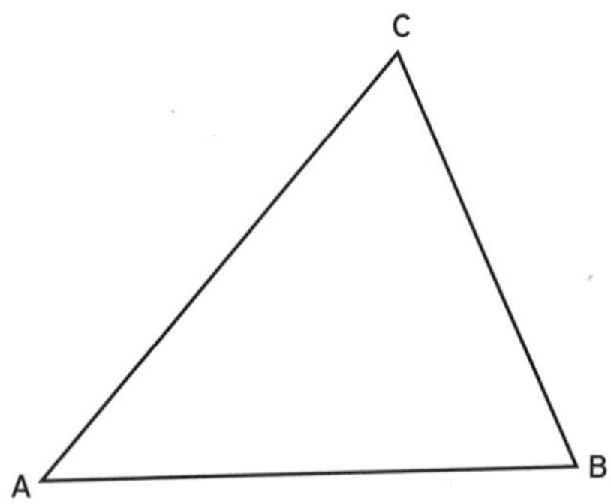

Seitenhalbierende und Höhen im Dreieck

REGEL

Die **Seitenhalbierenden** s_a, s_b und s_c eines Dreiecks verbinden die Eckpunkte mit den gegenüberliegenden Seitenmitten M_a, M_b und M_c. Sie treffen sich im **Schwerpunkt** S des Dreiecks.

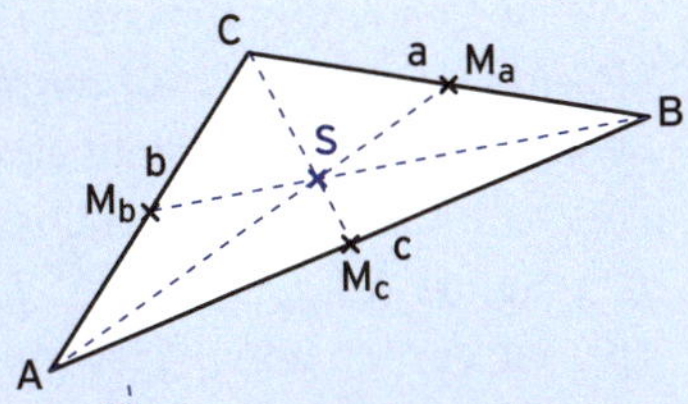

Die **Höhengeraden** eines Dreiecks sind die Senkrechten durch die Eckpunkte zu den Trägergeraden der gegenüberliegenden Seiten.
Die Höhen h_a, h_b und h_c sind die Abstände zwischen den Eckpunkten und den Trägergeraden.
Die Höhengeraden schneiden sich in einem Punkt.

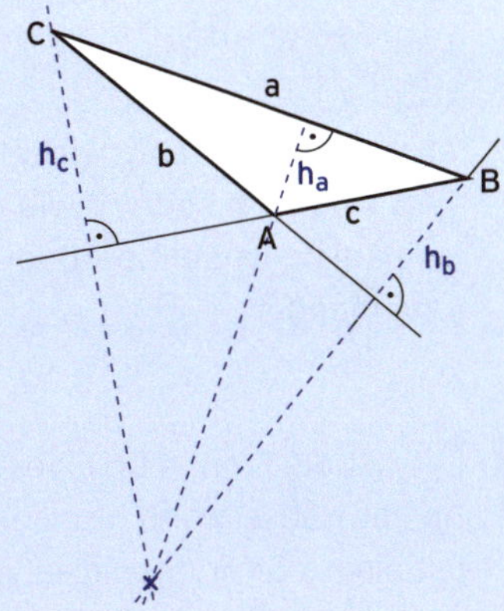

7 Konstruieren Sie den Schwerpunkt S des Dreiecks ABC.

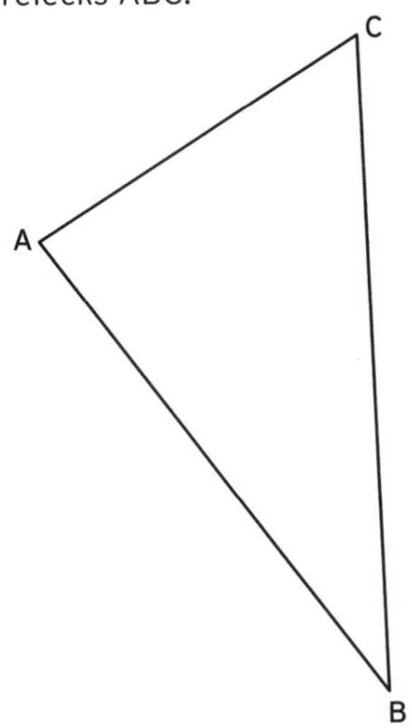

8 Konstruieren Sie den Schnittpunkt H der Höhengeraden.

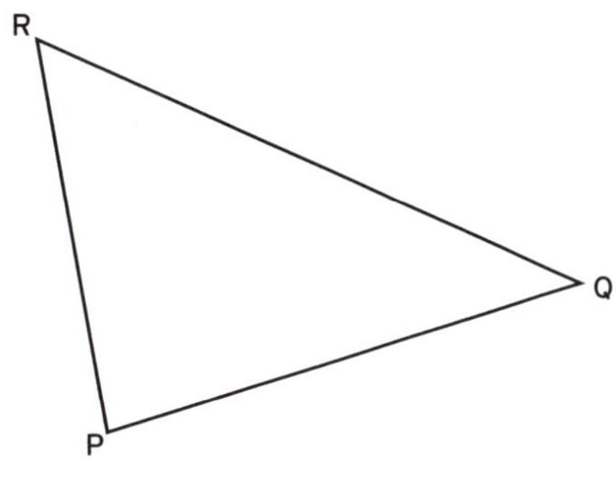

9 Konstruieren Sie ein Dreieck aus $c = 8\,\text{cm}$, $\alpha = 76°$ und $h_c = 4{,}5\,\text{cm}$.

10 Konstruieren Sie ein Dreieck aus $a = 7{,}8\,\text{cm}$, $c = 6{,}5\,\text{cm}$ und $h_b = 5{,}1\,\text{cm}$.

11 Beweisen Sie: Im gleichseitigen Dreieck sind Mittelsenkrechten, Winkelhalbierende, Seitenhalbierende und Höhen identisch.

Umfangswinkelsatz, Satz des Thales

REGEL

$\overline{AB}$ ist Sehne des Kreises k. Die Punkte P_i sind Kreispunkte auf der selben Seite von $\overline{AB}$ wie der Kreismittelpunkt M.

α_i sind Umfangswinkel über der Sehne $\overline{AB}$.

β ist der Mittelpunktswinkel zur Sehne $\overline{AB}$.

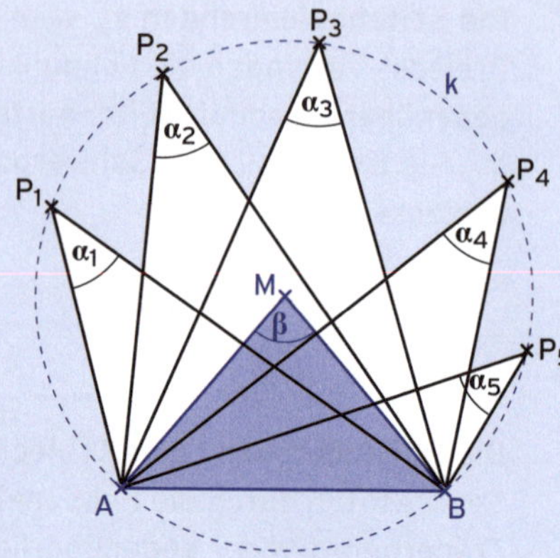

Satz: Alle Umfangswinkel α_i über der Sehne $\overline{AB}$ sind halb so groß wie der Mittelpunktswinkel β zur Sehne $\overline{AB}$ und damit kongruent zueinander.

12 $\overline{K_1K_2}$ ist die Frontseite eines Kinos. An der Häuserwand h soll ein Scheinwerfer S mit einem Öffnungswinkel von 60° so montiert werden, dass er die Frontseite des Kinos genau ausleuchtet. Konstruieren Sie einen möglichen Punkt, an dem der Scheinwerfer S angebracht werden könnte.
Hinweis: Fassen Sie $\overline{K_1K_2}$ als die Sehne eines Kreises auf, dessen Mittelpunktswinkel 120° groß ist.

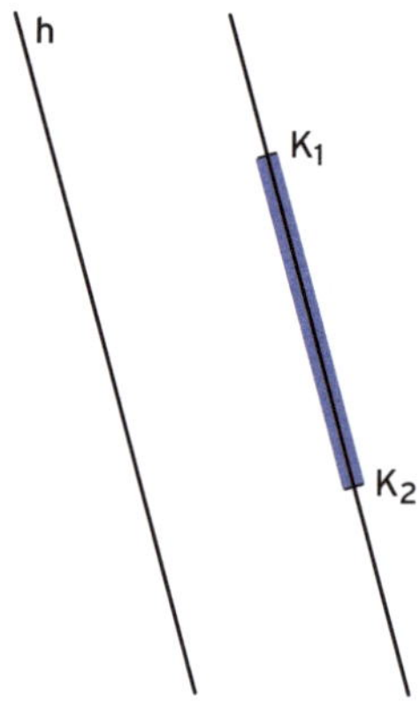

REGEL

Liegt C auf dem Halbkreis über der Strecke $\overline{AB}$, so ist ∢ACB ein rechter Winkel (Satz des Thales).
∢ACB ist stumpf, wenn C innerhalb des Halbkreises über $\overline{AB}$ liegt.
∢ACB ist spitz, wenn C außerhalb des Halbkreises über $\overline{AB}$ liegt.

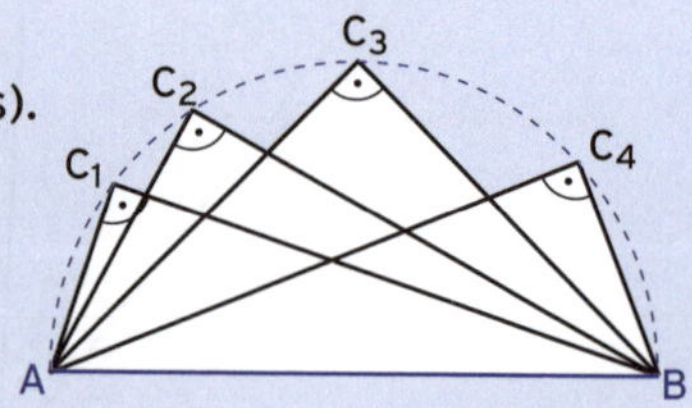

13 Beweisen Sie den Satz des Thales für einen beliebigen Punkt C auf dem Halbkreis. Zeichnen Sie in der Beweisskizze den Mittelpunkt M von $\overline{AB}$ ein und verbinden Sie A, B und M mit C.

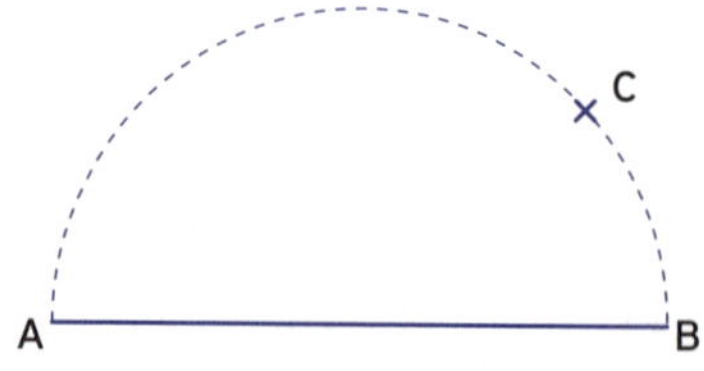

Ähnliche Figuren

REGEL

Zwei Dreiecke heißen **ähnlich**, wenn sie in allen Winkeln und den Verhältnissen entsprechender Seiten übereinstimmen.

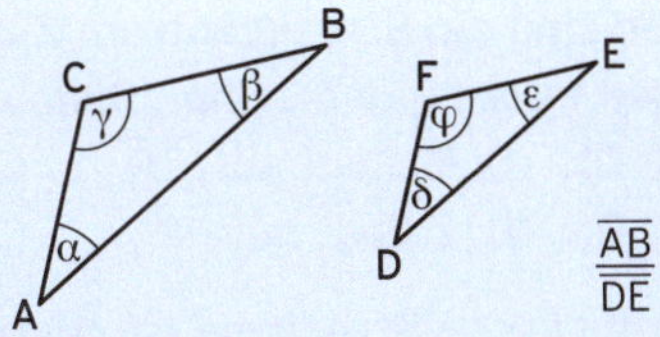

$\alpha = \delta$

$\beta = \varepsilon$

$\gamma = \varphi$

$\frac{\overline{AB}}{\overline{DE}} = \frac{\overline{BC}}{\overline{EF}} = \frac{\overline{AC}}{\overline{DF}}$

Ähnlichkeitssätze:

Zwei Dreiecke sind ähnlich, wenn sie übereinstimmen in
(1) zwei Winkeln,
(2) dem Verhältnis aller entsprechenden Seiten,
(3) dem Verhältnis von zwei entsprechenden Seiten und dem eingeschlossenen Winkel,
(4) dem Verhältnis von zwei entsprechenden Seiten und dem Gegenwinkel der jeweils längeren Seite.

14 Untersuchen Sie die beiden Dreiecke auf Ähnlichkeit.

a)

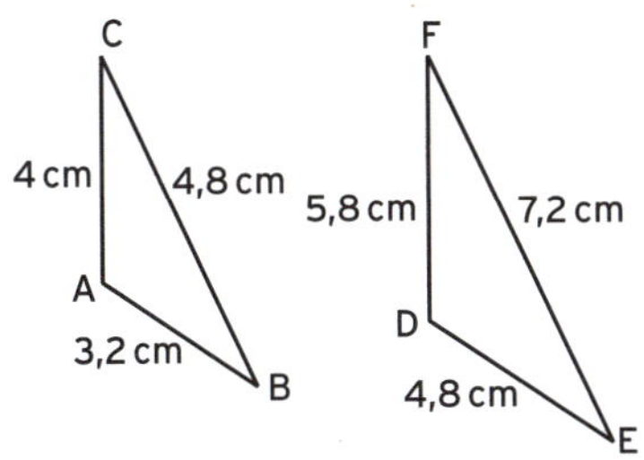

b)

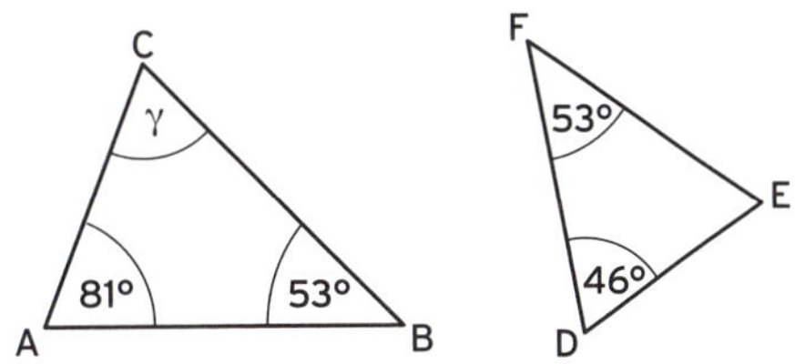

15 Begründen Sie, dass die Dreiecke ABC und BDE ähnlich sind.

a)

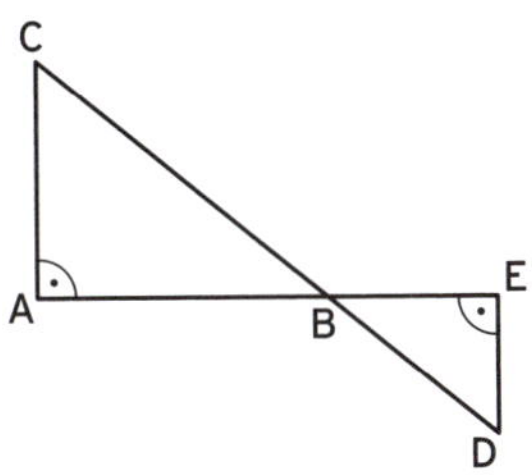

b)

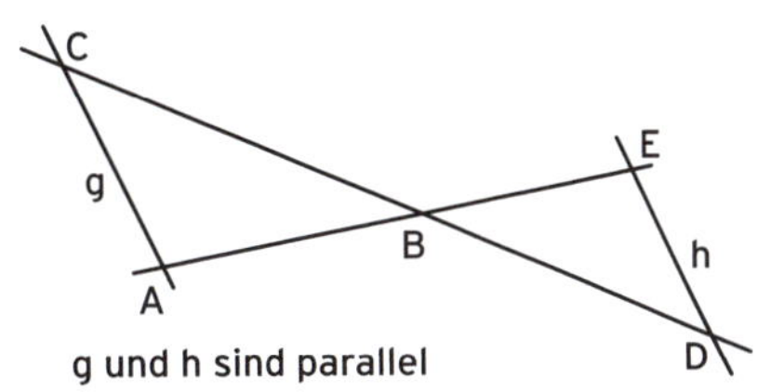

16 Berechnen Sie die fehlenden Dreieckseiten in den Dreiecken ABC und BDE von Aufgabe 15, wenn gilt:

a) $\overline{AB} = 7{,}2\,\text{cm}$; $\overline{BE} = 2{,}4\,\text{cm}$;
$\overline{DE} = 1{,}6\,\text{cm}$; $\overline{CB} = 8{,}7\,\text{cm}$

b) $\overline{AB} = 7{,}9\,\text{m}$; $\overline{AC} = 9\,\text{m}$;
$\overline{BD} = 5\,\text{m}$; $\overline{ED} = 4\,\text{m}$

TIPP

Verwenden Sie entsprechende Seitenverhältnisse, um fehlende Seiten zu berechnen, z. B.:

$\frac{\overline{AB}}{\overline{BE}} = \frac{\overline{AC}}{\overline{DE}} \Rightarrow \frac{7{,}2\,\text{cm}}{2{,}4\,\text{cm}} = \frac{\overline{AC}}{1{,}6\,\text{cm}}$

Zentrische Streckung

REGEL

Gegeben sind ein Streckzentrum Z und ein Streckfaktor $k \neq 0$.
Für einen Punkt P und seinen Bildpunkt P′ gilt:

für $k > 0$: (1) P′ liegt auf $\overline{ZP}$ (2) $\overline{ZP'} = k \cdot \overline{ZP}$

für $k < 0$: (1) Z liegt auf $\overline{PP'}$ (2) $\overline{ZP'} = |k| \cdot \overline{ZP}$

- Die zentrische Streckung ist geradentreu, winkeltreu und längenverhältnistreu.
- Z ist Fixpunkt der Abbildung: Z′ = Z.
- Hat eine Figur den Flächeninhalt A, hat die Bildfigur den Flächeninhalt $k^2 \cdot A$.
- Hat ein Körper das Volumen V, hat der Bildkörper das Volumen $k^3 \cdot V$.

Beispiele: **Zentrische Streckung (Z, k)**

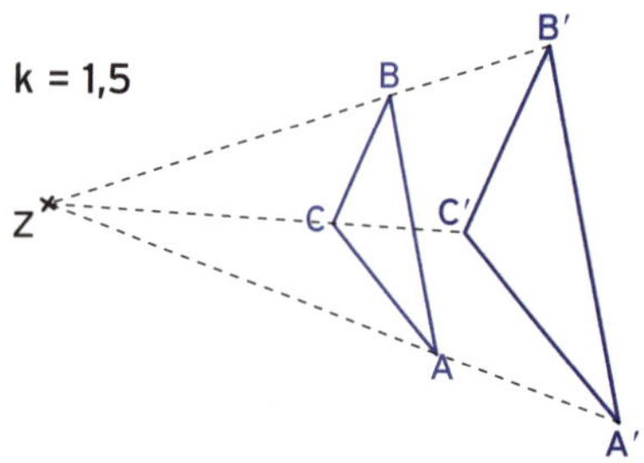

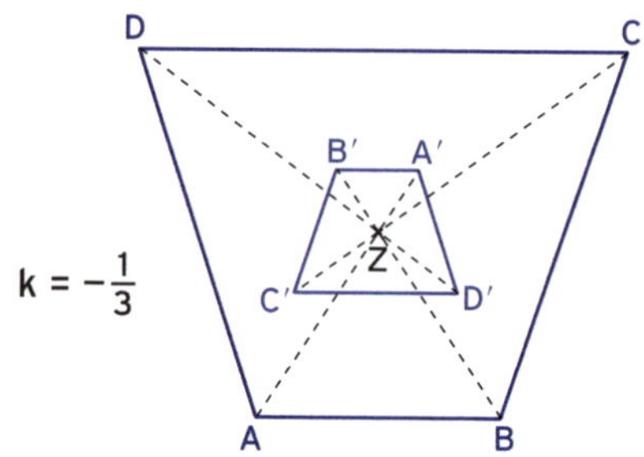

17 Führen Sie aus.

a) Strecken Sie das Dreieck ABC von Z aus um den Faktor $k = 2$.

b) ΔABC hat einen Flächeninhalt von $A = 1{,}38\,\text{cm}^2$. Wie groß ist der Flächeninhalt von ΔA′B′C′?

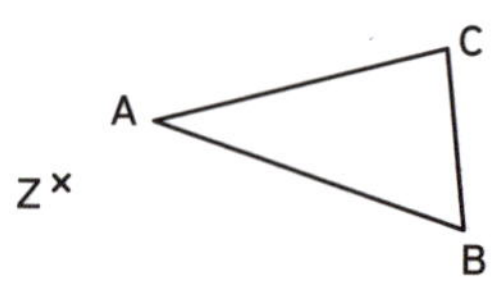

18 Zeichnen Sie ein Dreieck ABC und ein Zentrum außerhalb des Dreiecks.
Strecken Sie nun das Dreieck mit dem Faktor $k_1 = 1{,}5$.
Strecken Sie anschließend das Bilddreieck A′B′C mit dem Faktor $k_2 = -2$.
Mit welcher Streckung hätte man ABC direkt auf A″B″C″ abbilden können?

19 Die Punkte A(1|2), B(4|3) und C(2|5) bilden das Dreieck ABC. Die Punkte A′(2|1), B′(8|3) und C′(4|7) bilden das Dreieck A′B′C′.
Prüfen Sie, ob zentrische Streckung vorliegt.
Geben Sie gegebenenfalls das Zentrum Z und den Streckfaktor k an.

Strahlensätze

REGEL

- **1. Strahlensatz:** Werden zwei von einem Punkt ausgehende Strahlen von Parallelen geschnitten, so verhalten sich zwei Abschnitte eines Strahls wie die entsprechenden Abschnitte des anderen Strahls:
$\frac{\overline{ZA}}{\overline{AC}} = \frac{\overline{ZB}}{\overline{BD}}$; $\frac{\overline{ZA}}{\overline{ZC}} = \frac{\overline{ZB}}{\overline{ZD}}$

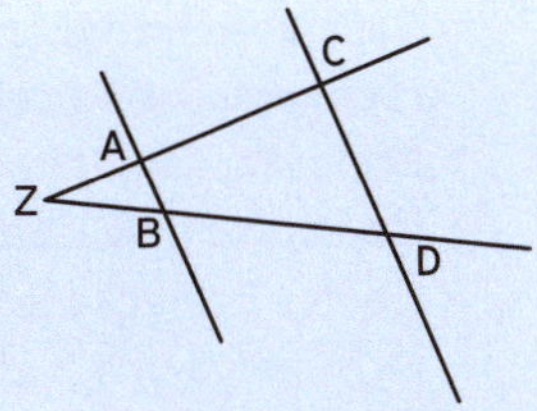

- **2. Strahlensatz:** Werden zwei von einem Punkt ausgehende Strahlen von Parallelen geschnitten, so verhalten sich die Parallelenabschnitte wie die zugehörigen Scheitelstrecken eines Strahls:
$\frac{\overline{AB}}{\overline{CD}} = \frac{\overline{ZA}}{\overline{ZC}}$; $\frac{\overline{AB}}{\overline{CD}} = \frac{\overline{ZB}}{\overline{ZD}}$

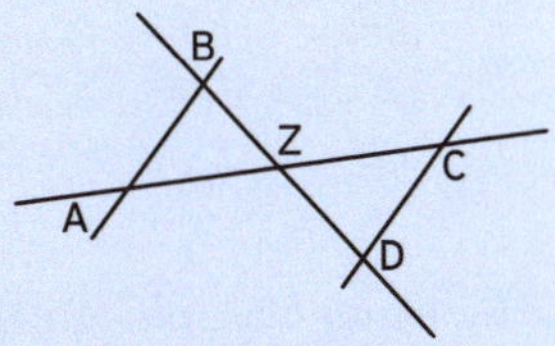

- **Umkehrung des 1. Strahlensatzes:** Werden von einem Punkt ausgehende Strahlen von Geraden so geschnitten, dass sich zwei Abschnitte des einen Strahls wie die entsprechenden Abschnitte des anderen Strahls verhalten, so sind die beiden Geraden parallel. Hier werden zwei Geraden durch den Punkt Z von Parallelen geschnitten. (Die Umkehrung des zweiten Strahlensatzes gilt nicht!)

20 Bestimmen Sie x in der Gleichung.

a) $\frac{\overline{ZA}}{\overline{AF}} = \frac{\overline{ZB}}{x}$

b) $\frac{x}{\overline{EF}} = \frac{\overline{ZA}}{\overline{ZF}}$

c) $\frac{\overline{CE}}{\overline{ZB}} = \frac{x}{\overline{ZA}}$

d) $\frac{\overline{CD}}{x} = \frac{\overline{ZD}}{\overline{ZF}}$

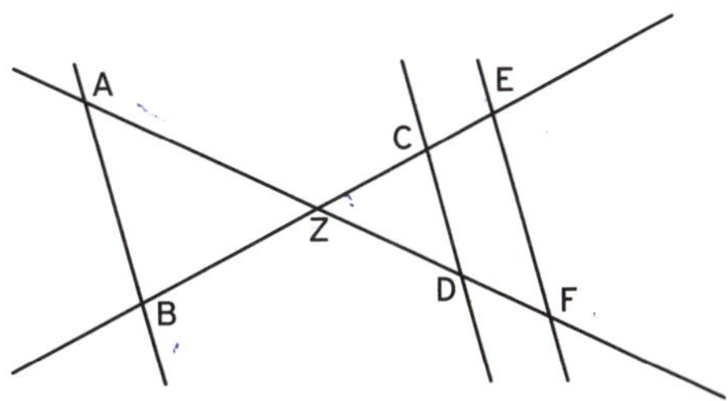

21 In der Zeichnung sind g und h parallel. Berechnen Sie die fehlenden Größen.

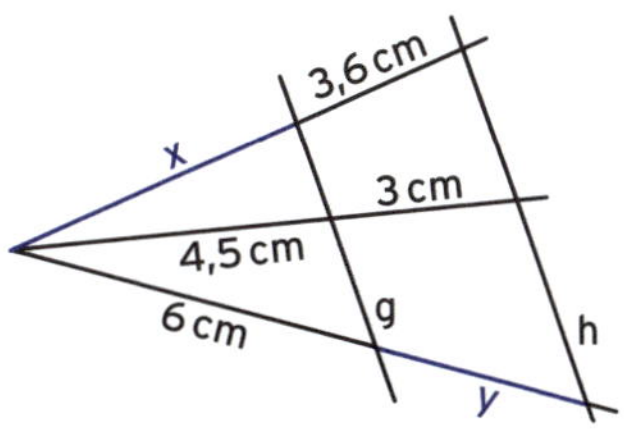

22 Berechnen Sie die Breite f des Flusses. Die Punkte „•“ wurden durch Anpeilung des Baumstammes Z auf der anderen Flussseite festgelegt.

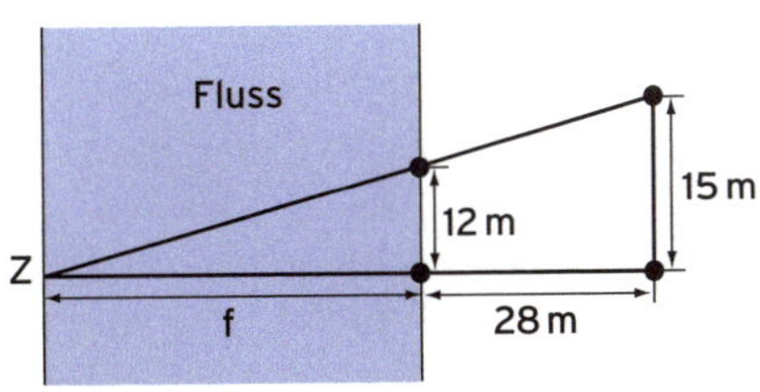

Satz des Pythagoras

REGEL

- **Satz des Pythagoras:** Sind a und b die Katheten eines rechtwinkligen Dreiecks und ist c die Hypotenuse dieses Dreiecks, so gilt: $a^2 + b^2 = c^2$.
- **Umkehrung des Satzes:** Gilt für die Seiten a, b und c eines Dreiecks $a^2 + b^2 = c^2$, so hat das Dreieck zwischen a und b einen rechten Winkel. Bei $a^2 + b^2 < c^2$ ist der Winkel zwischen a und b stumpf, bei $a^2 + b^2 > c^2$ spitz.
- **Beweis des Satzes:** $a^2 + b^2$ und c^2 werden jeweils durch vier kongruente Dreiecke zu gleich großen Quadraten ergänzt, also gilt: $a^2 + b^2 = c^2$.

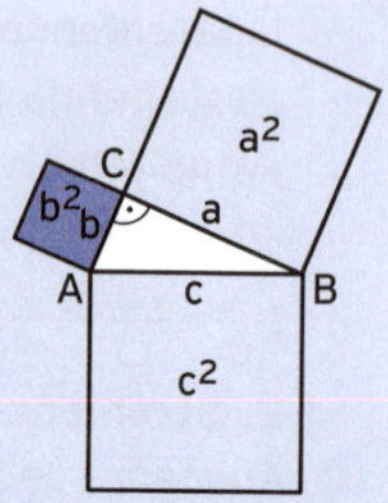

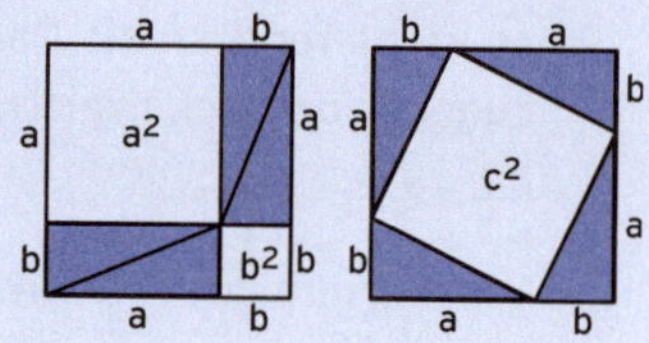

23 Berechnen Sie die fehlenden Seiten.

a)

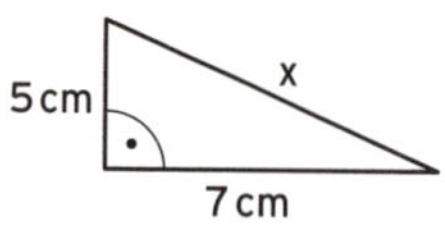

b)

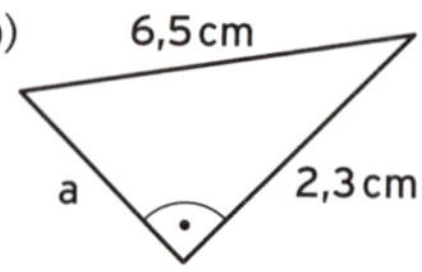

c)

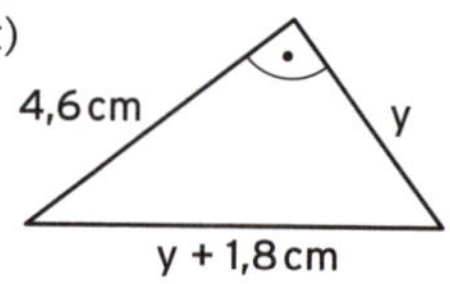

24 Um 12 Uhr befinden sich zwei Autos im Bereich der Brücke direkt übereinander.
Eines fährt nach Norden mit konstant $120\,\frac{km}{h}$,
das andere nach Osten mit konstant $150\,\frac{km}{h}$.
Wie weit sind die beiden Autos um 12:40 Uhr in Luftlinie voneinander entfernt?

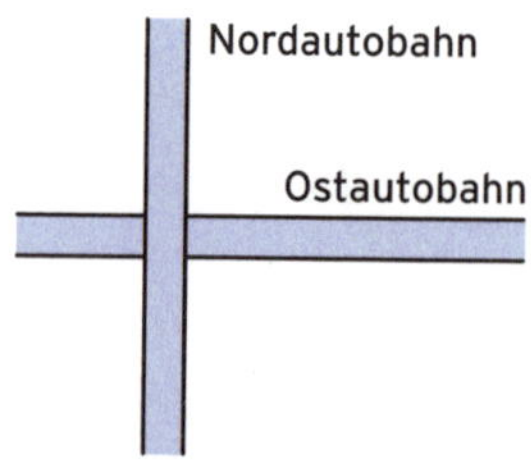

25 Zwischen den beiden 9 m voneinander entfernten Laternenmasten links und rechts einer Straße wird jeweils in 4,50 m Höhe ein Drahtseil von 9,30 m Länge befestigt.
In der Mitte des Drahtseils wird eine 60 cm hohe Ampel eingehängt.
Wie hoch hängt ihr Boden über der Straße?

Kathetensatz und Höhensatz

REGEL

- **Kathetensatz:** Im rechtwinkligen Dreieck ist das Quadrat über einer Kathete inhaltsgleich zu dem Rechteck aus der gesamten Hypotenuse und dem der Kathete anliegenden Hypotenusenabschnitt.
  $a^2 = c \cdot p$; $b^2 = c \cdot q$

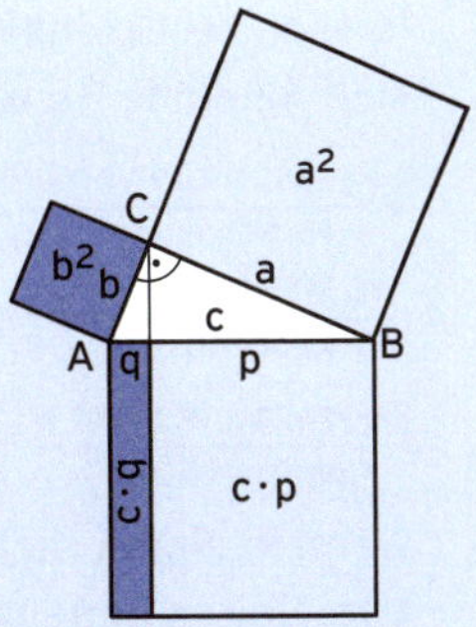

- **Höhensatz:** Im rechtwinkligen Dreieck ist das Quadrat über der Höhe auf die Hypotenuse inhaltsgleich mit dem Rechteck aus den beiden Hypotenusenabschnitten, die von dieser Höhe erzeugt werden.
  $h^2 = p \cdot q$
- **Beweis des Höhensatzes:**
  $h^2 = b^2 - q^2$ (Satz des Pythagoras)
  $h^2 = c \cdot q - q^2$ (Kathetensatz)
  $h^2 = q \cdot (c - q)$ (q ausgeklammert)
  $h^2 = q \cdot p$ $(c - q = p)$

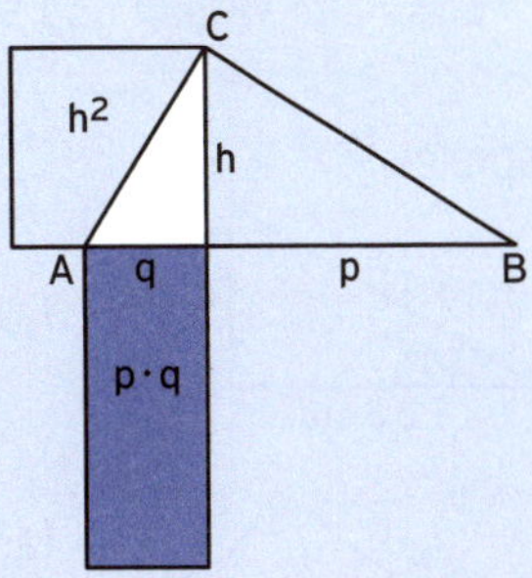

26 Gegeben ist das abgebildete Rechteck. Konstruieren Sie mithilfe des Kathetensatzes ein inhaltsgleiches Quadrat.
Hinweis: Fassen Sie a als Hypotenuse und b als anliegenden Hypotenusenabschnitt auf.
Die Konstruktion ist bereits begonnen, setzen Sie sie fort.

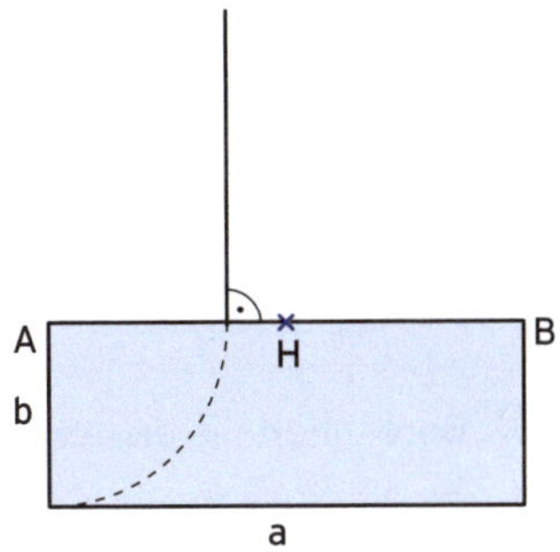

27 Gegeben sind das abgebildete Quadrat und die abgebildete Strecke $\overline{AB}$. Konstruieren Sie mithilfe des Höhensatzes ein Rechteck, das denselben Flächeninhalt wie das Quadrat hat und dessen eine Seite die Strecke $\overline{AB}$ ist.
Die Konstruktion ist bereits begonnen.

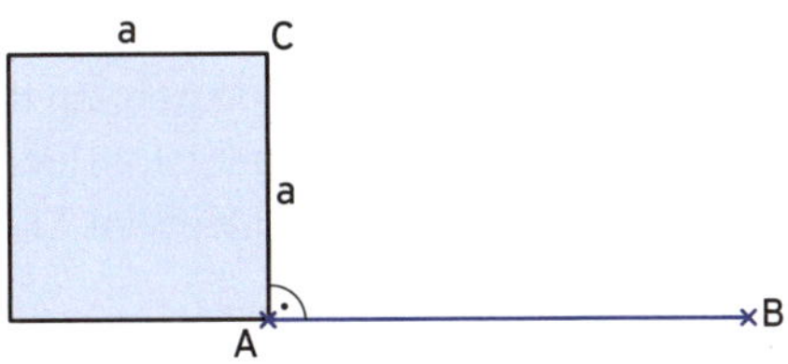

Trigonometrie

REGEL

In allen rechtwinkligen Dreiecken, die in einem spitzen Winkel α übereinstimmen, sind folgende Seitenverhältnisse gleich:

$$\frac{\text{Gegenkathete von }\alpha}{\text{Hypotenuse}} = \sin\alpha \quad (\text{Sinus von }\alpha)$$

$$\frac{\text{Ankathete von }\alpha}{\text{Hypotenuse}} = \cos\alpha \quad (\text{Kosinus von }\alpha)$$

$$\frac{\text{Gegenkathete von }\alpha}{\text{Ankathete von }\alpha} = \tan\alpha \quad (\text{Tangens von }\alpha)$$

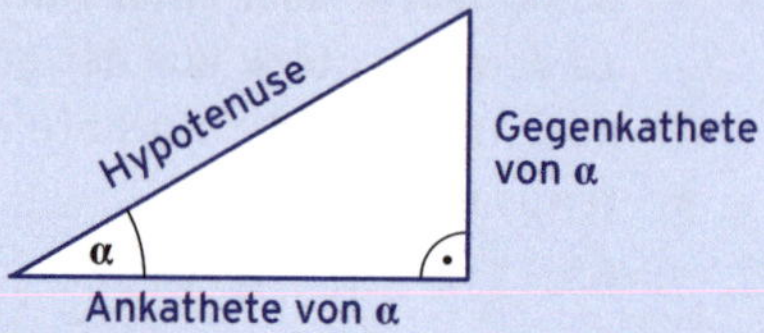

Wenn in einem rechtwinkligen Dreieck eine Seite und ein spitzer Winkel oder zwei Seiten gegeben sind, lassen sich mithilfe der trigonometrischen Verhältnisse alle Winkel und Seitenlängen berechnen.

Beispiele:

a)

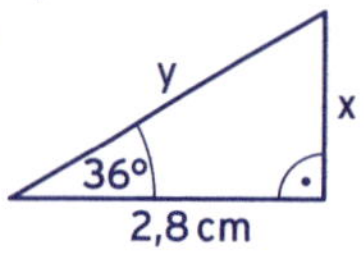

$\tan 36° = \frac{x}{2{,}8} \quad |\cdot 2{,}8$

$\tan 36° \cdot 2{,}8 = x$

$2{,}0\,\text{cm} \approx x$

$\cos 36° = \frac{2{,}8}{y} \quad |\cdot y,\ :\cos 36°$

$y = \frac{2{,}8}{\cos 36°}$

$y \approx 3{,}5\,\text{cm}$

b)

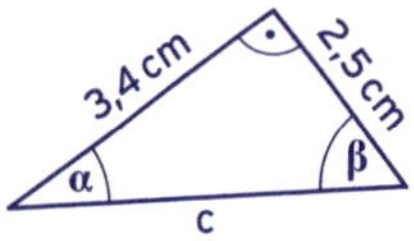

$\tan\beta = \frac{3{,}4}{2{,}5} \quad |\tan^{-1}$

$\beta \approx 53{,}7°$

$\alpha = 180° - 90° - 53{,}7°$

$= 36{,}3°$

$\sin 53{,}7° = \frac{3{,}4}{c} \quad |\cdot c,\ :\sin 53{,}7°$

$c = \frac{3{,}4}{\sin 53{,}7°}$

$c \approx 4{,}2\,\text{m}$

28 Berechnen Sie die fehlenden Seiten des Dreiecks.

a)

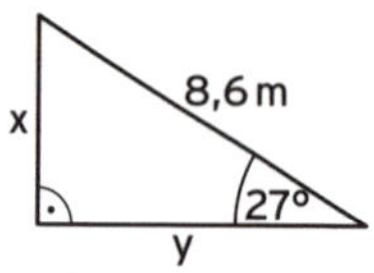

b)

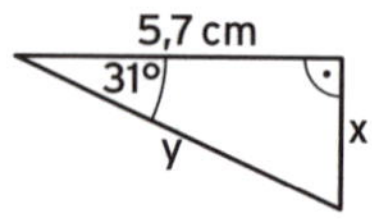

c)

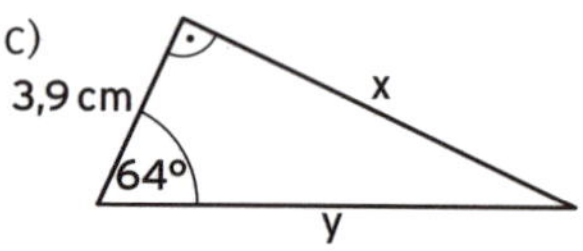

29 Berechnen Sie die fehlenden Winkel und die fehlende Seite des Dreiecks.

a)

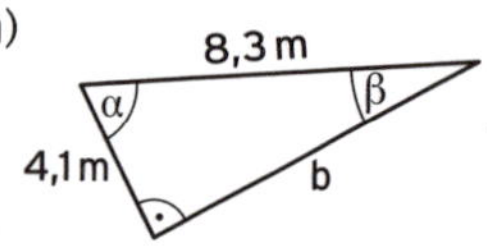

b)

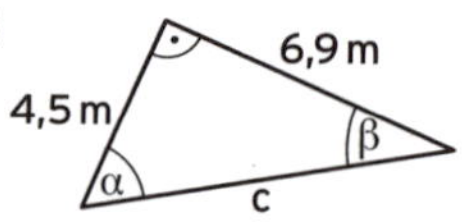

c)

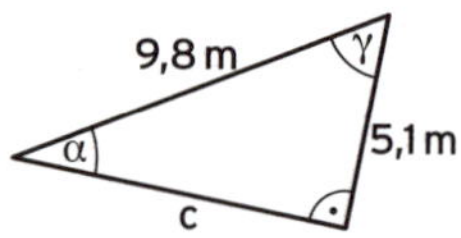

30 Ein startendes Flugzeug hebt an der Stelle P ab und steigt mit einem Winkel von 7° an. Die Kirche von Neustadt ist 28 km von der Stelle P entfernt. In welcher Höhe überfliegt das Flugzeug die Kirche?

31 In Berlin startet ein Flugzeug mit konstantem Steigungswinkel. Nach 31 km Flug befindet es sich direkt über dem Schloss Sanssouci in einer Höhe von 3,24 km.

a) Mit welchem Winkel steigt das Flugzeug an?

b) Nach wie viel Kilometern Flug erreicht das Flugzeug die vorgesehene Flughöhe von 10 000 m?

Sinussatz und Kosinussatz

REGEL

Sinussatz

$$\frac{a}{\sin\alpha} = \frac{b}{\sin\beta} = \frac{c}{\sin\gamma} \; (= 2r)$$

Kosinussatz

$$a^2 = b^2 + c^2 - 2bc\cdot\cos\alpha$$

$$\alpha = \cos^{-1}\left(\frac{b^2 + c^2 - a^2}{2bc}\right)$$

$$b^2 = a^2 + c^2 - 2ac\cdot\cos\beta$$

$$\beta = \cos^{-1}\left(\frac{a^2 + c^2 - b^2}{2ac}\right)$$

$$c^2 = a^2 + b^2 - 2ab\cdot\cos\gamma$$

$$\gamma = \cos^{-1}\left(\frac{a^2 + b^2 - c^2}{2ab}\right)$$

In *jedem* beliebigen Dreieck gelten der Sinus- und der Kosinussatz.

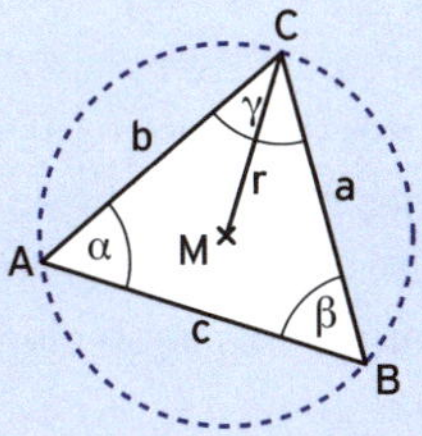

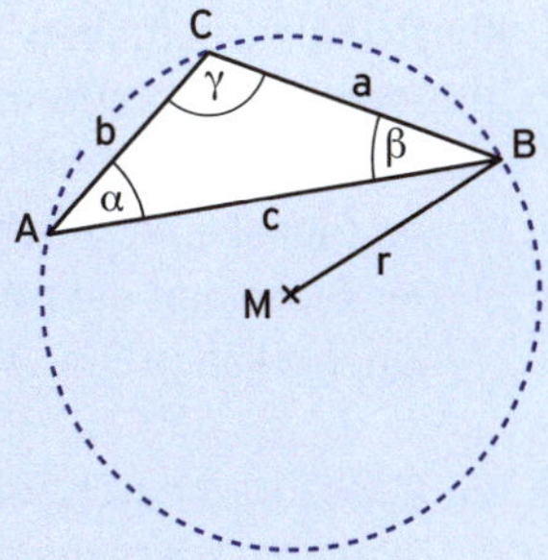

32 Berechnen Sie die gesuchte Seite im Dreieck.

a)

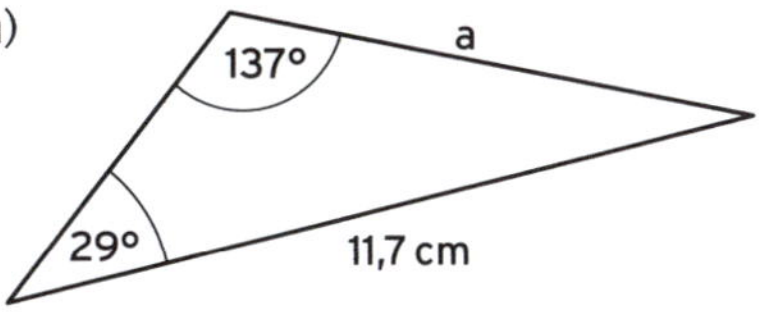

b)

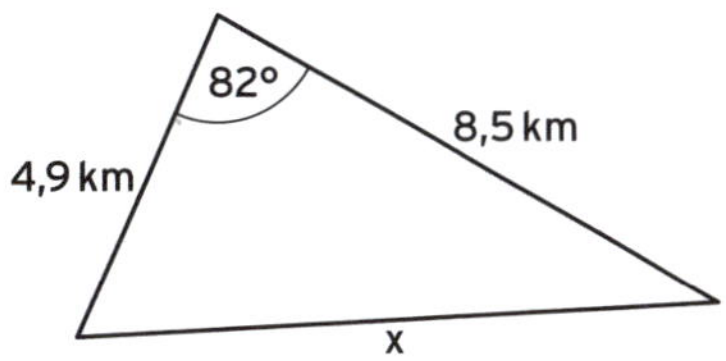

33 Berechnen Sie den gesuchten Winkel im Dreieck.

a)

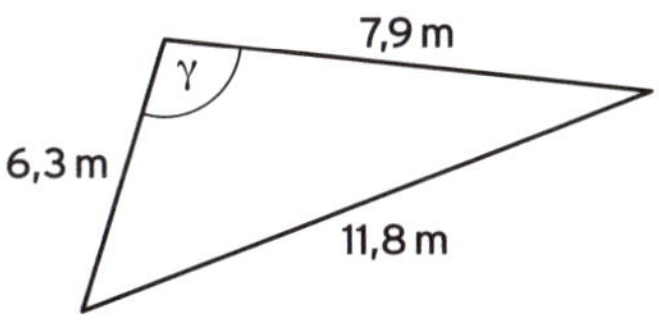

b)

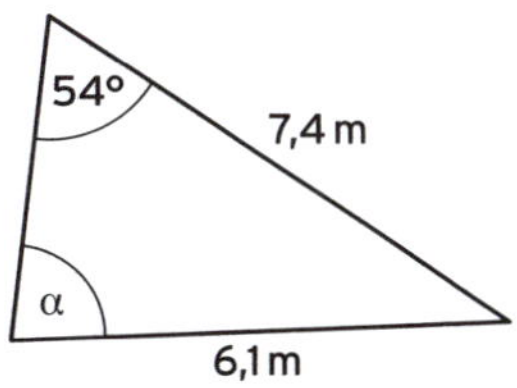

34 Abgebildet ist ein Dreieck mit den angegebenen Maßen.

a) Konstruieren Sie den Umkreis dieses Dreiecks.

b) Messen Sie den Radius des konstruierten Umkreises.

c) Berechnen Sie den Radius des Umkreises und vergleichen Sie Mess- und Rechenergebnis.

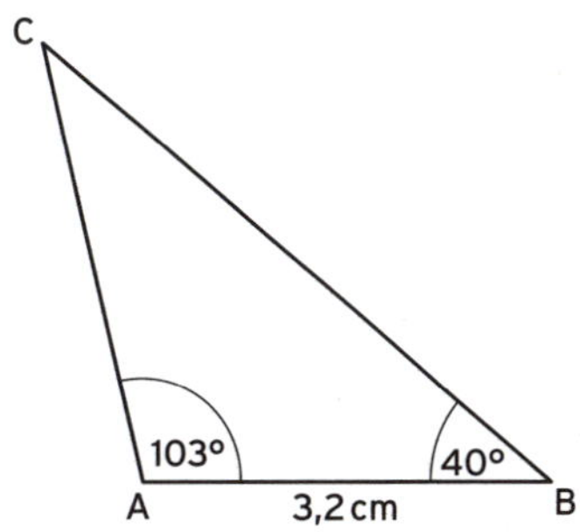

Zwischentest

Klasse vorbereitet?

1 Zeichnen Sie ein Quadrat mit einer Seitenlänge von 3 cm.
Tragen Sie wie in nebenstehender Figur auf den Seiten gleichlange Strecken x ab. Zeigen Sie: Das Innenviereck ist auch ein Quadrat.

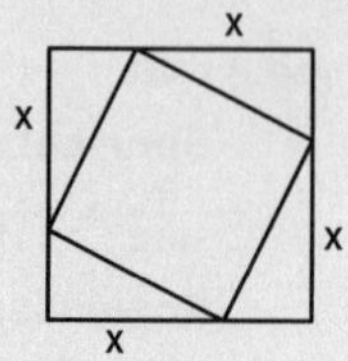

3

2 Konstruktionsaufgaben
a) Gegeben ist ein Dreieck mit $b = 3{,}8\,\text{cm}$, $c = 4{,}5\,\text{cm}$ und $\alpha = 48°$.
Konstruieren Sie den Umkreis und geben Sie den Umkreisradius r an.
b) Am Giebel eines Kirchturmes soll eine Uhr angebracht werden.
Der Giebel hat die Form eines gleichschenkligen Dreiecks mit der Basis 4 m und der Schenkellänge 5 m. Welchen Radius kann die Uhr maximal haben?

4

3 Ein Trapez wird durch seine Diagonalen in vier Dreiecke zerteilt.
a) Zeigen Sie, dass mindestens zwei Dreiecke ähnlich sind.
b) Bei welchen Trapezen gibt es je zwei Paare zueinander ähnlicher Dreiecke?

4

4 Gegeben ist das Dreieck ABC mit A(1|−2), B(2|3) und C(−3|2) sowie das Zentrum Z(3|0). Konstruieren Sie das Bilddreieck, für das gilt A′(4|1).
Geben Sie die Koordinaten von B′ und C′ sowie den Streckfaktor an.

3

5 Lösen Sie mithilfe der Strahlensätze.

a) $\frac{\overline{AB}}{\overline{BC}} = \frac{\overline{AE}}{\square}$; $\frac{\overline{BE}}{\overline{CD}} = \frac{\square}{\overline{AC}}$;

$\frac{\overline{AB}}{\overline{AG}} = \frac{\overline{AE}}{\square}$; $\frac{\overline{FG}}{\square} = \frac{\square}{\square}$

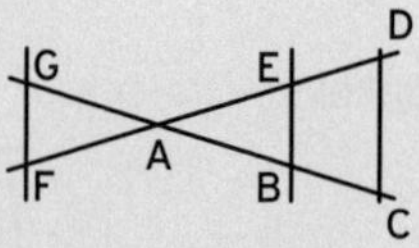

b) Welche Grundfläche hat der Zwischenboden in dem rechts abgebildeten Dachstuhl?

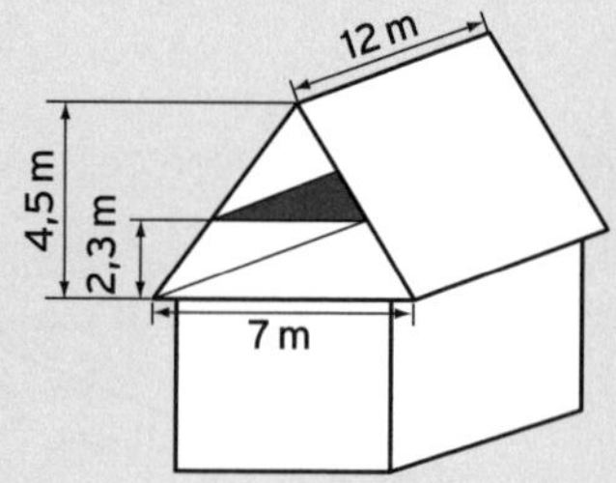

6

6 Ein Deich zur Befestigung einer Küste hat den abgebildeten Querschnitt. Berechnen Sie die Höhe h und die Länge der Böschung b mithilfe des Satzes von Pythagoras.

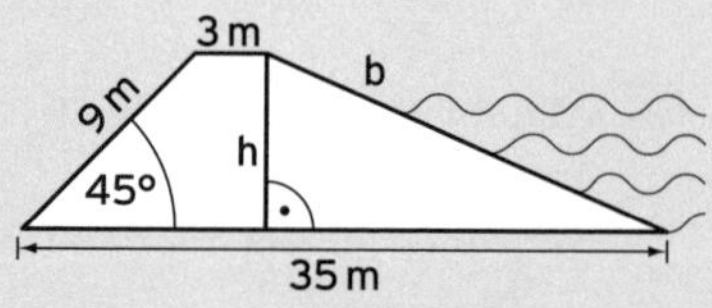

4

7 a) Berechnen Sie die fehlenden Größen und den Flächeninhalt A der Figur rechts.
b) Gegeben ist ein Dreieck mit $b = 4{,}5\,\text{cm}$, $\alpha = 62°$, $\gamma = 74°$.
Berechnen Sie β, a und c.

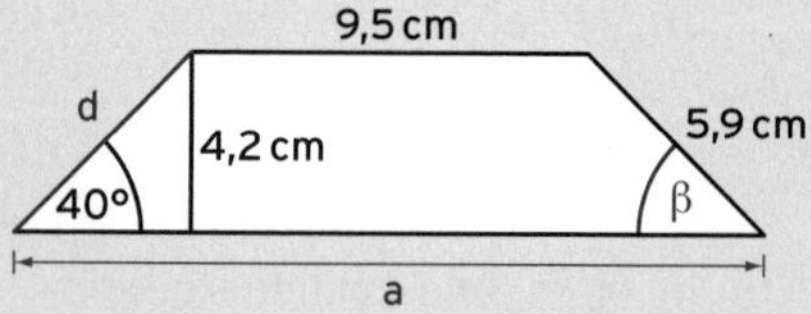

6

30 Gesamtpunktzahl

Lernplaner Kontrollieren Sie Ihre Ergebnisse mithilfe der Lösungen (S. 112/113) und addieren Sie die erreichten Punkte.
☐ 30 bis 24 Punkte: ☺ ☐ 23 bis 15 Punkte: 😐 ☐ 14 bis 0 Punkte: ☹

Flächen und Körper

Vorschau

→ Vierecke
→ Dreiecke
→ Zusammengesetzte Flächen
→ Kreise und Kreisteile
→ Würfel und quadratische Säule
→ Quader und Prisma
→ Zylinder
→ Pyramide und Kegel
→ Pyramiden- und Kegelstumpf
→ Kugel und Kugelschicht

TIPP

Gehen Sie bei der Berechnung von Flächen und Körpern so vor:
1. Wählen Sie die passende Formel.
2. Stellen Sie diese gegebenenfalls nach der gesuchten Größe um.
3. Setzen Sie gegebene Werte in die Formel ein und rechnen Sie dann.
4. Geben Sie das Ergebnis in der passenden Einheit an.

Vierecke

REGEL

Rechteck

$A = a \cdot b$

$u = 2a + 2b$

$e = \sqrt{a^2 + b^2}$

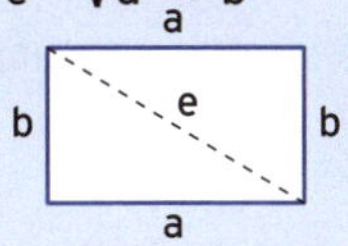

Quadrat

$A = a^2$

$u = 4a$

$e = a \cdot \sqrt{2}$

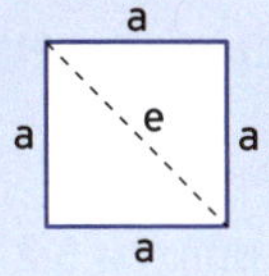

Parallelogramm

$A = a \cdot h_a$; $A = b \cdot h_b$; jede Seite kann Grundseite des Parallelogramms sein.

allgemein:

$A = g \cdot h$

$u = 2a + 2b$

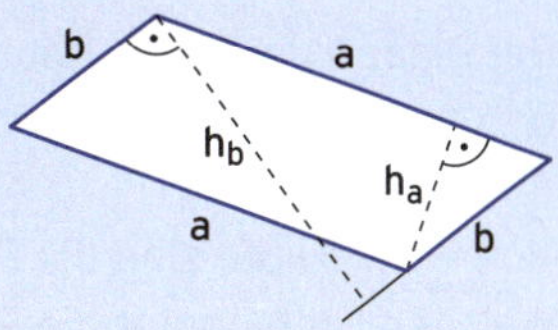

Beispiele: a) Die Diagonale e eines Rechtecks beträgt 9,2 cm, die Länge a 8 cm. Berechnen Sie den Flächeninhalt.

$e = \sqrt{a^2 + b^2} \Rightarrow b = \sqrt{e^2 - a^2} = \sqrt{9{,}2^2 - 8^2}$; $e \approx 4{,}5$ cm;

$A = a \cdot b = 4{,}5 \cdot 8$; $A = 36\,\text{cm}^2$

b) Ein Quadrat hat einen Umfang von 48 m. Wie lang ist die Diagonale e?

$u = 4a \;|:4 \Rightarrow \frac{u}{4} = a \Rightarrow a = \frac{48}{4}$; $a = 12\,\text{m}$; $e = a \cdot \sqrt{2} = 12 \cdot \sqrt{2}$; $e \approx 16{,}97\,\text{m}$

Bitte achten Sie darauf, dass Sie die Einheiten im Ergebnis nennen, wenn Sie ohne Einheiten rechnen (wie hier).
Vergessen Sie nicht, unterschiedliche Einheiten vor der Rechnung umzuwandeln.
Falls Sie im Unterricht die Einheiten auch bei der Rechnung dazuschreiben sollen, tun Sie das bitte auch hier!

1 Berechnen Sie.

a) Ein 24,7 m^2 großes rechteckiges Beet ist 6,5 m lang. Berechnen Sie den Umfang.

b) Die Diagonale eines Quadrats beträgt 6,8 dm. Berechnen Sie den Flächeninhalt.

2 Der Flächeninhalt eines Parallelogramms beträgt 14,5 cm^2, die Grundseite ist 5,8 cm lang. Berechnen Sie die Höhe des Parallelogramms.

3 Die Seite a eines Parallelogramms ist 4,6 cm lang. Die Höhe h_a beträgt 2,7 cm, der Umfang 16,4 cm.

a) Berechnen Sie den Flächeninhalt A.

b) Berechnen Sie die Seitenlänge b.

c) Berechnen Sie die Höhe h_b.

REGEL

Raute

$A = \frac{e \cdot f}{2}$

$u = 4a$

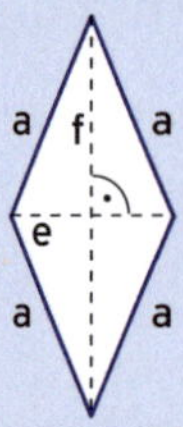

Drachen

$A = \frac{e \cdot f}{2}$

$u = 2a + 2b$

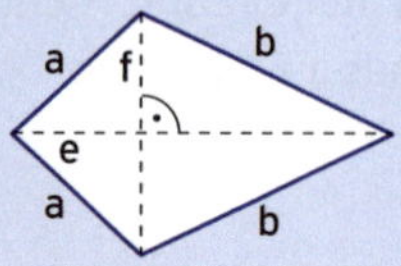

Trapez

$A = \frac{a + c}{2} \cdot h$

$u = a + b + c + d$

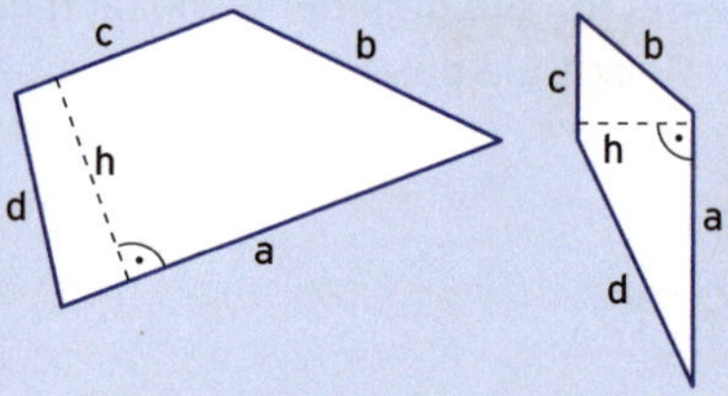

4 In einer Raute betragen die Längen der Diagonalen e = 5,8 cm und f = 4,4 cm. Berechnen Sie den Flächeninhalt.

5 Die Diagonale f einer Raute hat eine Länge von 15 cm. Der Flächeninhalt der Raute beträgt 127,5 cm^2. Wie lang ist die Diagonale e?

6 Von einer Raute sind die Diagonalen e = 5,6 dm und f = 5,2 dm bekannt. Welchen Umfang hat die Raute?

7 Die Seite a eines Trapezes beträgt 48 m. Die gegenüberliegende parallele Seite c ist 10 m lang. Der Flächeninhalt des Trapezes ist 348 m^2 groß. Berechnen Sie dessen Höhe.

8 Das abgebildete Trapez ist ein gleichschenkliges Trapez. Dabei gilt: b = d.

a) Berechnen Sie den Flächeninhalt A.

b) Berechnen Sie die Seitenlängen b und d und geben Sie dann den Umfang an.

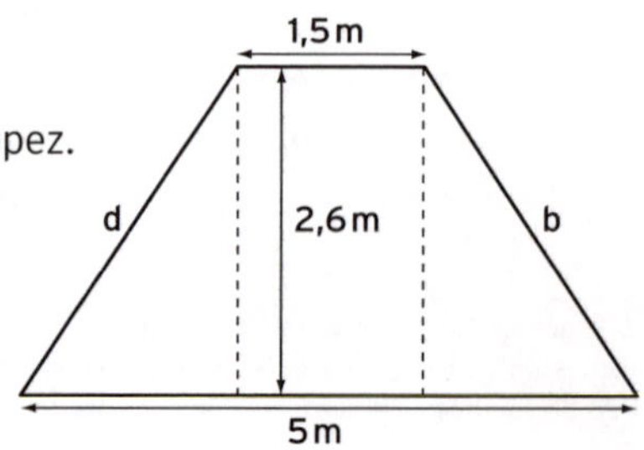

Dreiecke

REGEL

Dreieck

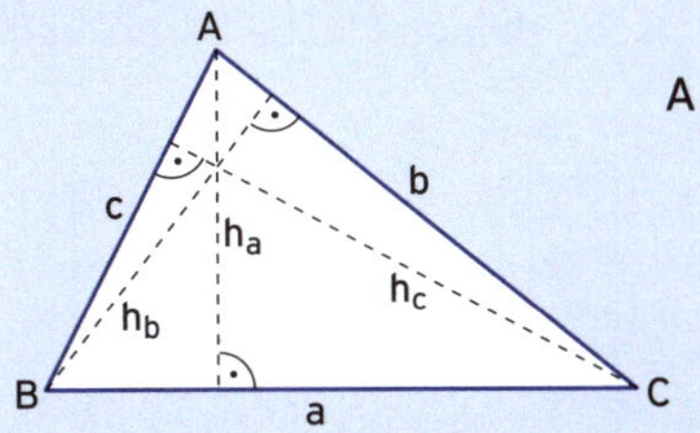

$A = \frac{a \cdot h_a}{2}$ $A = \frac{b \cdot h_b}{2}$ $A = \frac{c \cdot h_c}{2}$

allgemein:

$A = \frac{g \cdot h}{2}$

$u = a + b + c$

Die Flächeninhaltsformel gilt auch, wenn die Höhe außerhalb des Dreiecks liegt.

9 In einem Dreieck beträgt die Grundseite 8,6 cm, die Höhe 4,5 cm.
Berechnen Sie den Flächeninhalt des Dreiecks.

10 Der Flächeninhalt eines Dreiecks beträgt $6\,m^2$.
Die Seiten dieses Dreiecks sind $a = 4{,}00\,m$, $b = 4{,}20\,m$ und $c = 3{,}20\,m$ lang.
Berechnen Sie alle Höhen des Dreiecks sowie seinen Umfang.

REGEL

Durch eine im Inneren des Dreiecks liegende Höhe lässt sich jedes Dreieck in zwei rechtwinklige Dreiecke aufteilen. Es lassen sich dann oft benötigte Seiten oder Höhen zur Berechnung des Flächeninhalts oder des Umfangs mithilfe des Satzes des Pythagoras (siehe Seite 46) bestimmen.
Sind Winkel bekannt, ergeben sich fehlende Stücke durch Anwendung der Trigonometrie (siehe Seite 48).

11 Von einem bei C rechtwinkligen Dreieck sind die Seiten $a = 12{,}4\,cm$ und $b = 8{,}6\,cm$ bekannt. Berechnen Sie den Umfang und den Flächeninhalt des Dreiecks.

12 Berechnen Sie.
a) Berechnen Sie für das Dreieck zunächst die Höhe h.
b) Bestimmen Sie den Flächeninhalt des Dreiecks.
c) Berechnen Sie die Seite b des Dreiecks.
d) Bestimmen Sie den Umfang des Dreiecks.

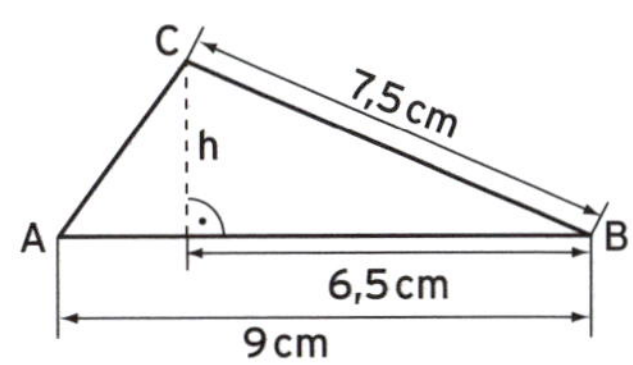

13 Die Grundseite c eines Dreiecks ist 6 cm lang. Der Fußpunkt der Höhe $h_c = 4{,}7\,cm$ teilt die Grundseite im Verhältnis 1:2.
a) Zeichnen Sie die Grundseite und legen Sie dann den Fußpunkt der Höhe fest.
b) Zeichnen Sie die Höhe h_c ein und vervollständigen Sie das Dreieck.
c) Messen und bezeichnen Sie die Seiten a und b.
d) Berechnen Sie Umfang und Flächeninhalt des Dreiecks.

Zusammengesetzte Flächen

REGEL

Zusammengesetzte Flächen lassen sich durch **Addition von Teilflächen** oder durch **Subtraktion von Restflächen** einer umschriebenen Fläche berechnen.

Beispiele:

a)

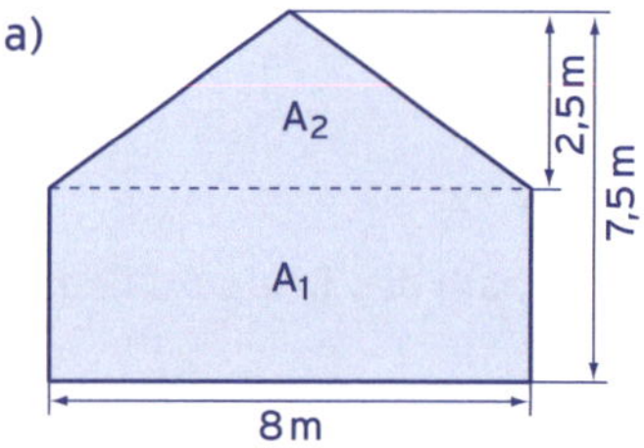

$A_1 = 8 \cdot 5 = 40$

$A_2 = \frac{8 \cdot 2{,}5}{2} = 10$

$A_{Ges} = A_1 + A_2 = 50\,m^2$

b)

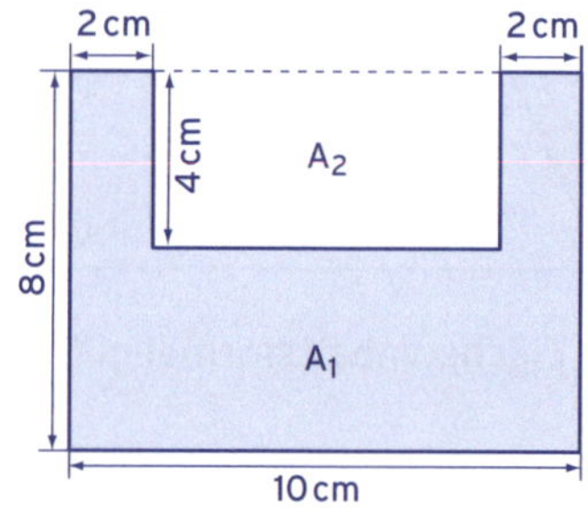

$A_1 = 8 \cdot 10 = 80$

$A_2 = 4 \cdot 6 = 24$

$A_{Ges} = A_1 - A_2 = 56\,cm^2$

14 Berechnen Sie den Flächeninhalt und den Umfang der Fläche (alle Maße in cm).

a)

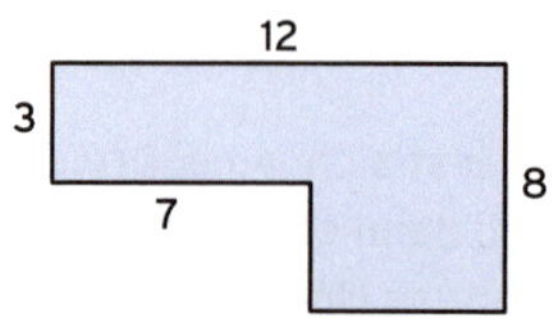

b)

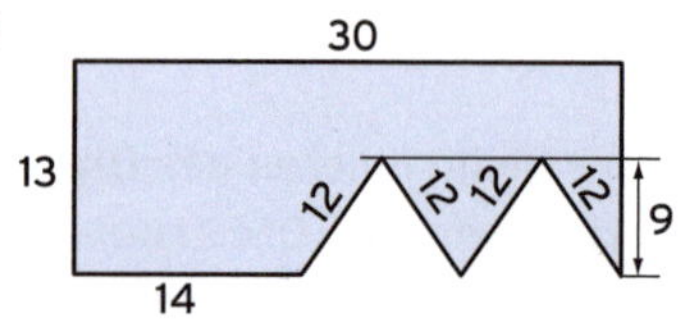

15 Berechnen Sie den Flächeninhalt (alle Maße in cm).

a)

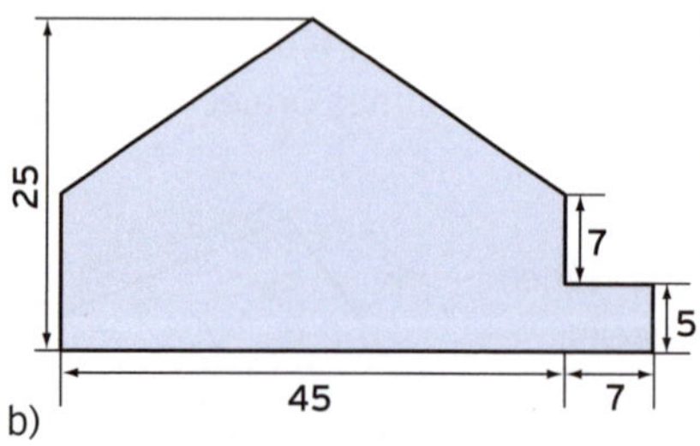

b)

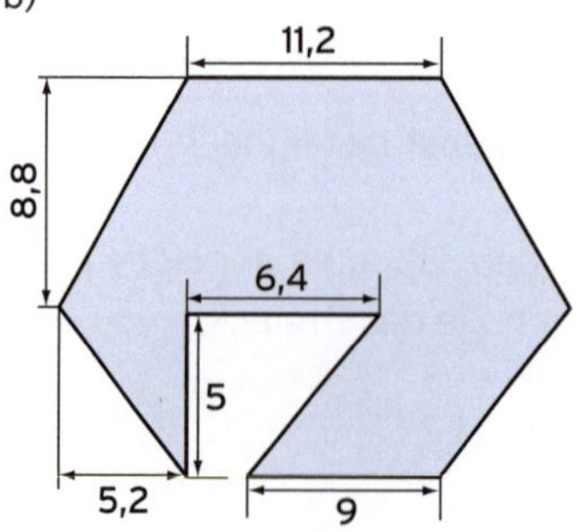

16 Berechnen Sie den Flächeninhalt (alle Maße in cm).

a)

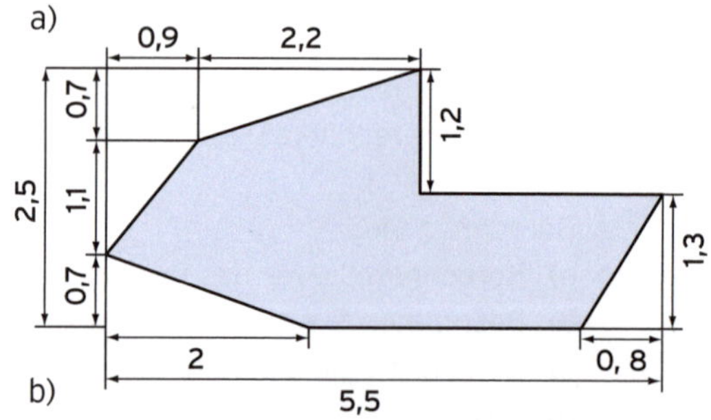

b)

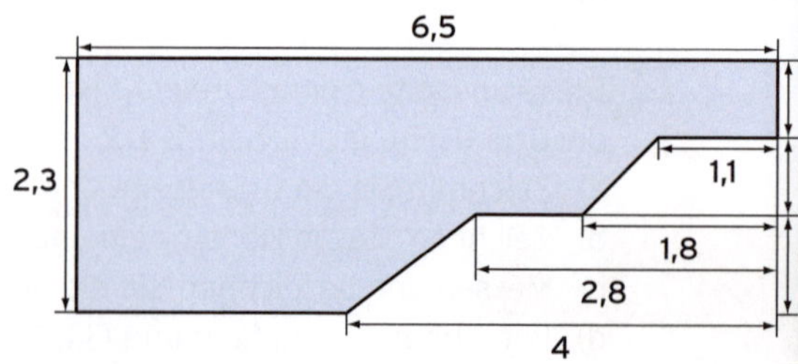

Kreis, Kreisteile

TIPP

Die meisten Taschenrechner haben eine π-Taste, weil π eine unendliche, nicht periodische Dezimalzahl ist.

REGEL

Kreis

$A = \pi \cdot r^2$	$A = \frac{\pi}{4} \cdot d^2$
$u = \pi \cdot d$	$u = 2 \cdot \pi \cdot r$
$r = \frac{u}{2 \cdot \pi}$	$r = \sqrt{\frac{A}{\pi}}$

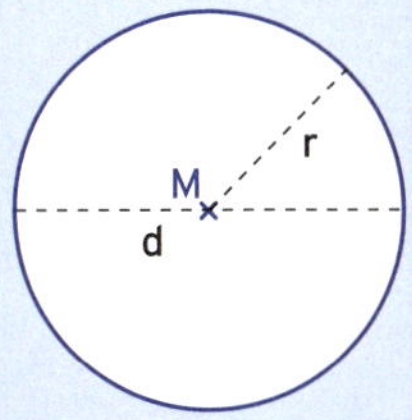

17 Berechnen Sie Umfang u und Flächeninhalt A des Kreises mit $d = 2{,}80\,m$.

18 Welchen Umfang hat ein Kreis, dessen Flächeninhalt $150\,cm^2$ beträgt?

19 Ein kreisrunder Tisch hat einen Durchmesser von 1,20 m.
Berechnen Sie die Tischfläche.

20 Aus 100 quadratischen Holzplatten mit der Kantenlänge 1,25 m werden größtmögliche Kreise gesägt. Wie viel Quadratmeter Abfall fallen an?

21 Aus quadratischen Blechen werden Kreisteile ausgestanzt.
Berechnen Sie den verbleibenden (eingefärbten) Flächeninhalt dieser Werkstücke.

a)
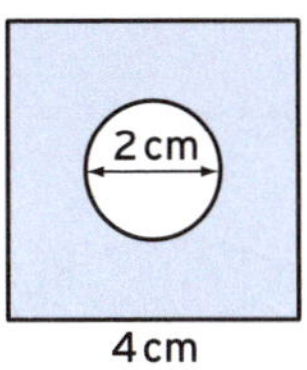

b)
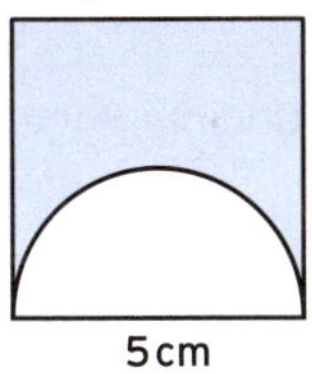

c)
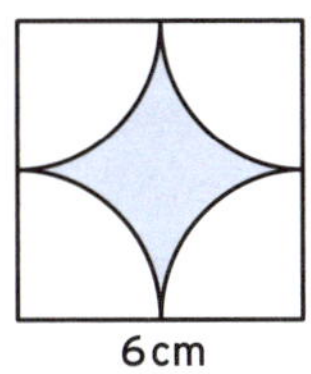

22 Ein kreisrunder Holztisch hat eine Tischfläche von $0{,}50\,m^2$.

a) Wie viele Personen können daran sitzen, wenn pro Person mit 60 cm Platz am Tisch gerechnet wird?

b) Der Tisch soll durch zwei gleich große rechteckige Einlegeplatten auf eine Länge von 2 m ausgezogen werden können. Welche Abmessung hat eine Einlegeplatte?

c) Wie viele Personen können an einem Tisch mit einer, wie viele an einem Tisch mit zwei Einlegeplatten sitzen?

23 Die Erde durchläuft während eines Jahres (etwa 365 Tage) um die Sonne angenähert eine Kreisbahn, deren Radius ungefähr $1{,}5 \cdot 10^8\,km$ beträgt.

a) Welchen Weg legt die Erde in einem Jahr (an einem Tag; in einer Sekunde) zurück?

b) Mit welcher Durchschnittsgeschwindigkeit $\left(\text{in } \frac{km}{h}\right)$ bewegt sich die Erde auf ihrer Bahn?

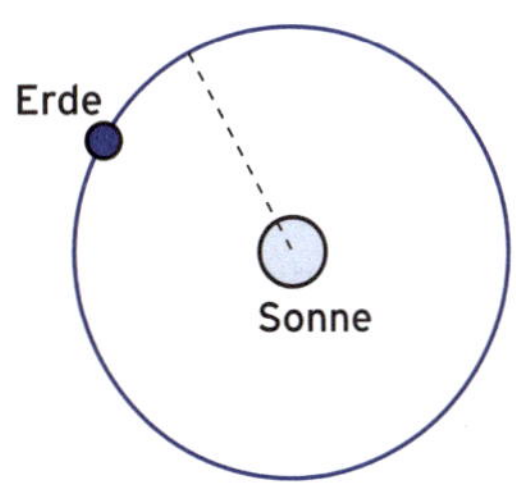

REGEL

Kreisring

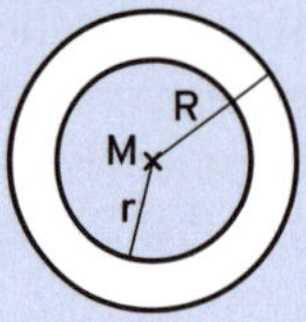

$A = \pi \cdot R^2 - \pi \cdot r^2$

$A = \pi \cdot (R^2 - r^2)$

$A = \pi \cdot (R + r) \cdot (R - r)$

Kreissektor

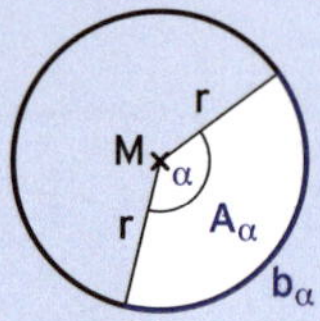

$A_\alpha = \frac{\pi \cdot r^2 \cdot \alpha}{360°}$

$b_\alpha = \frac{\pi \cdot r \cdot \alpha}{180°}$

$A_\alpha = \frac{b_\alpha \cdot r}{2}$

Kreisabschnitt

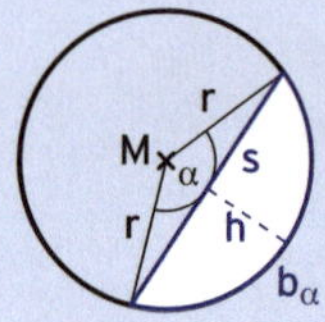

$A = \frac{b_\alpha \cdot r - s \cdot (r - h)}{2}$

24 Bestimmen Sie zunächst R und r (rechtes Bild) und dann den Flächeninhalt des Kreisrings.

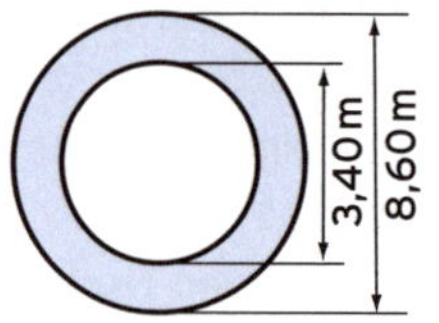

25 Der Durchmesser des äußeren Kreises eines Kreisrings beträgt 60 cm.
Der Durchmesser des inneren Kreises ist halb so groß.
Berechnen Sie den Flächeninhalt des Kreisrings.

26 Der Flächeninhalt eines Kreisrings beträgt 4303 cm². Sein äußerer Radius R beträgt 45 cm. Berechnen Sie den Radius r des inneren Kreises.

27 Berechnen Sie den Flächeninhalt und die Bogenlänge des Kreissektors.
Runden Sie das Ergebnis sinnvoll.

a)

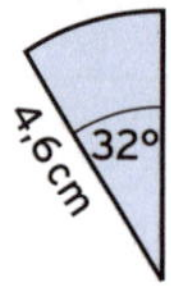

b)

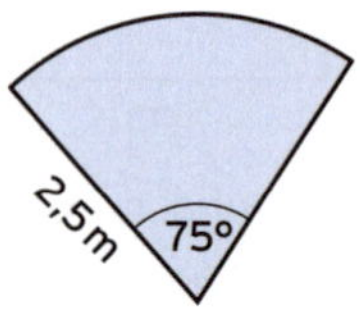

c)

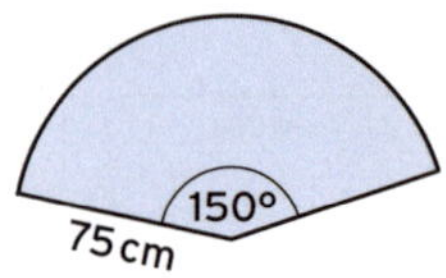

28 a) Lösen Sie die Formel für den Flächeninhalt des Kreissektors nach r und nach α auf.
b) Lösen Sie die Formel für die Bogenlänge des Kreissektors nach r und nach α auf.

29 Berechnen Sie den Flächeninhalt des Kreisabschnitts schrittweise.
a) Bestimmen Sie im Dreieck ABM die Höhe h_s mit dem Kosinus.
b) Berechnen Sie die Länge von h.
c) Berechnen Sie mit dem Satz des Pythagoras $\frac{s}{2}$.
d) Berechnen Sie den Flächeninhalt des Kreisabschnitts.

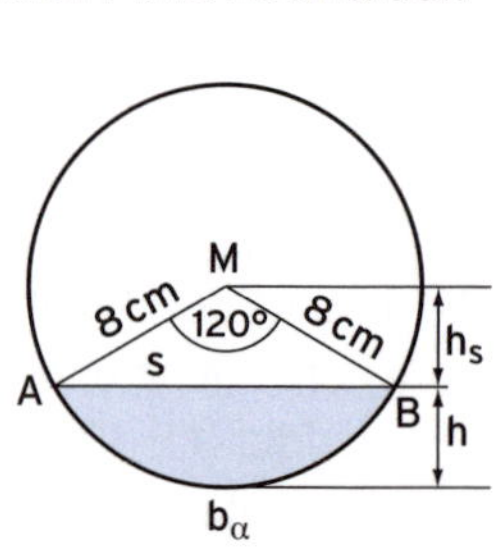

30 Lösen Sie die Flächeninhaltsformel für den Kreisabschnitt auf nach:
a) b_α b) r c) s d) h

Würfel und quadratische Säule

REGEL

Volumen und Oberflächeninhalt des Würfels

$V = a \cdot a \cdot a$

$V = a^3$

$O = 6 \cdot a^2$

$a = \sqrt[3]{V}$

$a = \sqrt{\frac{O}{6}}$

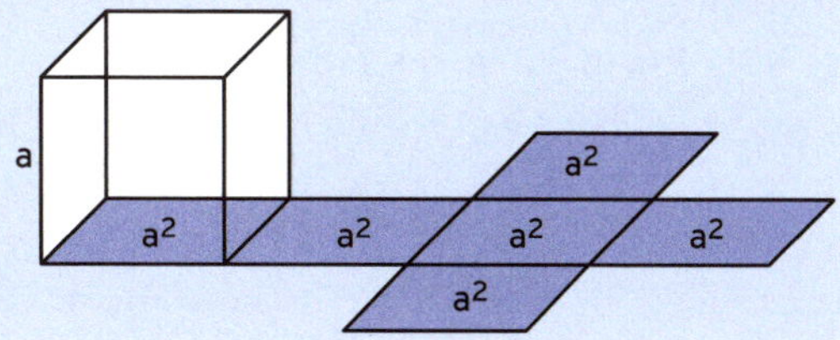

31 Berechnen Sie.

a) Ein Würfel hat eine Kantenlänge von 2,8 m. Berechnen Sie Volumen und Oberflächeninhalt.

b) Der Oberflächeninhalt eines Würfels beträgt $433{,}5\,cm^2$. Welches Volumen hat dieser Würfel?

c) Ein Würfel hat einen Rauminhalt von 729 ℓ ($1\,dm^3 = 1\,ℓ$). Berechnen Sie den Oberflächeninhalt.

REGEL

Volumen und Oberflächeninhalt der quadratischen Säule

$V = a^2 \cdot h$

$O = 2 \cdot a^2 + 4 \cdot a \cdot h$ oder

$O = 2 \cdot a \cdot (a + 2 \cdot h)$

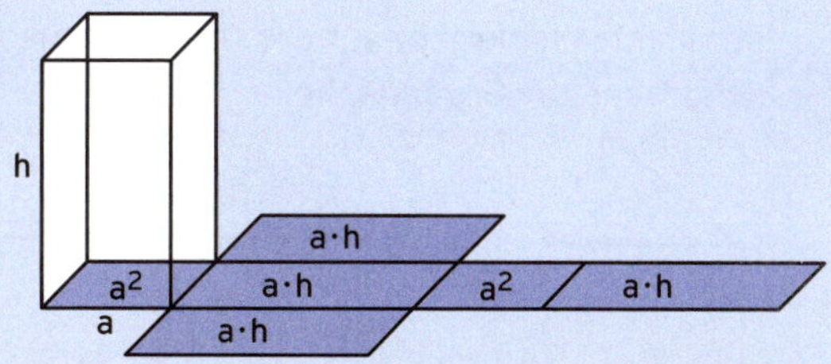

32 Eine quadratische Säule ist 5 cm lang und breit sowie 8 cm hoch. Berechnen Sie Volumen und Oberflächeninhalt.

33 Eine 12 m hohe quadratische Säule ist vollständig mit 147 000 ℓ Wasser gefüllt. Berechnen Sie den Oberflächeninhalt ($1\,m^3 = 1000\,ℓ$).

34 Lösen Sie die Oberflächeninhaltsformel für die quadratische Säule nach h auf.

35 Eine quadratische Säule hat eine Grundfläche von $36\,cm^2$. Der Oberflächeninhalt beträgt $264\,cm^2$. Berechnen Sie das Volumen des Körpers.

36 Eine quadratische Säule hat eine Grundfläche von $100\,cm^2$, die Höhe beträgt 2 cm. Welche Kantenlänge hat ein Würfel mit gleichem Volumen?

Quader und Prisma

REGEL

Volumen und Oberflächeninhalt des Quaders

$V = a \cdot b \cdot c$

$O = 2 \cdot a \cdot b + 2 \cdot a \cdot c + 2 \cdot b \cdot c$ oder

$O = 2 \cdot (a \cdot b + a \cdot c + b \cdot c)$

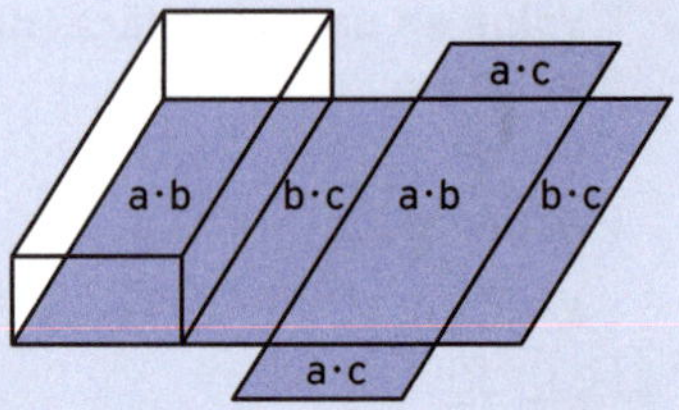

37 Ein Aquarium hat die Maße 1,10 m × 6 dm × 70 cm (Höhe).

a) Wie viel Liter fasst es, wenn es bis 5 cm unter den oberen Rand mit Wasser gefüllt wird?

b) Berechnen Sie den Oberflächeninhalt einschließlich Deckplatte des Aquariums.

38 Berechnen Sie den Oberflächeninhalt eines Quaders mit $V = 756\,cm^3$, $a = 7{,}5\,cm$ und $b = 9\,cm$.

REGEL

Volumen und Oberflächeninhalt des Prismas

Ein Prisma ist eine Säule mit einem Vieleck als Grundfläche. Bei Säulen steht der Mantel senkrecht auf der Grundfläche, und die Deckfläche ist parallel und kongruent zur Grundfläche.

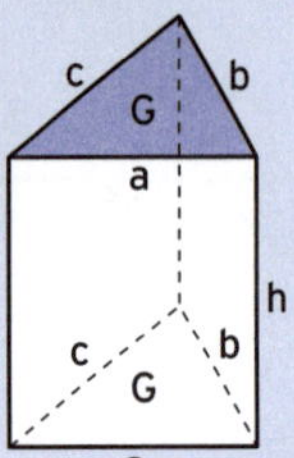

Dreiecksprisma

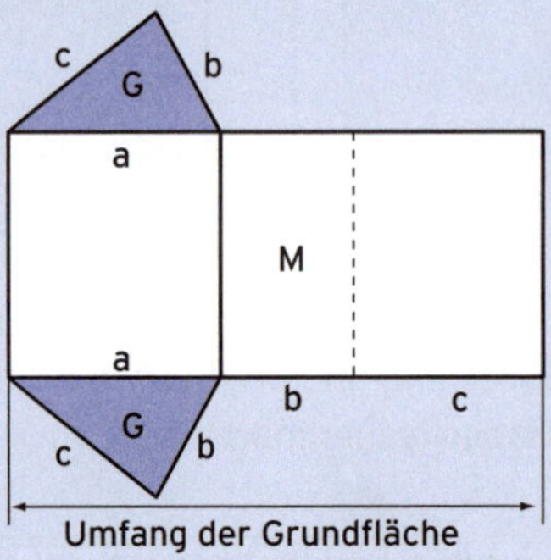

$M = u \cdot h$

$O = 2 \cdot G + M$

$V = G \cdot h$

39 Berechnen Sie das Volumen und den Oberflächeninhalt des Prismas mit der abgebildeten Grundfläche und der Körperhöhe von 12 cm.
Bestimmen Sie fehlende Stücke mit dem Satz des Pythagoras.

a)

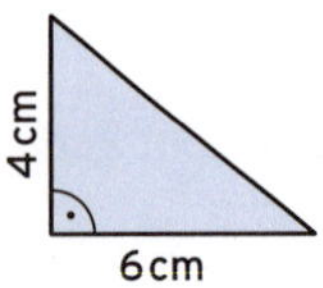

b)

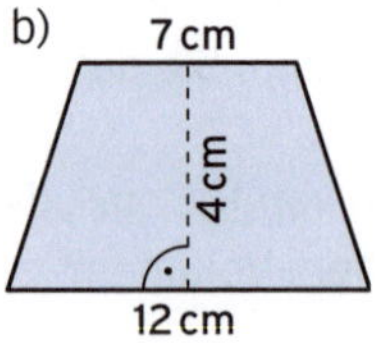

c)

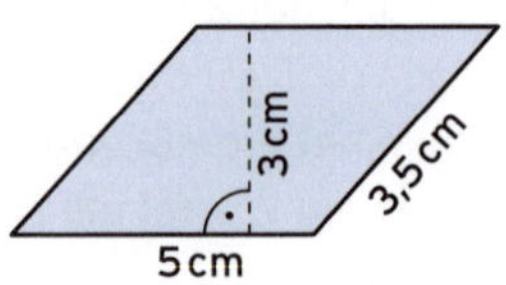

d)

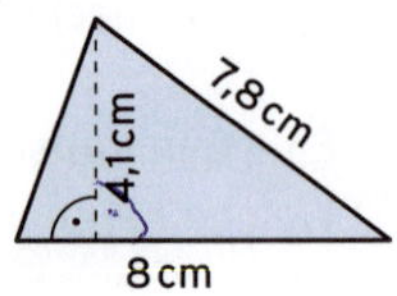

Zylinder

REGEL

Ein Zylinder ist eine Säule mit kreisförmiger Grundfläche.

$M = u \cdot h$

$M = 2 \cdot \pi \cdot r \cdot h$

$O = 2 \cdot G + M$

$O = 2 \cdot \pi \cdot r^2 + 2 \cdot \pi \cdot r \cdot h$ oder

$O = 2 \cdot \pi \cdot r \cdot (r + h)$

$r = -\frac{h}{2} + \sqrt{\left(\frac{h}{2}\right)^2 + \frac{O}{2 \cdot \pi}}$

$r = \sqrt{\frac{V}{\pi \cdot h}}$

$V = G \cdot h$

$V = \pi \cdot r^2 \cdot h$

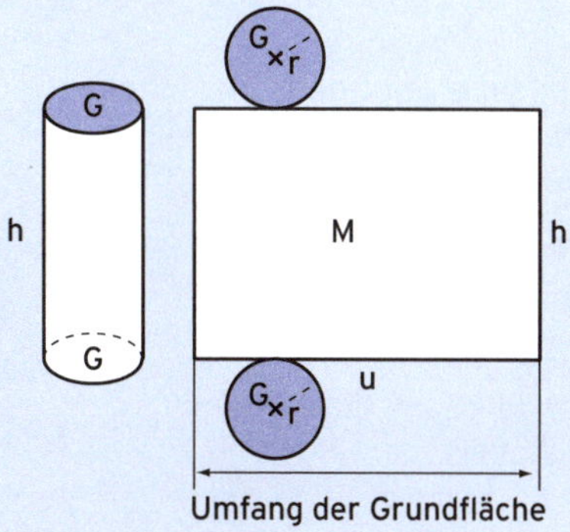

40 Wie groß ist die Anschlagfläche einer Litfaßsäule von 2,40 m Höhe und einem Durchmesser von 1,80 m?

41 Ein zylindrisches Glasgefäß hat eine Mantelfläche von $440\,cm^2$ und ist 27 cm hoch.
a) Lösen Sie die Formel für die Mantelfläche nach r auf und berechnen Sie dann den Radius.
b) Berechnen Sie das Volumen des Glasgefäßes.

42 Von der abgebildeten Konservendose sollen 1000 Stück hergestellt werden.
a) Berechnen Sie aus den Angaben den Radius der Konservendose.
b) Wie viel Quadratmeter Papier werden minimal benötigt, um den Mantel von 1000 Konservendosen zu bekleben?
c) Die Grund- und Deckflächen der Konservendosen werden aus rechteckigen Blechen (82 cm × 42 cm) gestanzt. Wie viele Bleche werden insgesamt benötigt?

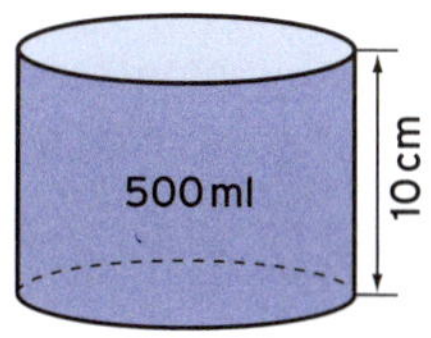

43 Aus einem Din-A4-Blatt (21 cm × 29,7 cm) lassen sich zwei Zylinder formen:
Einmal ist die Höhe 21 cm, das andere Mal beträgt die Höhe 29,7 cm.
Berechnen Sie jeweils das Volumen und den Oberflächeninhalt der durch Grund- und Deckfläche ergänzten Zylinder.

44 Ein Baumstamm hat einen Umfang von 1,25 m und eine Länge von 2,65 m.
a) Berechnen Sie den Radius des Baumstammes.
b) Bestimmen Sie das Volumen des Baumstammes.
c) Bestimmen Sie die Masse m des Stammes mit der Formel: $m = V \cdot \varrho$
$\left(\varrho_{Holz} = 0{,}4\,\frac{kg}{dm^3}\right)$.

45 Der Oberflächeninhalt eines Zylinders beträgt 2990,8 cm^2, seine Höhe 20 cm.

a) Bringen Sie die Oberflächeninhaltsformel $O = 2 \cdot \pi \cdot r^2 + 2 \cdot \pi \cdot r \cdot h$ in die Normalform einer quadratischen Gleichung, mit r als Variable.

b) Bestimmen Sie nun r mit der Lösungsformel der quadratischen Gleichung.

c) Berechnen Sie jetzt das Volumen des Zylinders.

46 Die Abbildung zeigt den Querschnitt einer Welle, die aus einem Rohling mit 100 mm Länge und 38 mm Durchmesser gedreht wurde.

a) Wie groß ist das Volumen der Welle?

b) Berechnen Sie das Volumen des Abfalls.

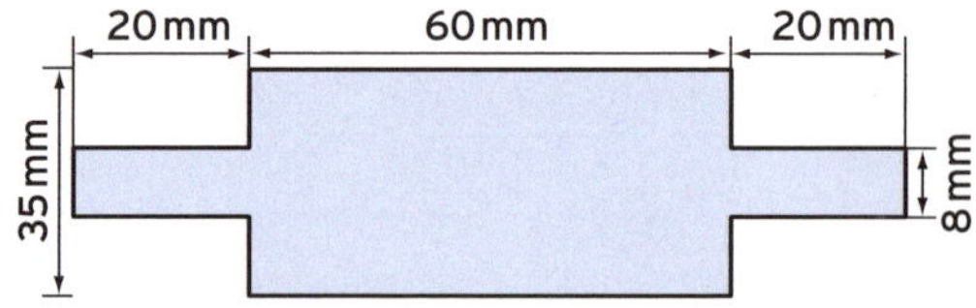

REGEL

Ein Zylinderring ist eine Säule mit einem Kreisring als Grundfläche.

$V = \pi \cdot R^2 \cdot h - \pi \cdot r^2 \cdot h$

$V = \pi \cdot h \cdot (R^2 - r^2)$

$O = 2\pi \cdot (R^2 - r^2) + 2\pi \cdot R \cdot h + 2\pi \cdot r \cdot h$

$O = 2\pi \cdot [(R^2 - r^2) + h \cdot (R + r)]$

$O = 2\pi \cdot (R + r) \cdot (R - r + h)$

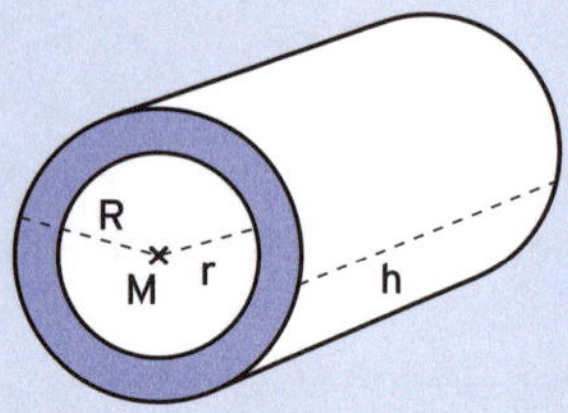

47 Ein Zylinderring hat einen äußeren Durchmesser von 24 cm und einen inneren Durchmesser von 15 cm. Die Höhe beträgt 50 cm.
Berechnen Sie das Volumen und den Oberflächeninhalt.

48 Ein 20 m langes Kupferrohr zur Wasserversorgung ist vom Keller bis zum Dachgeschoss eines Hauses verlegt. Der Außendurchmesser beträgt 22 mm. Das Kupferrohr hat eine Wandstärke von 1 mm.

a) Berechnen Sie das Volumen des Zylinderringes. (Achten Sie darauf, dass alle Einheiten zur Berechnung gleich sind.)

b) Wie viel Liter Wasser stehen maximal in der Leitung? (1 dm^3 entspricht 1 Liter.)

49 Ein Brunnen hat einen Innendurchmesser von 1,25 m.
Die Wandstärke d beträgt 16 cm.
Die Gesamttiefe ist 8 m.

a) Wie viel Liter Wasser enthält der Brunnen, wenn er bis 40 cm unter dem Rand gefüllt ist?

b) Aus wie viel Kubikmetern Stein besteht die Brunnenwand?

Pyramide und Kegel

REGEL

Quadratische, regelmäßige Pyramide

Ist die Grundfläche der Pyramide ein Quadrat und befindet sich die Spitze senkrecht über dem Mittelpunkt des Quadrats, spricht man von einer quadratischen, regelmäßigen Pyramide.

$h_s^2 = h^2 + \left(\frac{a}{2}\right)^2$ $\quad V = \frac{1}{3} \cdot a^2 \cdot h$

$s^2 = h_s^2 + \left(\frac{a}{2}\right)^2$ $\quad h = \frac{3 \cdot V}{a^2}$

$s^2 = h^2 + \left(\frac{d}{2}\right)^2$ $\quad a = \sqrt{\frac{3 \cdot V}{h}}$

mit Grundflächendiagonale $d = a \cdot \sqrt{2}$

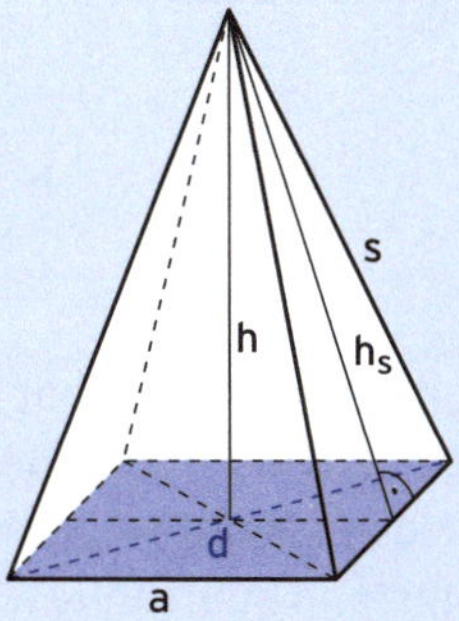

$M = 2 \cdot a \cdot h_s$

$O = a^2 + 2 \cdot a \cdot h_s = a \cdot (a + 2 \cdot h_s)$

$h_s = \frac{O - a^2}{2 \cdot a}$

$a = -h_s + \sqrt{h_s^2 + O}$

50 Eine Pyramide hat ein Volumen von 267 cm³. Die Höhe beträgt 8 cm.
Welche Länge hat a?

51 Eine Pyramide hat einen Oberflächeninhalt von 2500 m² und eine 27 m lange Seitenhöhe.
a) Berechnen Sie a.
b) Berechnen Sie h und s.
c) Berechnen Sie die Mantelfläche und das Volumen.

REGEL

Gerader Kreiskegel

Ist die Grundfläche des Kegels ein Kreis und befindet sich die Spitze senkrecht über dem Kreismittelpunkt, spricht man von einem geraden Kreiskegel.

$h^2 + r^2 = s^2$ $\quad V = \frac{1}{3} \cdot \pi \cdot r^2 h$

$h = \frac{3 \cdot V}{\pi \cdot r^2}$

$r = \sqrt{\frac{3 \cdot V}{\pi \cdot h}}$

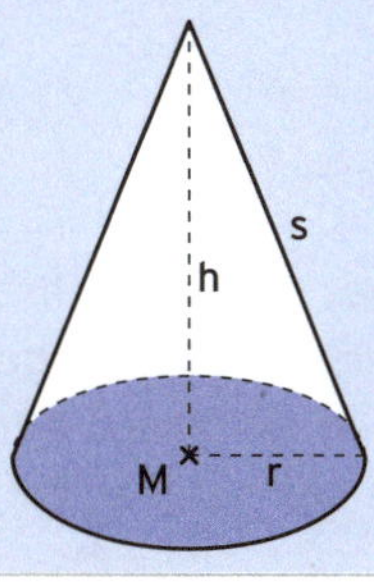

$M = \pi \cdot r \cdot s$

$O = \pi \cdot r^2 + \pi \cdot r \cdot s = \pi \cdot r \cdot (r + s)$

$s = \frac{O - \pi \cdot r^2}{\pi \cdot r} = \frac{O}{\pi \cdot r} - r$

$r = -\frac{s}{2} + \sqrt{\left(\frac{s}{2}\right)^2 + \frac{O}{\pi}}$

52 Eine Schultüte ist 30 cm hoch und hat ein Volumen von 16,5 ℓ.
a) Passen Sie die Einheiten an und bestimmen Sie mithilfe der Volumenformel den Radius r.
b) Bestimmen Sie die Mantellinie s.
c) Geben Sie den Flächeninhalt des Mantels in Quadratzentimetern an.

Pyramiden- und Kegelstumpf

REGEL

Stumpf der quadratischen regelmäßigen Pyramide

$V = \frac{1}{3} \cdot h \cdot \left(a_1^2 + a_1 \cdot a_2 + a_2^2\right)$

$M = 2h_s \cdot (a_1 + a_2)$ mit $h_s = \sqrt{h^2 + \left(\frac{a_1 - a_2}{2}\right)^2}$

$O = a_1^2 + a_2^2 + 2 \cdot h_s \cdot (a_1 + a_2)$

Strahlensatz: $\frac{x}{x + h} = \frac{a_2}{a_1} \Rightarrow a_1 \cdot x = a_2 \cdot x + a_2 \cdot h$

$\Rightarrow x = \frac{a_2 \cdot h}{a_1 - a_2}$

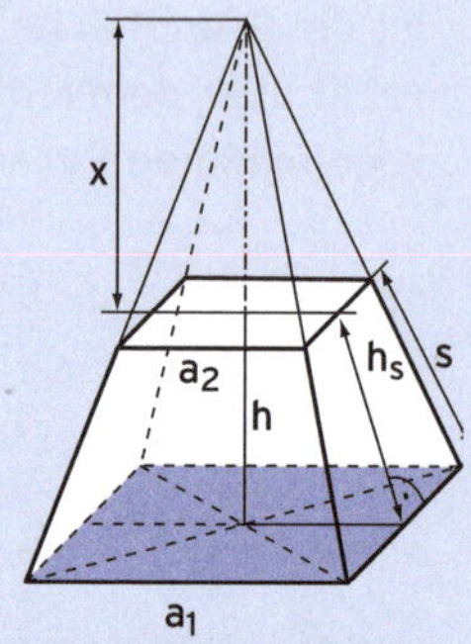

Mit dem Strahlensatz berechnet man zunächst die fehlende Höhe x der abgeschnittenen Pyramide. Dann berechnet man jeweils die gesamte Pyramide und die abgeschnittene Spitze und subtrahiert.

53 Berechnen Sie das Volumen des Pyramidenstumpfes mit den Maßen $a_1 = 5\,m$, $a_2 = 2\,m$ und der Stumpfhöhe $h = 4\,m$.

54 Berechnen Sie den Oberflächeninhalt O und das Volumen V eines Pyramidenstumpfes mit $a_1 = 18\,cm$, $a_2 = 8\,cm$ und $h = 12\,cm$.

55 Wie hoch ist ein Pyramidenstumpf mit $V = 900\,cm^3$, $a_1 = 12\,cm$ und $a_2 = 8\,cm$?

REGEL

Stumpf des geraden Kreiskegels

$V = \frac{1}{3} \cdot \pi \cdot h \cdot \left(r_1^2 + r_1 \cdot r_2 + r_2^2\right)$

$M = \pi \cdot s \cdot (r_1 + r_2)$ mit $s = \sqrt{h^2 + (r_1 - r_2)^2}$

$O = \pi \cdot r_1^2 + \pi \cdot r_2^2 + \pi \cdot s \cdot (r_1 + r_2)$

Strahlensatz:

$\frac{x}{x + h} = \frac{r_2}{r_1} \Rightarrow x = \frac{r_2 \cdot h}{r_1 - r_2}$

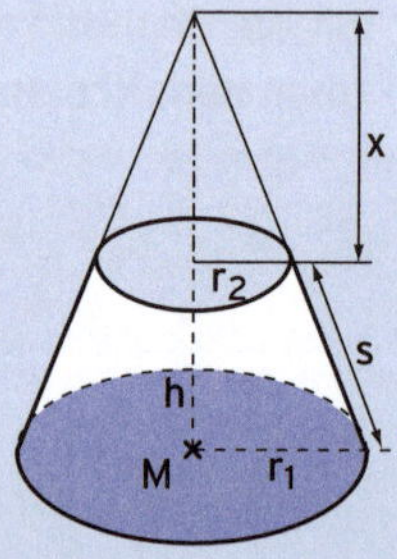

Mit dem Strahlensatz berechnet man zunächst die fehlende Höhe x des abgeschnittenen Kegels. Dann berechnet man jeweils den gesamten Kegel und die abgeschnittene Spitze und subtrahiert.

56 Ein Kegelstumpf hat die Maße $r_1 = 7\,dm$, $r_2 = 4\,dm$ und $h = 8{,}5\,dm$.

a) Berechnen Sie das Volumen V.

b) Berechnen Sie die Seitenkante s und dann den Mantel- und Oberflächeninhalt des Kegelstumpfes.

Kugel und Kugelschicht

REGEL

Kugel

$V = \frac{4}{3} \cdot \pi \cdot r^3$ $\qquad r = \sqrt[3]{\frac{3 \cdot V}{4 \cdot \pi}}$

$O = 4 \cdot \pi \cdot r^2$ $\qquad r = \sqrt{\frac{O}{4 \cdot \pi}} = \frac{1}{2}\sqrt{\frac{O}{\pi}}$

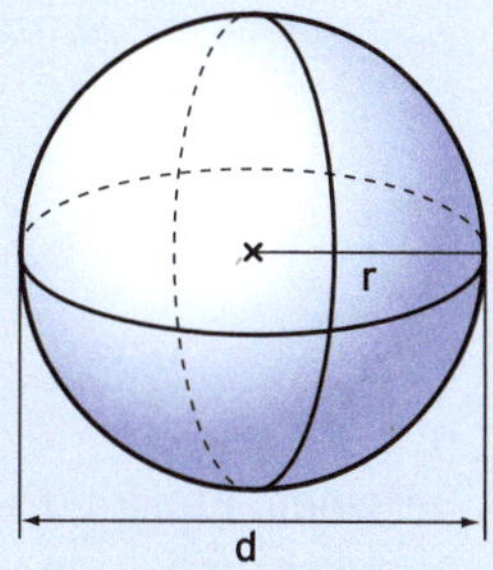

57 Eine Kugel hat einen Durchmesser von 1,89 m.
Berechnen Sie das Volumen und den Oberflächeninhalt.

58 Eine Kugel hat ein Volumen von 30 ℓ.
Berechnen Sie den Oberflächeninhalt der Kugel.

59 Eine Kugel mit einem Durchmesser von 20 cm ist vollständig von einem Zylinder umgeben.

a) Berechnen Sie den Oberflächeninhalt der Kugel.
b) Welchen Durchmesser und welche Höhe hat der Zylinder?
c) Berechnen Sie die Mantelfläche des Zylinders. Was fällt auf?
d) Zeigen Sie allgemein, dass für diesen Zylindermantel $M = 4 \cdot \pi \cdot r^2$ gilt.

REGEL

Kugelschicht

Der durch zwei parallele Ebenen aus einer Kugel ausgeschnittene Körper heißt Kugelschicht, der Mantel der Kugelschicht wird Kugelzone genannt.

Kugelschicht: $V = \frac{\pi}{6} \cdot h \cdot \left(3 r_1^2 + 3 r_2^2 + h^2\right)$

Kugelzone: $M = 2 \cdot \pi \cdot r \cdot h$

Kugelradius: $r = \sqrt{r_1^2 + \left(\frac{r_1^2 - r_2^2 - h^2}{2 \cdot h}\right)}$

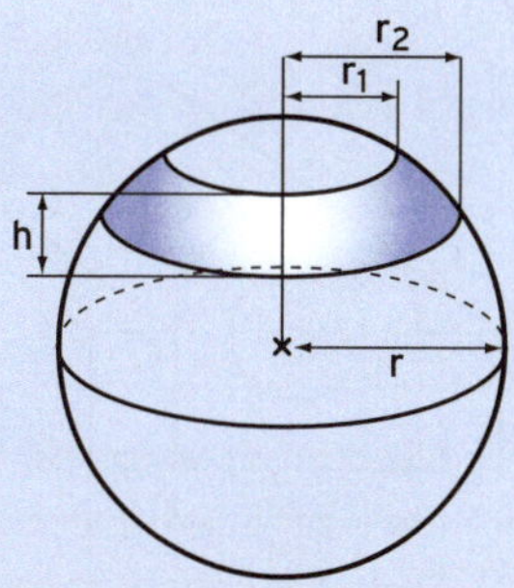

60 Eine Kugelschicht hat die Maße $r_1 = 8\,m$, $r_2 = 5\,m$ und $h = 2{,}70\,m$.

a) Berechnen Sie das Volumen der Kugelschicht.
b) Welchen Radius r hat die zur Kugelschicht gehörende Kugel?
c) Berechnen Sie den Flächeninhalt der Kugelzone.

Zwischentest

Klasse vorbereitet?

1 Berechnen Sie den Flächeninhalt (alle Angaben in cm).

a) 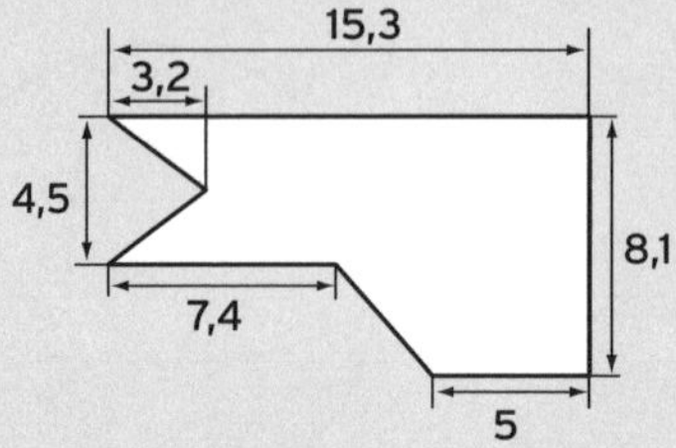

b) 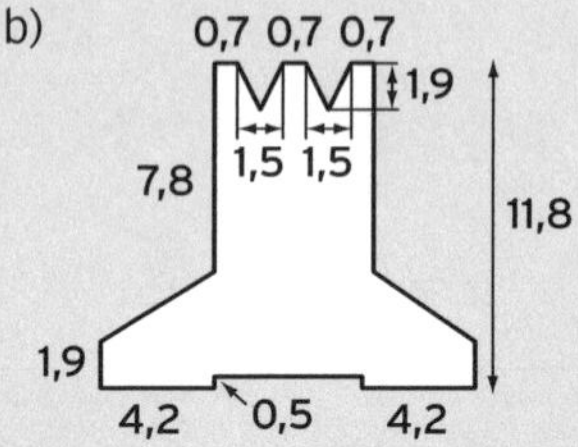

4

2 Bei einem Kreisring soll der Umfang des kleineren Kreises 40 % des Umfangs des großen Kreises sein. Wie groß ist der Flächeninhalt des Kreisrings, wenn der Radius des kleinen Kreises 6,5 cm ist?

4

3 Ein 2,5 m langer Brunnentrog hat den rechts abgebildeten Querschnitt.

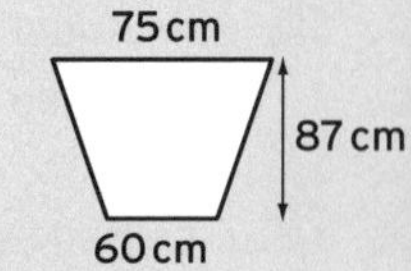

a) Wie viel Wasser passt in den Trog, wenn er ganz gefüllt ist;

b) wie viel, wenn er zu $\frac{2}{3}$ gefüllt ist?

4

4 Berechnen Sie das Volumen und den Oberflächeninhalt des Körpers in Fig. 1.

4

5 Wie viel wiegt der in Fig. 2 abgebildete, aus Aluminium $\left(\varrho = 2{,}7\,\frac{g}{cm^3}\right)$ hergestellte Körper?

4

6 Berechnen Sie das Gewicht des aus Silber $\left(\varrho = 10{,}5\,\frac{g}{cm^3}\right)$ hergestellten Körpers in Fig. 3.

Wie viel Prozent wäre er schwerer, wenn er aus Gold $\left(\varrho = 19{,}3\,\frac{g}{cm^3}\right)$ hergestellt wäre?

4

Fig. 1

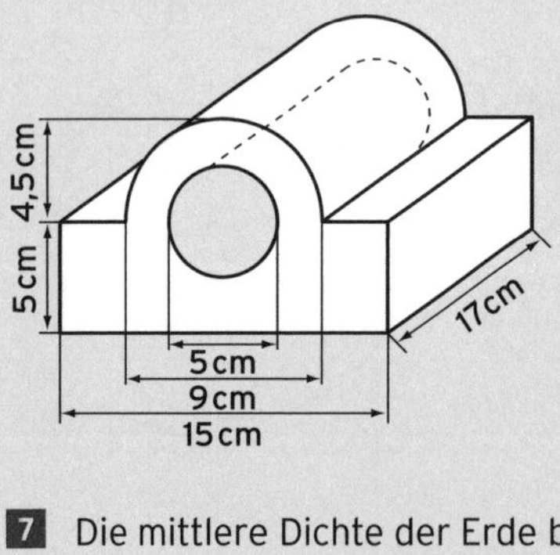

Fig. 2

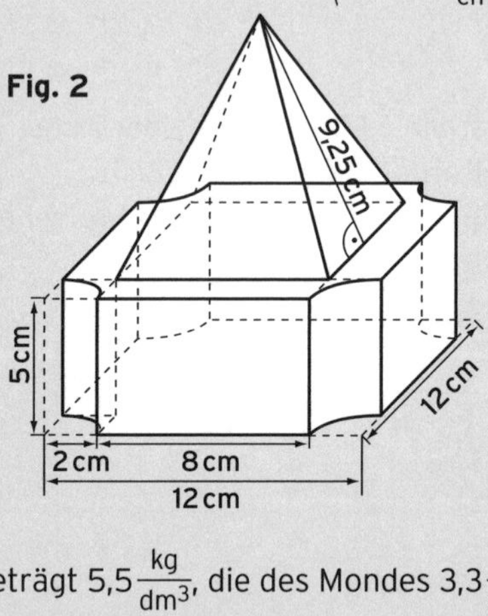

Fig. 3

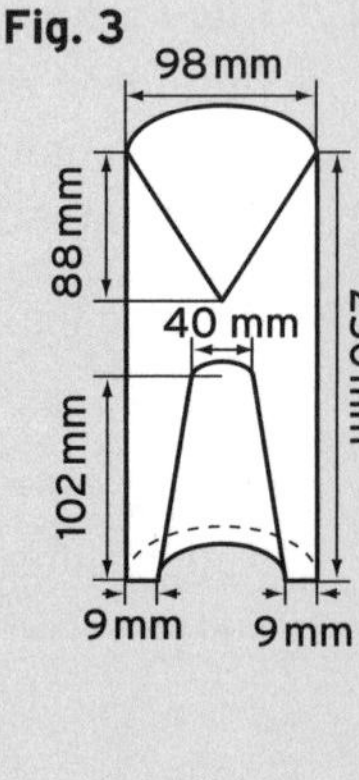

7 Die mittlere Dichte der Erde beträgt $5{,}5\,\frac{kg}{dm^3}$, die des Mondes $3{,}3\,\frac{kg}{dm^3}$.

Der Erdradius beträgt ungefähr 6370 km, der Mondradius 1738 km.

a) Wie viel Prozent der Erdoberfläche beträgt die Mondoberfläche?

b) Wie viel mal schwerer als der Mond ist die Erde?

6

30 Gesamtpunktzahl

Lern planer

Kontrollieren Sie Ihre Ergebnisse mithilfe der Lösungen (S. 115/116) und addieren Sie die erreichten Punkte.

☐ 30 bis 24 Punkte: ☺ ☐ 23 bis 15 Punkte: ☺ ☐ 14 bis 0 Punkte: ☹

Funktionen

Vorschau

- → Funktionsgleichungen, lineare Funktionen
- → Geradengleichungen
- → Quadratische Funktionen, Normalparabeln und verschobene Normalparabeln
- → Potenzfunktionen
- → Winkelfunktionen
- → Umkehrfunktionen
- → Wurzelfunktionen
- → Exponentialfunktionen
- → Logarithmusfunktionen

Begriffe und Definitionen

REGEL

- **Funktionen** ordnen jedem Objekt aus einer **Definitionsmenge D genau ein** Objekt einer anderen Menge als **Funktionswert** zu.
- Die Menge aller Funktionswerte heißt **Wertemenge W.**
- Funktionen können in Tabellenform, in Pfeildiagrammen und im Koordinatensystem dargestellt werden.
- Mehreren Objekten aus der Definitionsmenge kann der gleiche Funktionswert zugewiesen werden, einem Objekt aus der Definitionsmenge aber niemals mehrere Funktionswerte. Im Beispiel: Mehrere Schüler können in einer Arbeit die gleiche Zensur bekommen, ein Schüler aber keine verschiedenen.

Beispiel: z(x) ordnet der Person x die Zensur in der letzten Mathematikarbeit zu.
D = {Andreas, Beate, Christine, Daniel, Ester, Fahrid, Gundi}
Die Wertemenge umfasst die Zensuren von 1 bis 5.

Tabelle

Person	Zensur
Andreas	3
Beate	5
Christine	1
Daniel	2
Ester	3
Fahrid	4
Gundi	2

Pfeildiagramm

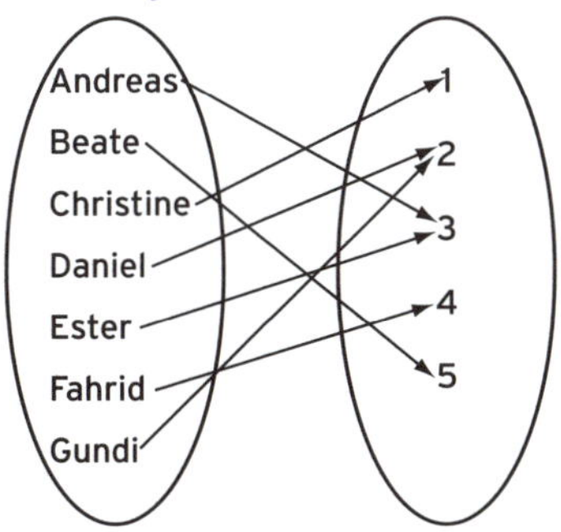

W = {1, 2, 3, 4, 5}

Koordinatensystem

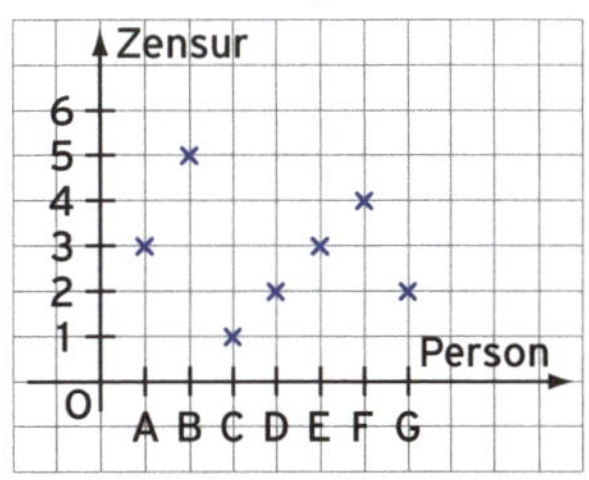

1 Die Tabelle gehört zur Funktion p(x) und ordnet Standardbriefen vorgegebener Masse das jeweilige Inlandsporto zu.

Masse des Briefes (in g)	10	20	30	40	50	60	70	80	90	100
Porto des Briefes (in €)	0,55	0,55	0,90	0,90	0,90	1,45	1,45	1,45	1,45	1,45

a) Geben Sie Definitions- und Wertemenge der Funktion p(x) an.
b) Stellen Sie p(x) im Pfeildiagramm dar.
c) Betrachten Sie die Funktion p(x) bezüglich der erweiterten Definitionsmenge, die alle möglichen Massen zwischen 0 g und 100 g umfasst: p(x) mit D = [0 g; 100 g]. Stellen Sie diese Funktion im Koordinatensystem dar.
d) Wie heißt die Wertemenge?

REGEL

Bei vielen Funktionen beschreibt eine Funktionsgleichung y = f(x), wie man einem x-Wert den Funktionswert y zuordnet, z. B. $y = \frac{1}{4}x^2$. *

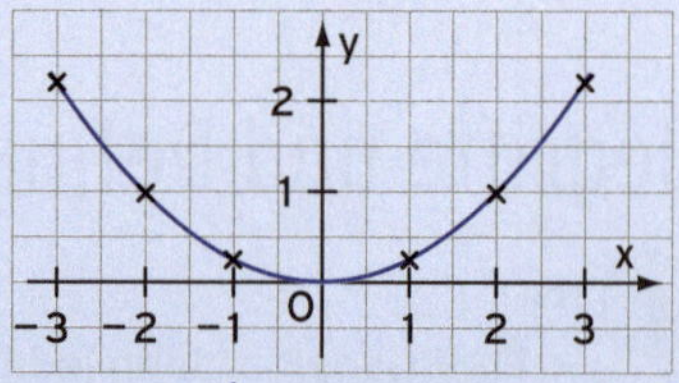

$y = \frac{1}{4}x^2$, D = [−3; 3]

Mithilfe der Funktionsgleichung kann man eine Wertetabelle anlegen und den Graphen der Funktion zeichnen. Je kleinschrittiger die Wertetabelle angelegt wird, desto genauer gelingt das Zeichnen des Graphen.

x	0	±1	±2	±3
y	0	$\frac{1}{4}$	±3	$\pm 2\frac{1}{4}$

Für die Zeichnung verwendet man ein rechtwinkliges Koordinatensystem. Sind die Längeneinheiten auf beiden Achsen gleich, spricht man von einem kartesischen Koordinatensystem.
Die beiden Achsen zerlegen die Zeichenebene in vier sogenannte Quadranten, die man mit den Ziffern I–IV bezeichnet.

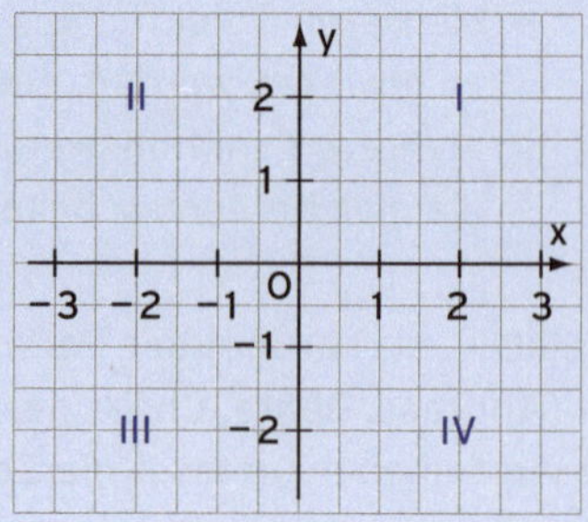

2 Vervollständigen Sie für die Funktion f, D = [−2,5; 2,5], mit der Gleichung $f(x) = \frac{1}{4}x^3$ die Wertetabelle, tragen Sie die Punkte in das Koordinatensystem ein und skizzieren Sie den Graphen der Funktion. In welchen Quadranten verläuft der Graph der Funktion?

x	−2,5	−2	−1,5	−1	0
y					

x	1	1,5	2	2,5
y				

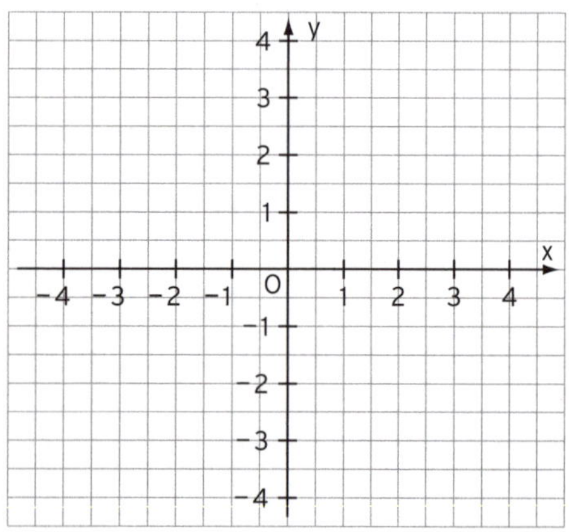

* Andere Darstellungsformen sind beispielsweise $f(x) = \frac{1}{4}x^2$ oder $f: x \mapsto y = \frac{1}{4}x^2$.
Verwenden Sie bitte die bei Ihnen im Unterricht gebräuchliche.

Geradengleichungen

REGEL

Gleichungen von **linearen Funktionen** (Funktionen deren Graphen Geraden sind) werden auch **Geradengleichungen** genannt. Sie gibt es in vier verschiedenen Formen, die alle bei konkreten Einsetzungen in die Hauptform umgeformt werden können. In der Hauptform bezeichnet **m** die Steigung (auch Anstieg genannt) der Geraden und **b** den y-Achsenabschnitt.

Hauptform

$y = mx + b$

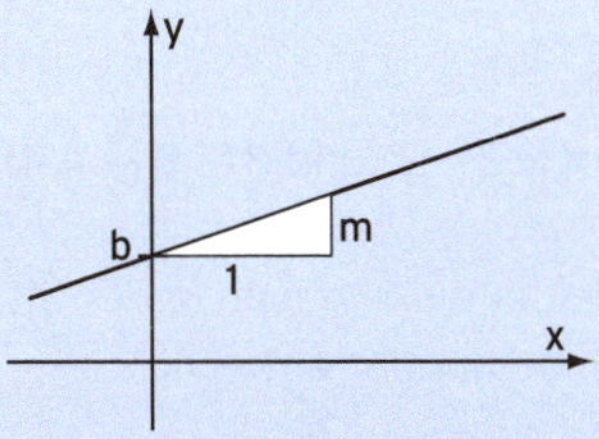

Zwei-Punkte-Form

$\frac{y - y_1}{x - x_1} = \frac{y_2 - y_1}{x_2 - x_1}$

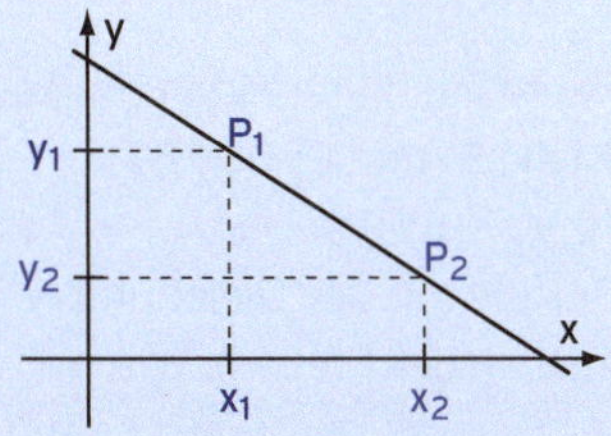

Punkt-Steigungs-Form

$\frac{y - y_1}{x - x_1} = m$

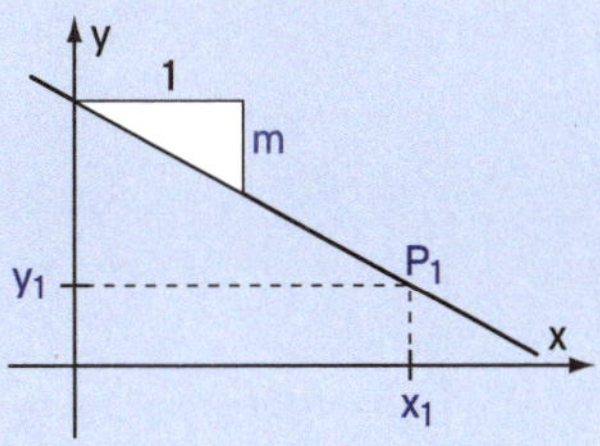

Achsenabschnittsform

$\frac{x}{a} + \frac{y}{b} = 1$

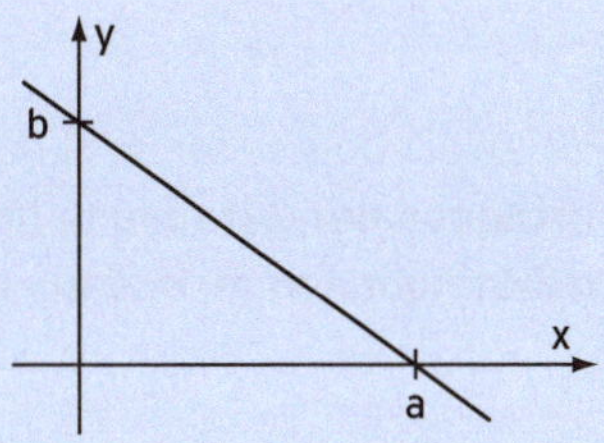

3 Eine Gerade verläuft durch die Punkte $P_1(-1|-2)$ und $P_2(3|8)$. Wie heißt die Hauptform ihrer Geradengleichung? Setzen Sie die begonnene Lösung fort.

$\frac{y-(-2)}{x-(-1)} = \frac{8-(-2)}{3-(-1)} \Leftrightarrow \frac{y+2}{x+1} = \frac{10}{4} = \quad |\cdot(x+1) \Leftrightarrow \ldots$

4 Eine Gerade hat die Steigung $-\frac{3}{4}$ und verläuft durch den Punkt $P_1(6|-3{,}5)$. An welcher Stelle schneidet die Gerade die y-Achse?

5 Eine Gerade schneidet die x-Achse an der Stelle $a = -4$ und die y-Achse an der Stelle $b = 5$. Wie heißt die Hauptform ihrer Geradengleichung und welche Steigung hat sie? Setzen Sie die begonnene Lösung fort.

$\frac{x}{-4} + \frac{y}{5} = 1 \quad |\cdot(-20) \Leftrightarrow 5x - 4y = -20 \quad |-5x \Leftrightarrow \ldots$

6 Eine Gerade schneidet die y-Achse an der Stelle $b = 5$ und verläuft durch den Punkt $P_1(2|-1)$. Bestimmen Sie Steigung und Geradengleichung mithilfe einer Skizze.

Die hier aufgezeigten Vorgehensweisen bezüglich Geradengleichungen unterscheiden sich eventuell von dem, was Sie in der Schule gelernt haben. Sie sollten daher die Aufgaben auch nach dem Weg lösen, der bei Ihnen im Unterricht üblich oder gewünscht ist.

REGEL

$P_1(x_1|y_1)$ und $P_2(x_2|y_2)$ sind Punkte im Koordinatensystem. Für ihren Abstand d gilt nach dem Satz des Pythagoras (Seite 46):

$d = \sqrt{(x_2 - x_1)^2 + (y_2 - y_1)^2}$

Der Mittelpunkt M hat die Koordinaten $M\left(\frac{x_1 + x_2}{2} \middle| \frac{y_1 + y_2}{2}\right)$.

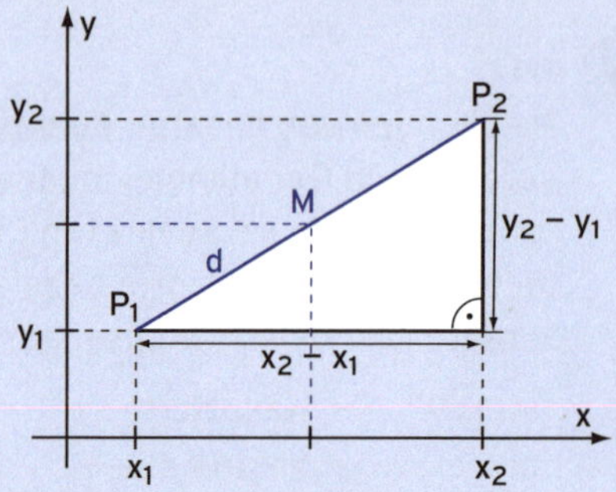

7 Wie weit sind die Punkte voneinander entfernt?

a) $P_1(2|1{,}5)$ und $P_2(10|7{,}5)$ b) $A(-2|-3)$ und $B(5{,}8|-4{,}4)$

8 Die Gerade mit der Gleichung $y = 2x - 11$ schneidet die x-Achse an der Stelle a und die y-Achse an der Stelle b. Wie weit sind a und b voneinander entfernt?

9 $A(5|9)$ und $B(-1|3)$ sind Punkte im Koordinatensystem.
Eine Gerade verläuft durch $P_1(-3|-4)$ und den Mittelpunkt der Strecke $\overline{AB}$.
Wie heißt ihre Geradengleichung in der Hauptform?

REGEL

- **Für zwei zueinander senkrechte (orthogonale) Geraden g_1 und g_2 mit den Steigungen m_1 und m_2 gilt:**
  $m_1 \cdot m_2 = -1$ bzw. $m_2 = -\frac{1}{m_1}$
- **Gilt bei zwei Geraden g_1 und g_2 mit den Steigungen m_1 und m_2 die Gleichung $m_1 \cdot m_2 = -1$, dann sind die Geraden g_1 und g_2 senkrecht zueinander.**

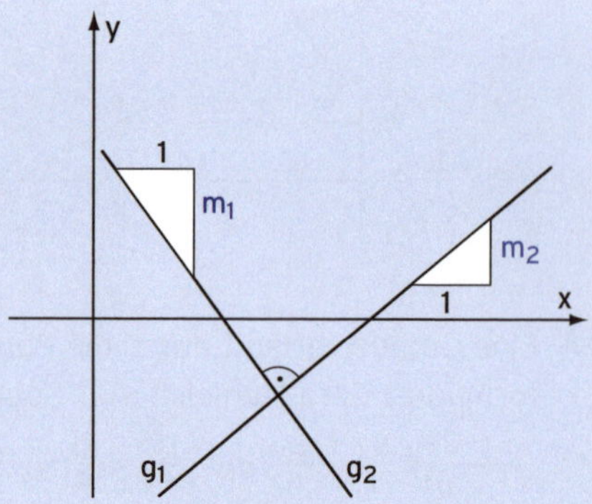

10 Prüfen Sie, ob die beiden Geraden senkrecht zueinander sind.

a) $y = 3x - 5$; $y = \frac{1}{3}x - 8$ b) $y = 4{,}8 - 2x$; $y = \frac{1}{2}x - 7$ c) $y = \frac{2}{3}x - 8$; $y = 9 - 1{,}5x$ d) $y = 0{,}4x - 11$; $y = 2{,}5x$

11 Wie heißt die Gleichung der Geraden, die zu $g\colon y = 0{,}5x + 6$ senkrecht ist und durch den Punkt $P(5|3)$ verläuft?

Quadratische Funktionen

REGEL

- **Quadratische Funktionen** haben eine **Funktionsgleichung**, die sich zu $y = ax^2 + bx + c$ mit $a \neq 0$ umformen lässt.

  Der zugehörige Graph ist eine **Parabel**, die bei $a > 0$ nach oben und bei $a < 0$ nach unten geöffnet ist.
- Der höchste bzw. niedrigste Punkt heißt **Scheitelpunkt**.
- Je größer der Betrag von a ist, desto steiler ist die Parabel.

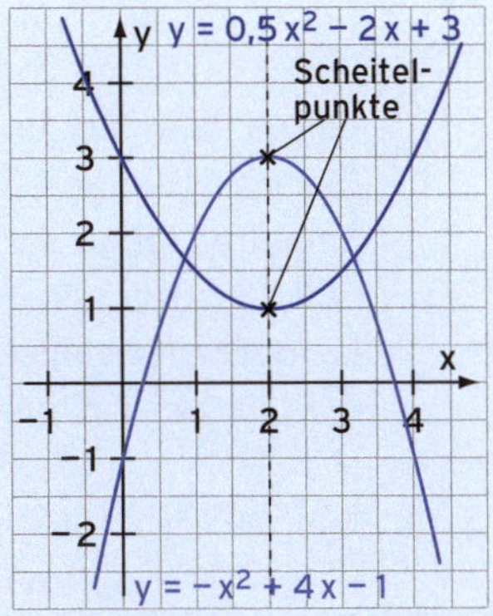

12 Gegeben ist die quadratische Funktion mit der Funktionsgleichung $y = -2x^2 - 8x + 10$.
Ergänzen Sie die Wertetabelle.
Zeichnen Sie den Funktionsgraphen und markieren Sie den Scheitelpunkt.
Zeichnen Sie die Symmetrieachse ein.*

x	−5,5	−5	−4	−3	−2
y					

x	−1	0	1	1,5
y				

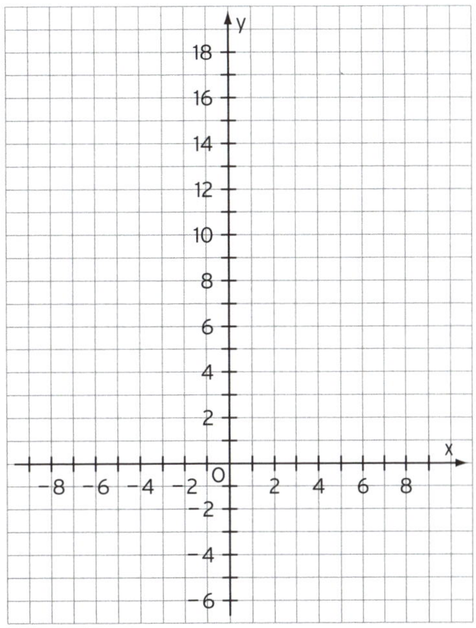

13 Skizzieren Sie in das Koordinatensystem den Graphen der Funktion f mit der Gleichung $y = \frac{1}{4}x^2 - 5x + 4$ im Definitionsbereich $D = [0; 20]$.

x	0	2	4	6	8
y					

x	10	12	14	16	18	20
y						

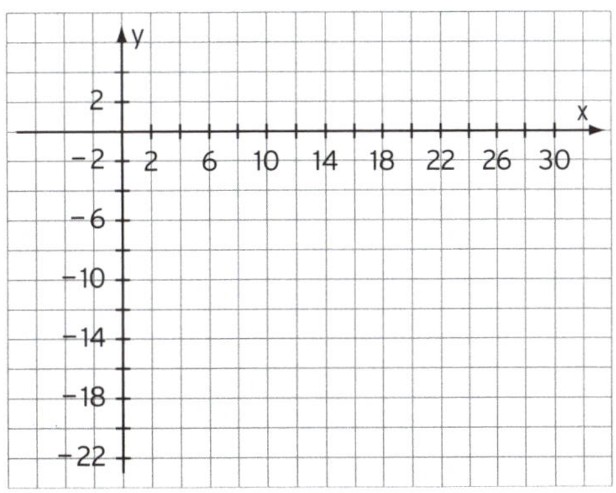

* Falls Sie im Unterricht einen Grafiktaschenrechner benutzen oder mit Computersystemen arbeiten (Funktionenplotter), können Sie natürlich auch damit die Wertetabellen erstellen, die Graphen zeichnen lassen und Scheitelpunkte und Symmetrieachsen anzeigen lassen. Arbeiten Sie mit diesem Buch so, wie es im Unterricht von Ihnen erwartet wird.

Normalparabel und verschobene Normalparabel

REGEL

- Der Graph der Funktion mit der Gleichung $y = x^2$ heißt Normalparabel.
- Eine Funktion mit der Gleichung $y = x^2 + b$ hat als Graphen eine um **b** Einheiten **längs der y-Achse** verschobene Normalparabel.
- Eine Funktion mit der Gleichung $y = (x + a)^2$ hat als Graphen eine um **−a** Einheiten **längs der x-Achse** verschobene Normalparabel.
- Eine Funktion mit der Gleichung $y = (x + a)^2 + b$ hat als Graphen eine verschobene Normalparabel mit dem Scheitelpunkt **S(−a|b)**. Die Form $y = (x + a)^2 + b$ einer Funktionsgleichung heißt deshalb **Scheitelpunktform**.

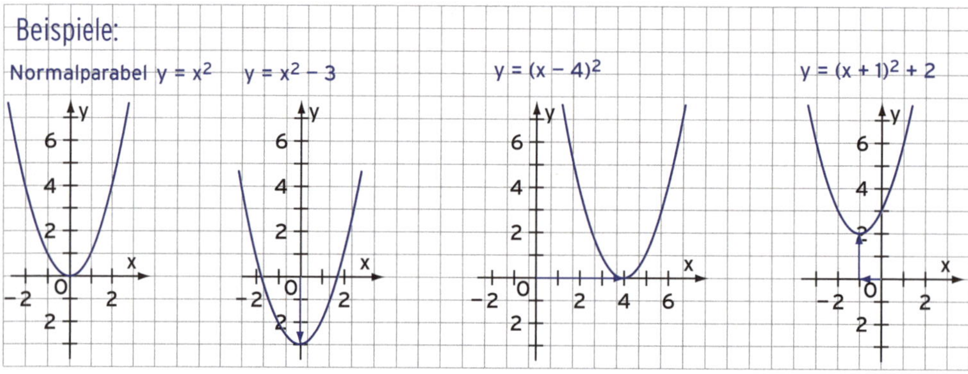

14 Ordnen Sie der Funktionsgleichung den passenden Graphen zu.

a) $y = x^2 - 5$ b) $y = (x + 4)^2 - 2$ c) $y = (x + 3)^2$ d) $y = (x - 3)^2 + 5$

(1) (2) (3) (4)

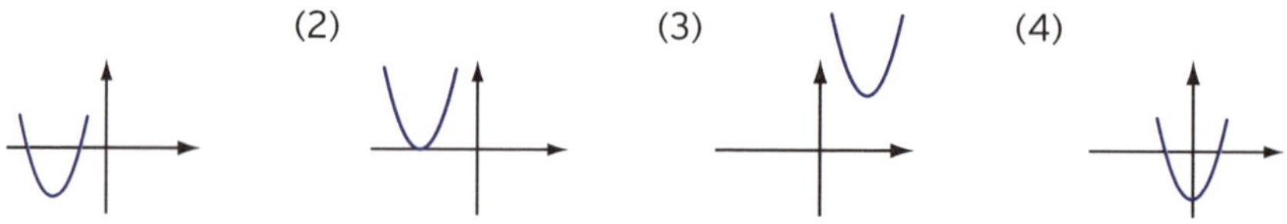

REGEL

Ist eine quadratische Funktion in der Form $y = x^2 + px + q$ gegeben, so erhält man mit folgenden Schritten die **Scheitelpunktform**:

1. Quadratische Ergänzung addieren und subtrahieren:
   $y = x^2 + px + \left(\frac{p}{2}\right)^2 - \left(\frac{p}{2}\right)^2 + q$
2. Zusammenfassen der ersten drei und letzten beiden Summanden:
   $y = \left(x + \frac{p}{2}\right)^2 - \left(\frac{p}{2}\right)^2 + q$ (Scheitelpunktform) $\Rightarrow S\left(-\frac{p}{2} \middle| -\left(\frac{p}{2}\right)^2 + q\right)$

Beispiel: $y = x^2 - 6x + 7 \Leftrightarrow y = x^2 - 6x + \mathbf{9} - \mathbf{9} + 7 \Leftrightarrow y = (x - 3)^2 - 2$; $S(3|-2)$

15 Formen Sie zur Scheitelpunktform um und lesen Sie den Scheitelpunkt ab.

a) $y = x^2 + 4x - 1$ b) $y = x^2 - 8x + 19$ c) $y = x^2 - 3x + \frac{13}{4}$

Potenzfunktionen

REGEL

Für Potenzfunktionen mit der Gleichung $f(x) = x^n$ mit $n \in \mathbb{N}^*$ und geradem n (2, 4, 6, ...) gilt:

(1) $D = \mathbb{R}$, $W = \mathbb{R}_0^+$

(2) Zu ihnen gehören stets die Punkte (0|0), (1|1) und (−1|1).

(3) Im Bereich $x \in \mathbb{R}_0^-$ sind sie streng monoton fallend, im Bereich $x \in \mathbb{R}_0^+$ sind sie streng monoton steigend.

(4) Die Graphen sind achsensymmetrisch zur y-Achse.

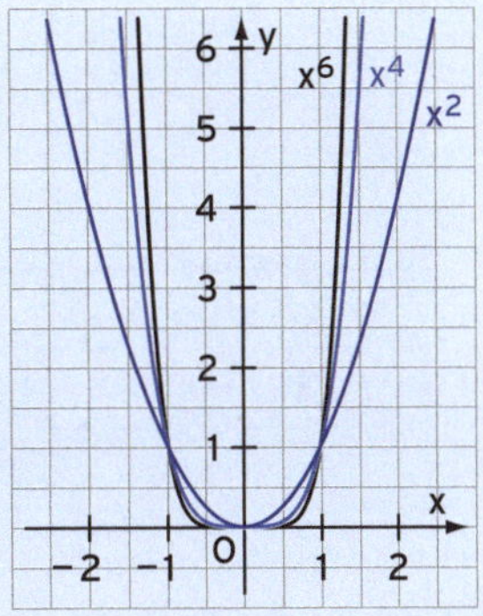

16 Zu welchen der genannten Eigenschaften gehören die folgenden Aussagen?

a) Für alle $x \in \mathbb{R}$ gilt $f(-x) = f(x)$

b) Für alle $x \in \mathbb{R}_0^-$ gilt $x_1 > x_2 \Rightarrow f(x_1) < f(x_2)$

c) Für alle $x \in \mathbb{R}_0^+$ gilt $x_1 > x_2 \Rightarrow f(x_1) > f(x_2)$

17 Oben im Regelkasten ist der Graph der Funktion $f(x) = x^4$ abgebildet. Beschreiben Sie mit Worten den jeweiligen Verlauf der Graphen der Funktionen $g(x) = x^4 + 3$ und $h(x) = (x + 3)^4$.

18 Gegeben sind die Funktionen f mit $f(x) = x^n + b$ und g mit $g(x) = (x + a)^n$. Passen Sie die Aussagen (1)–(4) im Regelkasten auf diese Funktionen an.

REGEL

Für Potenzfunktionen mit der Gleichung $f(x) = x^n$ mit $n \in \mathbb{N}^*$ und ungeradem n (1, 3, 5, ...) gilt:

(1) $D = \mathbb{R}$, $W = \mathbb{R}$

(2) Zu ihnen gehören stets die Punkte (0|0), (1|1) und (−1|−1).

(3) Sie sind streng monoton steigend.

(4) Die Graphen sind punktsymmetrisch zum Nullpunkt.

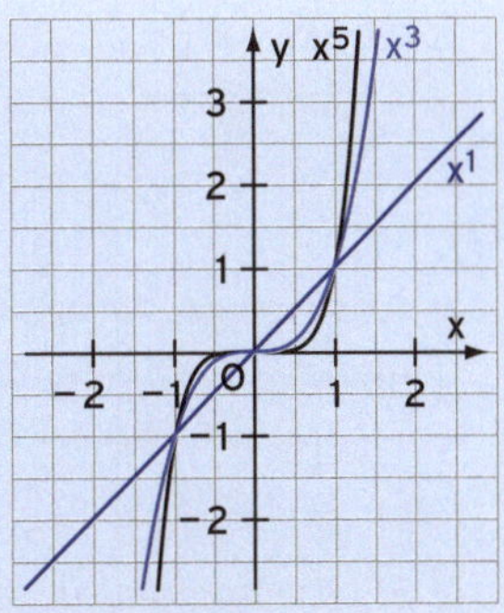

19 Notieren Sie entsprechend zu Aufgabe 16 Aussagen, die zu den Punkten (3) und (4) im Regelkasten vor dieser Aufgabe gehören.

20 Zu welchem Punkt verläuft der Graph der Funktion $f(x) = (x - 5)^3 + 2$ punktsymmetrisch?

REGEL

Potenzfunktionen $f(x) = x^{-n}$ mit $n \in \mathbb{N}^*$ haben Graphen der abgebildeten Form. Man nennt sie Hyperbeln mit jeweils zwei Hyperbelästen.

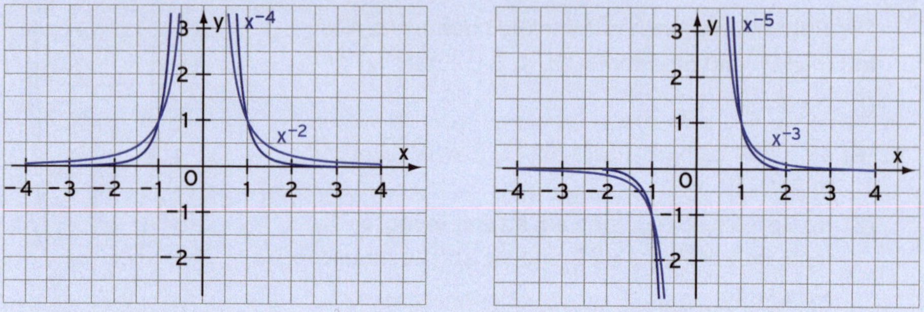

21 Geben Sie für Potenzfunktionen $f(x) = x^{-n}$ mit $n \in \mathbb{N}^*$ und geradem beziehungsweise ungeradem n jeweils Definitionsmenge D und Wertemenge W an.

22 Treffen Sie eine Aussage über gemeinsame Punkte der in Aufgabe 21 genannten Potenzfunktionen.

23 Beschreiben Sie mit zugehörigen Aussagen das Symmetrieverhalten der in Aufgabe 21 genannten Potenzfunktionen.

24 Auch die Graphen der Potenzfunktionen mit negativen ganzzahligen Exponenten zeigen in Teilbereichen strenge Monotonie. Schreiben Sie zutreffende Aussagen darüber auf.

25 Skizzieren Sie den ungefähren Verlauf der Graphen folgender Funktionen und geben Sie Definitionsmenge D und Wertemenge W an.

a) $f_1(x) = (x - 2)^{-2}$

b) $f_2(x) = x^{-3} - 2$

c) $f_3(x) = 3 + x^{-1}$

d) $f_4(x) = (x + 1)^{-4} - 2$

e) $f_5(x) = (3 + x)^{-2} + 1$

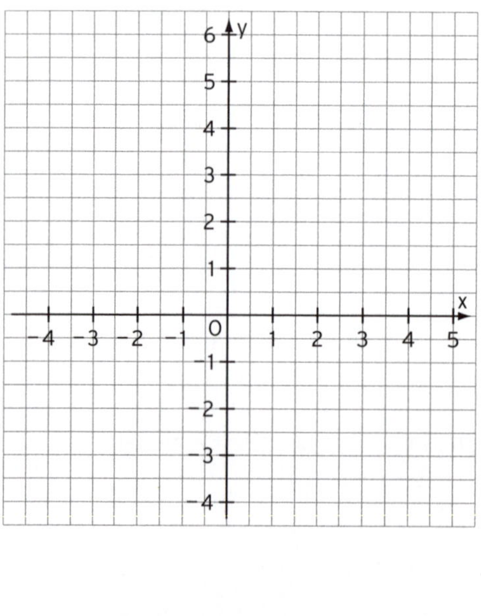

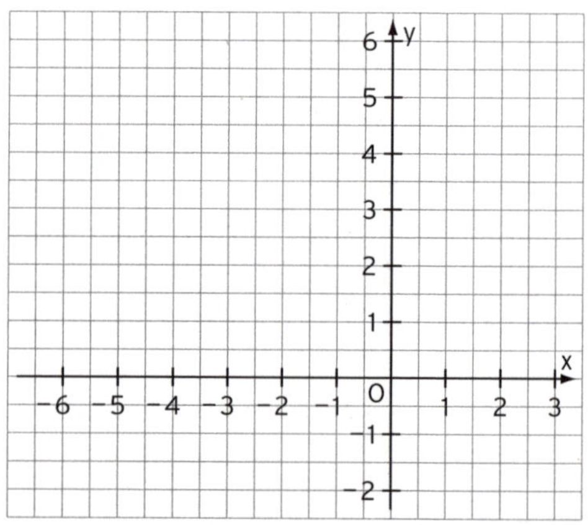

Winkelfunktionen am Einheitskreis

REGEL

Der Scheitelpunkt des Winkels α ist der Nullpunkt, der erste Schenkel des Winkels liegt auf der x-Achse. Der zweite Schenkel des Winkels α trifft den Einheitskreis im Punkt P. Dessen y-Koordinate wird als **Sinus von α (sin α)** und dessen x-Koordinate als **Kosinus von α (cos α)** bezeichnet. Die Zuordnungen $\alpha \mapsto \sin\alpha$ und $\alpha \mapsto \cos\alpha$ sind Funktionen.

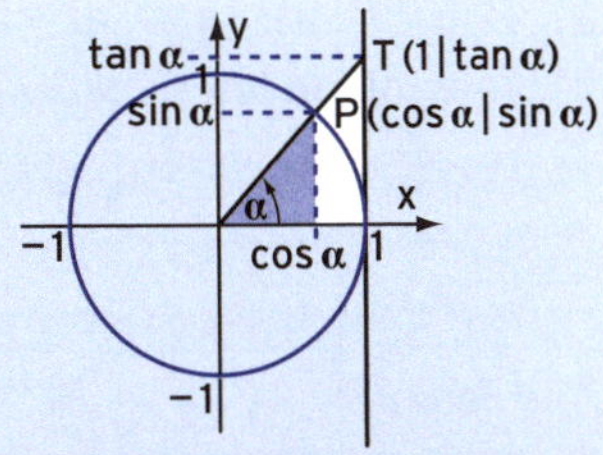

Die Trägergerade des zweiten Schenkels von α trifft die Parallele zur y-Achse durch die Stelle x = 1 im Punkt T. Die y-Koordinate dieses Punktes wird als **Tangens von α (tan α)** bezeichnet. Die Zuordnungen $\alpha \mapsto \tan\alpha$ ist eine Funktion.

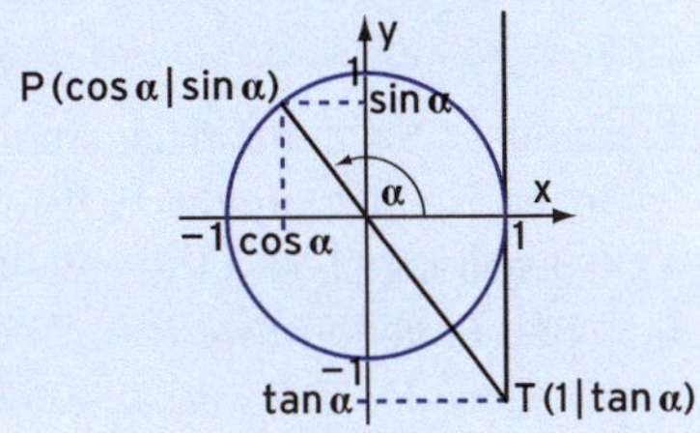

26 Messen Sie die Winkel α, β, γ, δ, ε und ω. Lesen Sie die folgenden Funktionswerte ab und vergleichen Sie sie mit den Taschenrechner-Werten.

a) sin α b) cos β c) tan β d) sin γ
e) tan δ f) sin δ g) cos ε h) sin ω

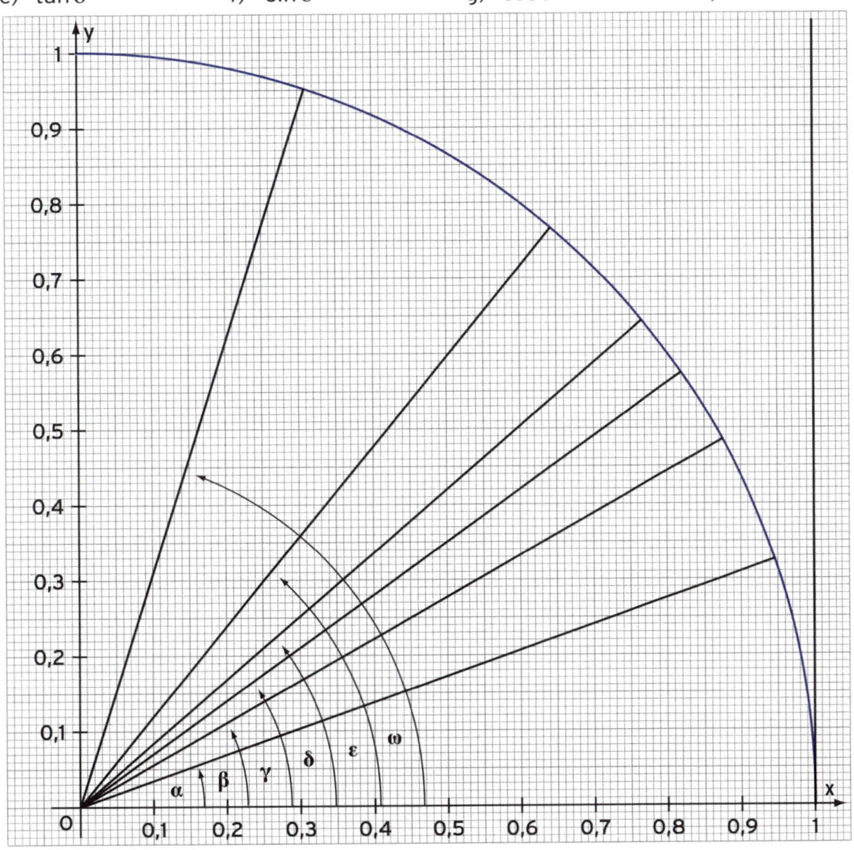

Zusammenhänge und besondere Funktionswerte

REGEL

Für 0°, 30°, 45°, 60° und 90° gelten die folgenden Funktionswerte:

	0°	30°	45°	60°	90°
sin α	0	$\frac{1}{2}$	$\frac{1}{2}\sqrt{2}$	$\frac{1}{2}\sqrt{3}$	1
cos α	1	$\frac{1}{2}\sqrt{3}$	$\frac{1}{2}\sqrt{2}$	$\frac{1}{2}$	0

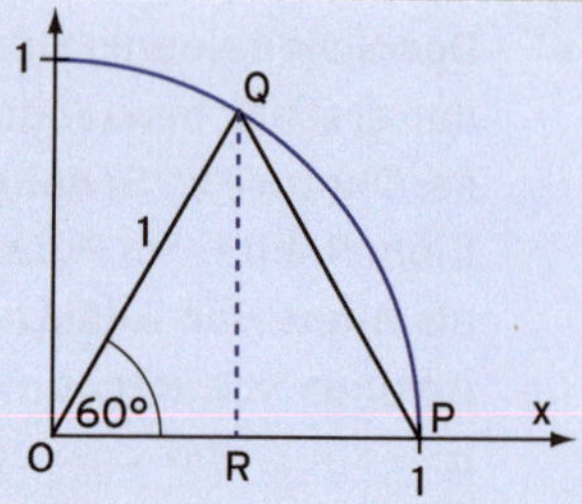

27 Beweisen Sie anhand der Abbildung im Regelkasten, dass $\cos 60° = \frac{1}{2}$ gilt.
Gehen Sie in folgenden Schritten vor:
- Begründen Sie, warum ΔOPQ gleichschenklig ist.
- Begründen Sie, warum ΔOPQ gleichseitig ist.
- Begründen Sie, warum R der Mittelpunkt der Strecke $\overline{OP}$ ist.

28 Führen Sie aus.

a) Leiten Sie mit der rechten Beweisskizze her, dass gilt:
$\tan\alpha = \frac{\sin\alpha}{\cos\alpha}$

b) Ergänzen Sie die Tabelle um die besonderen Funktionswerte für den Tangens.

	0°	30°	45°	60°	90°
tan α					

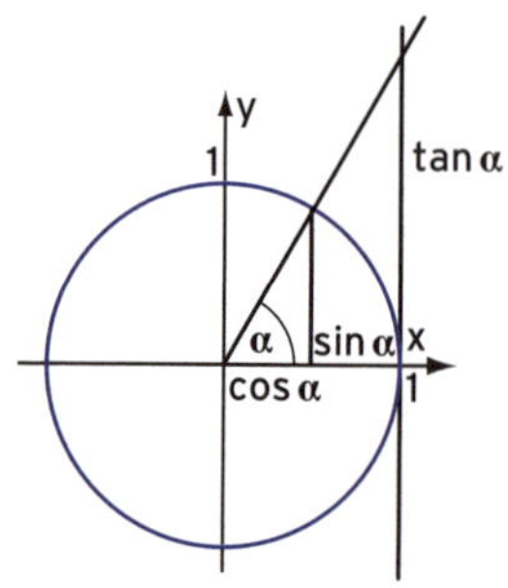

29 Beweisen Sie mit der Skizze rechts, dass gilt:
$(\sin\alpha)^2 + (\cos\alpha)^2 = 1$
[andere Schreibweise: $\sin^2\alpha + \cos^2\alpha = 1$]

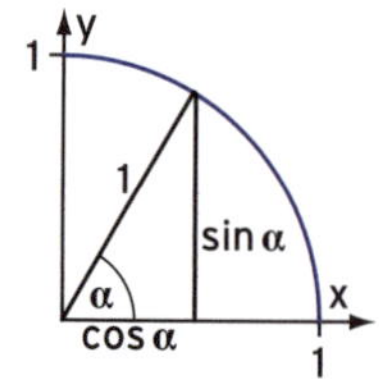

REGEL

Der Winkel −α wird im Einheitskreis gegen den mathematischen Drehsinn angetragen.
Ein Schenkel liegt weiterhin auf der x-Achse.

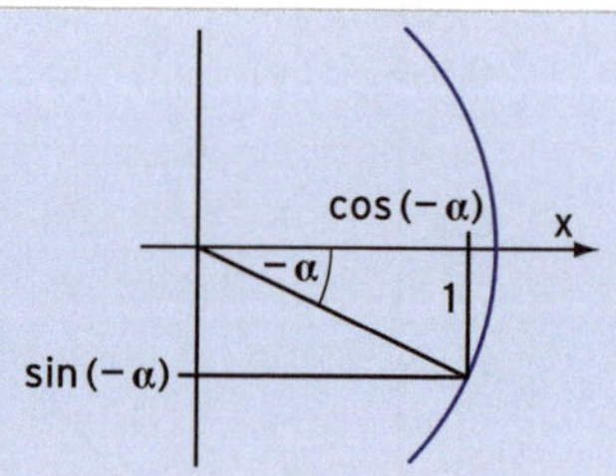

30 Begründen Sie mit einer Skizze und Symmetriebetrachtungen die Richtigkeit der Aussagen für $0 \leqq \alpha \leqq 180°$.

a) $\sin\alpha = -\sin(-\alpha)$

b) $\cos\alpha = \cos(-\alpha)$

c) $\sin(180° - \alpha) = \sin\alpha$

d) $\cos(180° - \alpha) = -\cos\alpha$

Bogenmaß und Graphen der Winkelfunktionen

REGEL

Jedem Winkel α im Einheitskreis ist eindeutig ein Bogenmaß b_α zugeordnet und umgekehrt. Sei r eine reelle Zahl, so versteht man unter $\sin r$ den Funktionswert des Winkels α, dem das Bogenmaß r eindeutig zugeordnet ist.

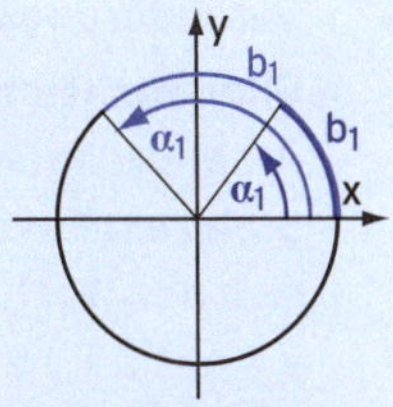

Es gilt $\alpha : 360° = b_\alpha : 2\pi$ (wegen $r = 1$)

$$b_\alpha = \frac{2\pi \cdot \alpha}{360°} = \frac{\pi \cdot \alpha}{180°} \Rightarrow \alpha = \frac{180° \cdot b_\alpha}{\pi}$$

Drückt man auf dem Taschenrechner die DRG -Taste, bis in der Anzeige „RAD" erscheint, erhält man Funktionswerte für das Bogenmaß.

Es gilt z.B.: $\sin\pi = 0$, $\cos\pi = -1$, $\tan\frac{\pi}{4} = 1$

31 Erklären Sie mit einer Skizze die folgenden Funktionswerte für das Bogenmaß:
(1) $\sin\frac{\pi}{2} = 1$ (2) $\cos\frac{\pi}{2} = 0$ (3) $\tan 2\pi = 0$ (4) $\sin\frac{\pi}{6} = \frac{1}{2}$

32 Ergänzen Sie die Tabelle (Winkel ganzzahlig, Bogenmaß auf drei Stellen nach dem Komma gerundet).

α	43°		168°	271°		
b_α		0,471			4,441	7,826

REGEL

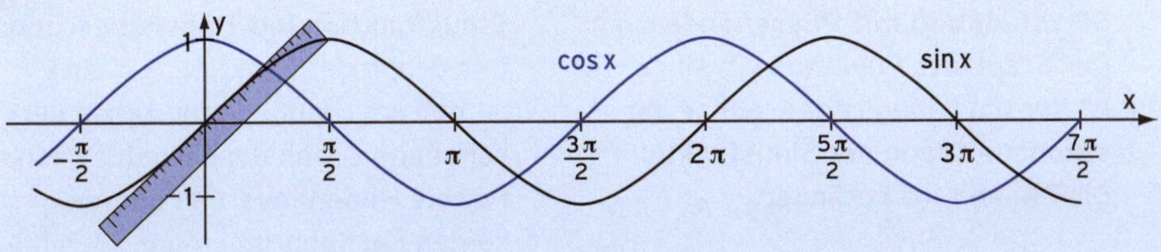

- **Sinus:** $D = \mathbb{R}$; $W = [-1; 1]$
  Der Graph ist punktsymmetrisch zu allen Punkten $(z \cdot \pi | 0)$ mit $z \in \mathbb{Z}$. Der Graph ist achsensymmetrisch zu allen Parallelen der y-Achse durch $x = z \cdot \pi + \frac{\pi}{2}$ mit $z \in \mathbb{Z}$. Periodenlänge 2π.
- **Kosinus:** $D = \mathbb{R}$; $W = [-1; 1]$
  Der Graph ist punktsymmetrisch zu allen Punkten $\left(z \cdot \pi + \frac{\pi}{2} \middle| 0\right)$ mit $z \in \mathbb{Z}$. Der Graph ist achsensymmetrisch zu allen Parallelen der y-Achse durch $x = z \cdot \pi$ mit $z \in \mathbb{Z}$. Periodenlänge 2π.
- **Tangens:** $D = \mathbb{R} \setminus \left\{\pm\frac{\pi}{2}, \pm\frac{3\pi}{2}, \pm\frac{5\pi}{2}, ...\right\}$ $W = [-1; 1]$
  Der Graph ist punktsymmetrisch zu allen Punkten $(z \cdot \pi | 0)$ mit $z \in \mathbb{Z}$.

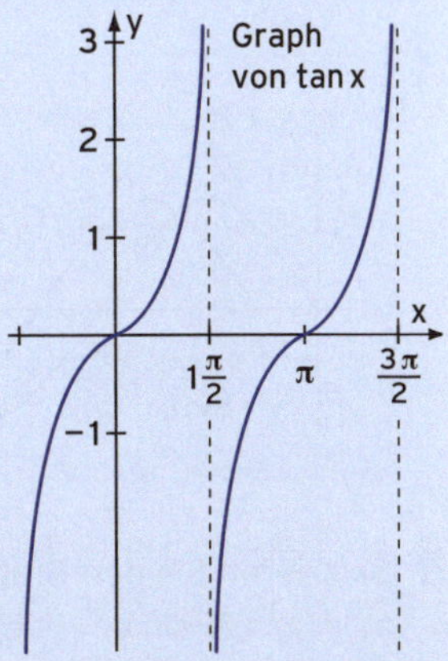

Allgemeine Sinusfunktion

REGEL

Veränderung des Graphen durch einen Faktor a:

Sinusfunktion mit Amplitudenänderung:
Steht ein Faktor a vor sin x, ändert sich der Wertebereich. Die Funktion $y = a \cdot \sin x$ hat den Wertebereich $W = [-a; a]$.
Der „Ausschlag" bzw. die **Amplitude** wird geändert.

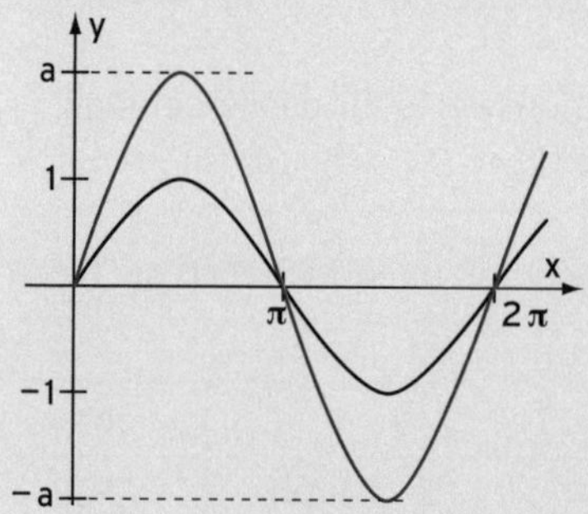

Sinusfunktion mit Frequenzänderung:
Steht ein Faktor a vor x, ändert sich die Periodenlänge.
Die Funktion $y = \sin(a \cdot x)$ hat die Periodenlänge $\frac{2\pi}{|a|}$.
Auf demselben Teilstück der x-Achse tritt die Periode häufiger oder seltener auf (**Frequenzänderung**).

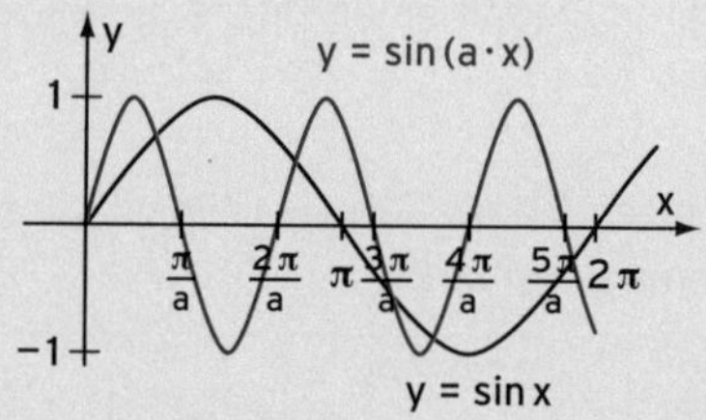

Veränderung des Graphen durch einen Summanden b bzw. c:

Sinusfunktion mit Phasenänderung:
Der Graph der Funktion $y = \sin(x - b)$ ist der um b längs der x-Achse verschobene Graph der Sinusfunktion.
Die **Phase** wird verändert.

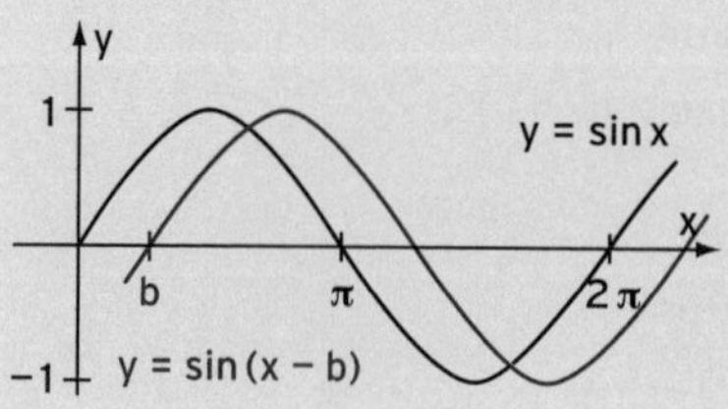

Sinusfunktion mit Höhenänderung:
Der Graph der Funktion $y = \sin x + c$ ist der um c längs der y-Achse verschobene Graph der Sinusfunktion.
Für die **Höhenänderung** gibt es keinen Fachbegriff.

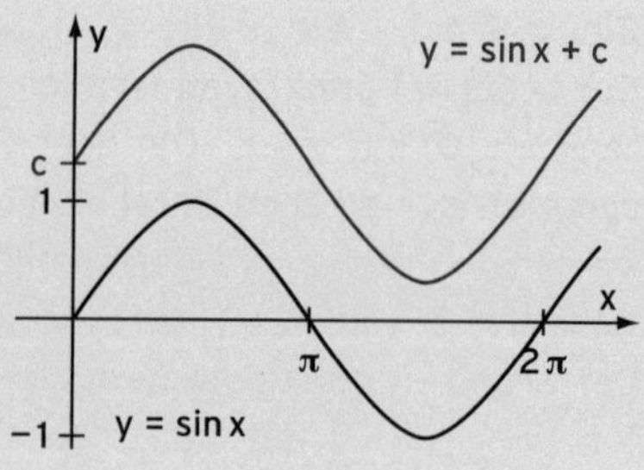

33 Skizzieren Sie den Graphen der Funktion.

a) $f(x) = 3 \cdot \sin x$ b) $g(x) = \sin x + 5$ c) $h(x) = \sin\left(\frac{1}{2}x\right)$ d) $k(x) = \sin\left(x + \frac{\pi}{2}\right)$

Umkehrfunktionen

REGEL

Zu jeder Funktion f gibt es eine Umkehrzuordnung $\bar{f}$ (lies: f quer). Man erhält sie, indem man die Reihenfolge in den zur Funktion gehörenden Paaren umkehrt, $(x|y) \in f \Leftrightarrow (y|x) \in \bar{f}$. Ist die Umkehrzuordnung $\bar{f}$ einer Funktion f mit der Definitionsmenge D und der Wertemenge W eindeutig, so heißt $\bar{f}$ Umkehrfunktion von f mit der Definitionsmenge W und der Wertemenge D.

34 Gegeben ist die Funktion f mit der Gleichung $y = 2x - 7$ und der Definitionsmenge $D = \{1; 2; 3; 4; 5; 6; 7\}$. Notieren Sie die Umkehrzuordnung $\bar{f}$ in Tabellenform und mit einem Pfeildiagramm und beurteilen Sie, ob $\bar{f}$ die Umkehrfunktion von f ist.

35 f: $y = x^2$, $D = \{-3; -2; -1; 0; 1; 2; 3\}$.
Begründen Sie, dass die Umkehrzuordnung $\bar{f}$ keine Funktion ist.

REGEL

Eine Funktion f ist durch ihren Graphen in einem Koordinatensystem gegeben, bei dem beide Achsen den gleichen Maßstab haben.
Den Graphen der Umkehrzuordnung $\bar{f}$ erhält man dann durch Spiegelung an der Winkelhalbierenden des I. und III. Quadranten, also an der Geraden mit der Gleichung $y = x$. Durch diese Spiegelung werden die Koordinaten x und y vertauscht.

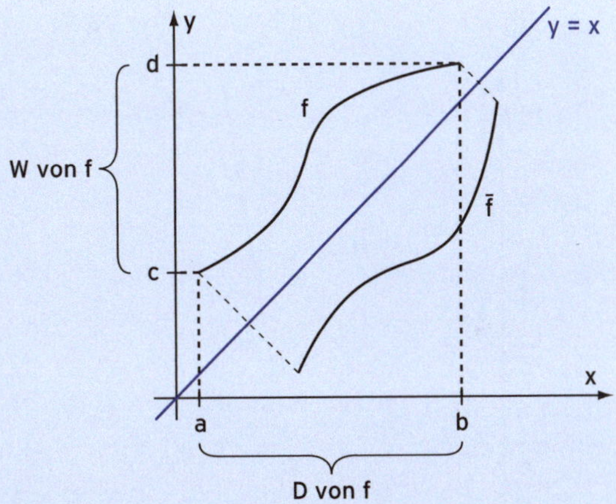

36 Zeichnen Sie den Graphen der genannten Funktion in einem Koordinatensystem und konstruieren Sie durch Spiegelung an der Geraden mit der Gleichung $y = x$ die Umkehrzuordnung. Ist die Umkehrzuordnung eine Funktion?

a) $f_1(x) = 4 - x^2$ mit $D = [-3; 3]$

b) $f_2(x) = \frac{2}{x+1}$ mit $D = [-3; 3]\backslash\{-1\}$

c) $f_3(x) = (5 - x)^2$ mit $D = [0; 5]$

d) $f_4(x) = \frac{3}{x} + 1$ mit $D = [-2; 2]\backslash\{0\}$

37 Beweisen Sie:
Ist f bezüglich D streng monoton steigend oder fallend, dann ist die Umkehrzuordnung $\bar{f}$ eine Funktion.

Wurzelfunktionen

REGEL

- **Wurzelfunktionen sind Umkehrfunktionen der Potenzfunktionen mit der Gleichung $f(x) = x^n$ für $n \in \mathbb{N}^*$ und $D = \mathbb{R}_0^+$.**
- **Wurzelfunktionen haben die Gleichung $f(x) = \sqrt[n]{x}$, die Definitionsmenge $\mathbb{R}_0^+$ und die Wertemenge $\mathbb{R}_0^+$.**
- **Die Graphen aller Wurzelfunktionen verlaufen durch die Punkte (0|0) und (1|1).**

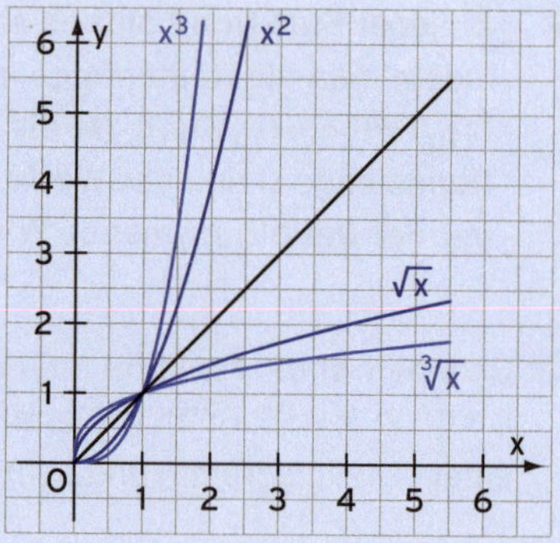

38 Konstruieren Sie durch Spiegelung an der Winkelhalbierenden s den Graphen der Funktion $f(x) = \sqrt{x}$, lesen Sie die folgenden Funktionswerte ab und kontrollieren Sie das Ableseergebnis mit dem Taschenrechner.

a) $\sqrt{10{,}7}$ b) $\sqrt{3{,}8}$ c) $\sqrt{8{,}5}$ d) $\sqrt{0{,}5}$ e) $\sqrt{5{,}8}$ f) $\sqrt{7}$

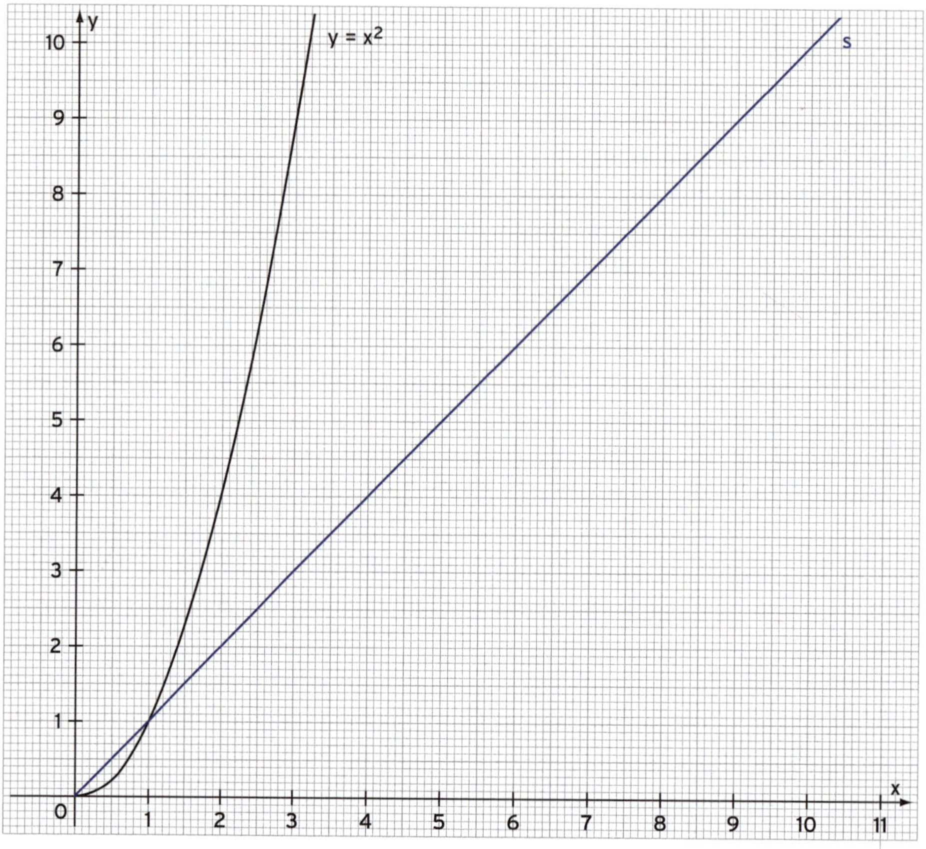

Exponentialfunktionen

REGEL

Funktionen mit Gleichungen der Form $f(x) = a^x$ $(a > 0, a \neq 1)$ heißen Exponentialfunktionen.

Sie haben die Definitionsmenge $\mathbb{R}$ und die Wertemenge $\mathbb{R}^+$.

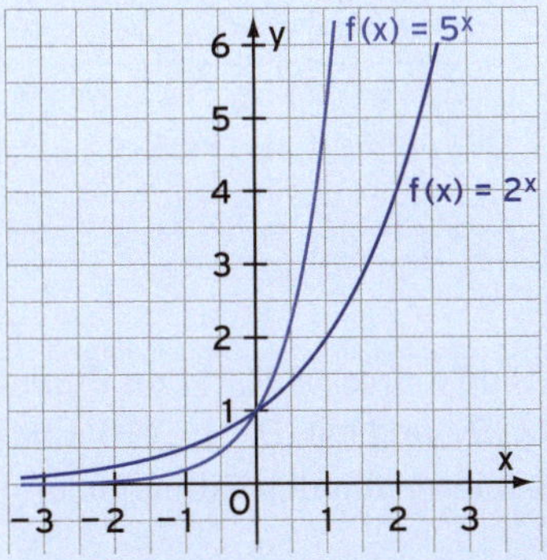

Bei $a > 1$ wachsen die Funktionen streng monoton.
Ihre Graphen verlaufen durch den Punkt (0|1).

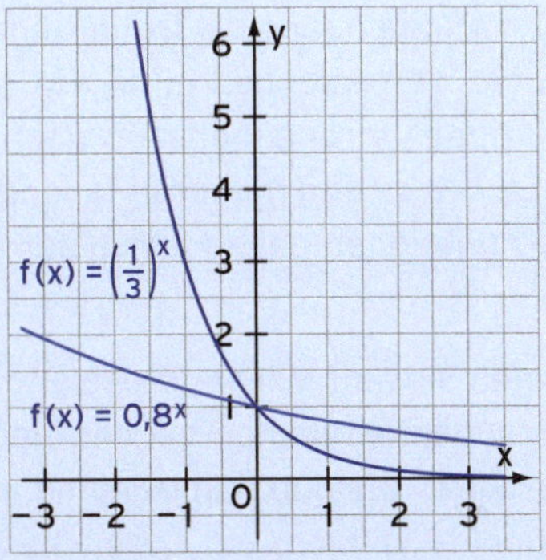

Bei $0 < a < 1$ fallen die Funktionen streng monoton.
Ihre Graphen verlaufen durch den Punkt (0|1).

39 Skizzieren Sie den Graphen der Funktion $f(x) = 1{,}8^x$ im Intervall $[-3; 3]$.
Lesen Sie ab:

a) $y_1 = 1{,}8^{2,7}$ $y_1 =$ ....

b) $y_2 = 1{,}8^{-0,6}$ $y_2 =$ ....

c) $y_3 = 1{,}8^{1,9}$ $y_3 =$ ....

d) $1{,}8^{x_1} = 4{,}7$ $x_1 =$ ....

e) $1{,}8^{x_2} = 0{,}9$ $x_2 =$ ....

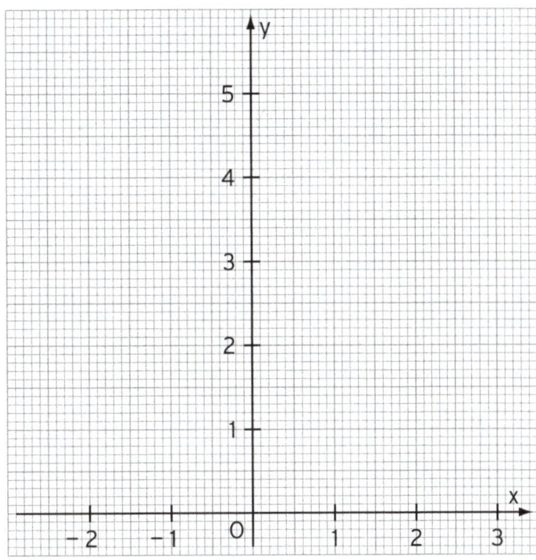

40 **Satz:** Die Graphen der Funktionen $f(x) = a^x$ und $g(x) = \left(\frac{1}{a}\right)^x$ verlaufen spiegelbildlich zur y-Achse. Beweisen Sie diesen Satz und beginnen Sie den Beweis so:
Es ist zu zeigen: Für alle x gilt $f(x) = g(-x)$.

$f(x) = a^x = (a^1)^x = \left[(a^{-1})^{-1}\right]^x \ldots$

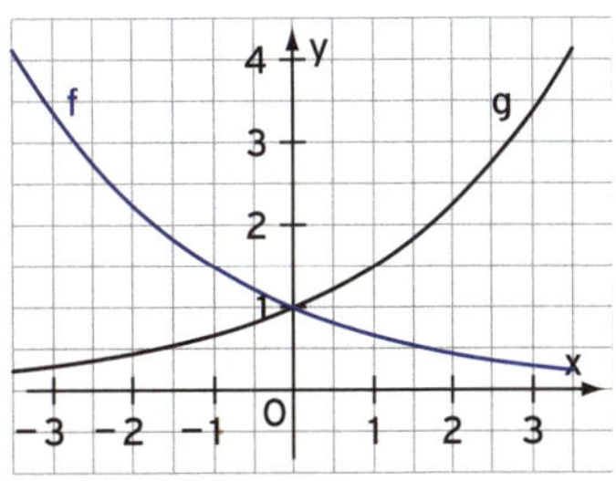

Logarithmusfunktionen

REGEL

Logarithmusfunktionen $f(x) = \log_a x$ (sprich: Logarithmus der Zahl x zur Basis a) sind Umkehrfunktionen der Exponentialfunktionen $f(x) = a^x$. Sie haben die Definitionsmenge $\mathbb{R}^+$ und die Wertemenge $\mathbb{R}$. Für $a > 1$ sind die Funktionen streng monoton wachsend, für $0 < a < 1$ streng monoton fallend.
Alle Funktionen gehen durch den Punkt P(1|0).

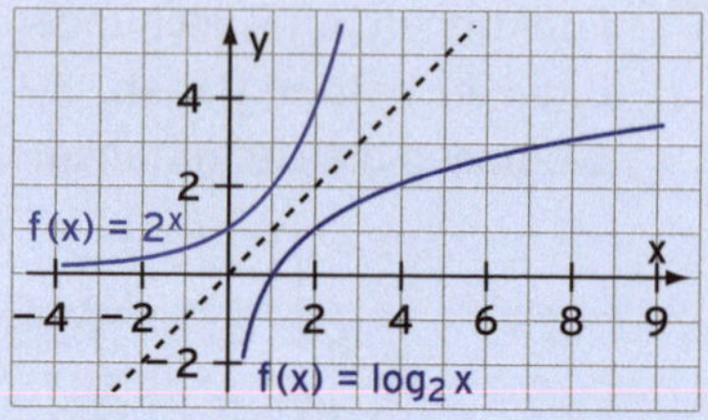

41 Zeichnen Sie (auf Millimeterpapier oder mit einem Funktionenplotter) den Graphen der Exponentialfunktion mit der Gleichung $f_1(x) = 0{,}5^x$ und mit $D = [-3; 3]$ und konstruieren Sie durch Spiegelung an der Winkelhalbierenden den Graphen der Funktion $f_2(x) = \log_{0,5} x$. Lesen Sie ab:

a) $\log_{0,5} 3 = a$ b) $\log_{0,5} 0{,}9 = b$ c) $\log_{0,5} c = 2{,}7$ d) $\log_{0,5} d = 1{,}5$

REGEL

Eine bedeutende Zahl in der Mathematik ist die Euler'sche Zahl e.
e = 2,718 218... ist irrational.
Je größer die Zahlen sind, die man im Term $\left(1 + \frac{1}{n}\right)^n$ für n einsetzt, umso näher kommt man der Zahl e.

$$\left(1 + \frac{1}{100}\right)^{100} \approx 2{,}7048\ldots$$

$$\left(1 + \frac{1}{10\,000}\right)^{10000} \approx 2{,}7181\ldots$$

$$\left(1 + \frac{1}{1\,000\,000}\right)^{1000000} \approx 2{,}7182\ldots$$

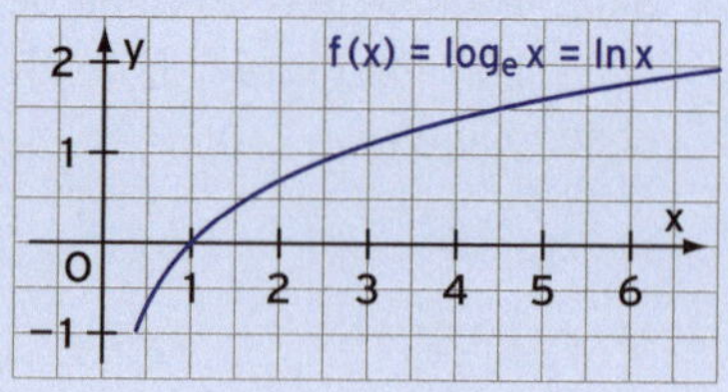

42 Skizzieren Sie den Graphen der Exponentialfunktion mit der Gleichung $f(x) = e^x$ im Intervall $[-3; 3]$ und erzeugen Sie durch Spiegelung den Graphen der Logarithmusfunktion $f(x) = \ln x$ ($\ln x = \log_e x$).
Lesen Sie ab:

a) ln 1,8 b) ln 0,75 c) ln 2,5 d) ln 0,3

43 Legen Sie ein DIN-A4-Blatt hochkant vor sich hin. Legen Sie ein kartesisches Koordinatensystem mit der Längeneinheit 1 cm so fest, dass der Ursprung im linken unteren Eck des Blattes liegt. Der untere Rand ist also die x-Achse und der linke Rand die y-Achse.

a) Wie hoch wäre die Funktion $f(x) = \log_2 x$ am rechten Rand des Blattes, wenn man sie in diesem Koordinatensystem einzeichnen würde?

b) Wie viele DIN-A4-Blätter müsste man aneinanderkleben, wenn man die Funktion so lange zeichnen möchte, bis sie den oberen Rand erreicht?
(Lösen Sie die Aufgabe durch Ausprobieren, indem Sie immer größere x-Werte einsetzen).

Klasse vorbereitet?

1 Welche der abgebildeten Zuordnungen beschreibt keine Funktion?

a)

Zeit	6:00	12:00	18:00	24:00
Temp.	5 °C	14 °C	16,5 °C	9,5 °C

b)

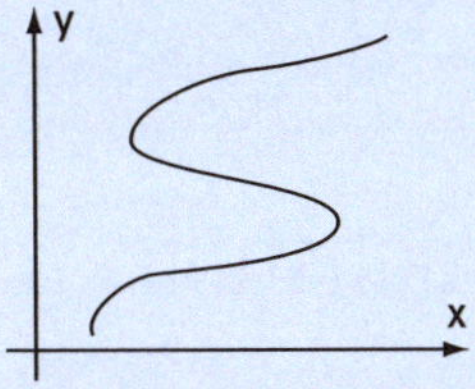

c)

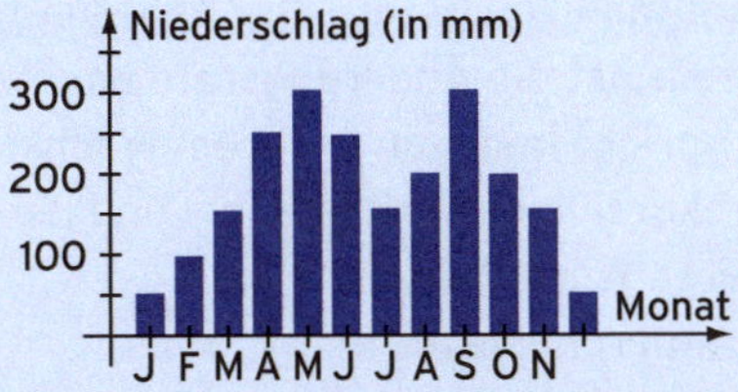

d)

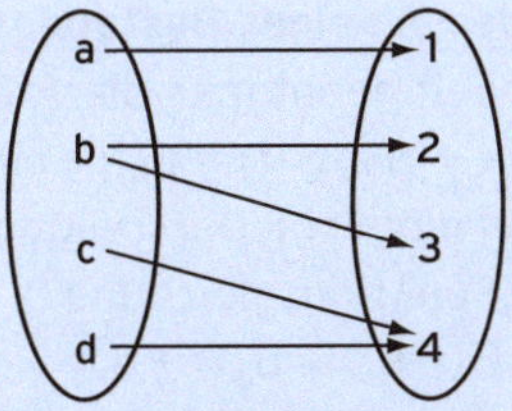

2

2 Die Gerade g_1 ist gegeben durch die Gleichung $y = -3x + 6$. Die Gerade g_2 geht durch $A(-2|2)$ und schneidet g_1 rechtwinklig. Die Gerade g_3 schneidet g_2 in A und geht durch den Punkt $B(2|0)$. Geben Sie die Geradengleichungen g_2 und g_3 in der Hauptform an und zeichnen Sie die drei Geraden in ein Koordinatensystem. 6

3 Eine Parabel p_1 hat die Gleichung $y = x^2 - 4x + 5$.

a) Geben Sie den Scheitelpunkt der Parabel an.

b) Verschieben Sie die Parabel um 3 Längeneinheiten (LE) nach links und 1 LE nach unten. Wie heißt die Gleichung (Normalform $y = x^2 + px + q$) der Parabel p_2? 6

4 Skizzieren Sie den Verlauf der Graphen folgender Funktionen. Geben Sie D und W an.

a) $f_1(x) = (x-2)^2 + 2$ b) $f_2(x) = (x+1{,}5)^4$

c) $f_3(x) = (x+2)^{-3} - 1$ d) $f_4(x) = \frac{1}{x^2 + 4x + 4} + 3$ 4

5 Skizzieren Sie folgende Werte auf dem Graphen der Winkelfunktion und geben Sie den Wert an.

a) $\sin\pi$ b) $\cos\left(\frac{2}{3}\pi\right)$ c) $\sin\left(\frac{5}{6}\pi\right)$ d) $-\sin\left(\frac{5}{2}\pi\right)$ 4

6 Zeichnen Sie den Graphen der Funktion, sowie die Umkehrzuordnung.
Handelt es sich bei der Umkehrzuordnung um eine Funktion? Begründen Sie.

a) $f(x) = (x+3)^2 - 2$; $D = [-5; -1]$ b) $f(x) = (x-1)^{-1}$; $D = [-1; 3]\setminus\{1\}$ 4

7 Der Graph der Exponentialfunktion $f(x) = a^x$ geht durch den Punkt $P(1|3)$.
Bestimmen Sie den Funktionsterm, zeichnen Sie den Graphen, sowie den Graphen der Logarithmusfunktion $\bar{f}(x) = \log_a x$. 4

Gesamtpunktzahl: 30

Kontrollieren Sie Ihre Ergebnisse mithilfe der Lösungen (S. 121) und addieren Sie die erreichten Punkte.

☐ 30 bis 24 Punkte: ☺ ☐ 23 bis 15 Punkte: 😐 ☐ 14 bis 0 Punkte: ☹

Lern planer

Wachstumsvorgänge

Vorschau
→ Lineares Wachstum
→ Exponentielles Wachstum
→ Beschränktes Wachstum
→ Modellieren von Wachstumsvorgängen

Lineares Wachstum

REGEL

Die Veränderung eines **Bestandes B** * nennt man **Wachstum**. Die Änderung pro Zeiteinheit nennt man die **Änderungsrate**. Ist die Änderungsrate konstant, d.h. gilt $B(t+1) - B(t) = d$ für alle $t \in \mathbb{N}$, spricht man von linearem Wachstum. Es gibt zwei mögliche Darstellungen, die **rekursive** („schrittweise") und die **explizite** („Funktionsgleichung"). Für lineares Wachstum gilt:

rekursiv: $B(t+1) = B(t) + d$, d ist die Änderungsrate.
explizit: $B(t) = B(0) + t \cdot d$, B(0) ist der Anfangsbestand.

Beispiel: Für einen Bestand gilt: $B(1) = 4{,}8$; $B(2) = 6{,}1$; $B(3) = 7{,}4$.
Da $7{,}4 - 6{,}1 = 1{,}3$ und $6{,}1 - 4{,}8 = 1{,}3$ liegt lineares Wachstum vor.
Es gilt $B(0) = 3{,}5$ und somit $B(t) = 3{,}5 + t \cdot 1{,}3$.

1 Prüfen Sie, bei welchen Messreihen lineares Wachstum vorliegt.

a)

t	0	1	2	3	4
B(t)	11	12,8	14,6	16,4	18,2

b)

t	0	1	2	3	4
B(t)	7	13,5	19	22	29

c)

t	0	1	2	3	4
B(t)	$\frac{2}{3}$	$\frac{5}{12}$	$\frac{1}{6}$	$-\frac{1}{2}$	$-\frac{1}{3}$

d)

t	0	1	2	3	4
B(t)	5,9	7,6	9,3	11	12,9

2 Berechnen Sie die fehlende Größe.

a) $B(0) = 345$; $B(5) = 427{,}5$; $d = ?$
b) $B(0) = 2{,}6$; $t = 6$; $d = 0{,}8$; $B(t) = ?$
c) $B(0) = 520$; $B(t) = 333$; $d = -11$; $t = ?$
d) $B(11) = 19{,}7$; $B(7) = 26{,}8$; $B(0) = ?$

3 Nach der Einnahme von Alkohol steigt der Alkoholspiegel im Blut (in ‰ des Blutgewichtes). Nach ca. zwei Stunden erreicht der Alkoholspiegel seinen Höchstwert, danach wird er mit einer Änderungsrate von etwa 0,15 ‰ pro Stunde abgebaut. Bei einer Feier hat ein Gast um 23:00 Uhr einen maximalen Alkoholspiegel von 1,8 ‰.

a) Stellen Sie den Alkoholgehalt im Blut des Mannes in den nächsten 12 Stunden grafisch dar.
b) Der Mann fühlt sich morgens um 7:00 Uhr wieder relativ fit und fährt zur Arbeit. Hätte er schon wieder fahren dürfen? (Bei Fahrern über 21 Jahren und nach der Probezeit gilt ab 0,3 ‰ die „relative Fahruntüchtigkeit", ab 0,5 ‰ ein Fahrverbot.)
c) Ein anderer Partygast baut um 00:30 Uhr einen Unfall, wird aber erst um 4:30 Uhr von der Polizei ausfindig gemacht. Er hat dann noch einen Blutalkoholspiegel von 0,7 ‰. Wie viel Alkohol hatte er zur Unfallzeit im Blut?

* Der Bestand kann sein: Holzbestand, Bevölkerungszahl, Kapital etc.
Auch wenn der Bestand abnimmt, spricht man von (negativem) Wachstum.

Exponentielles Wachstum

REGEL

Von **exponentiellem Wachstum** spricht man, wenn für einen Bestand B für jeden Zeitschritt gilt: $B(t+1) = a \cdot B(t)$ (rekursive Darstellung), bzw. $\frac{B(t+1)}{B(t)} = a$.
a heißt **Wachstumsfaktor** und es gilt $a = 1 + p$ (p ist die prozentuale Änderung des Bestandes). Für $a > 1$ wächst der Bestand, für $a < 1$ nimmt er ab.
Die explizite Darstellung des exponentiellen Wachstums lautet $B(t) = B(0) \cdot a^t$.
Die Änderungsrate ist nicht mehr konstant, sondern **proportional zum Bestand**: $B(t+1) - B(t) = p \cdot B(t)$.

Beispiele: a) Für einen Bestand gilt: $B(0) = 1{,}8$; $B(2) = 8{,}1$; $B(3) = 36{,}45$.
Da $\frac{8{,}1}{1{,}8} = 4{,}5$ und $\frac{36{,}45}{8{,}1} = 4{,}5$ liegt exponentielles Wachstum vor.
Die explizite Darstellung (Wachstumsfunktion) lautet $B(t) = 1{,}8 \cdot 4{,}5^t$.

b) Bei einem bestimmten Neuwagentyp geht man bei einer durchschnittlichen Fahrleistung von einem jährlichen Wertverlust von 17 % aus.
Wann ist ein Neuwagen, der 30 250 € kostet, noch die Hälfte wert?

$a = 1 - \frac{17}{100} = 0{,}83 \Rightarrow B(t) = 30250 \cdot 0{,}83^t$.

$$15125 = 30250 \cdot 0{,}83^t \quad |:30250$$
$$\Leftrightarrow \quad 0{,}5 = 0{,}83^t \quad |\ln$$
$$\Leftrightarrow \quad \ln 0{,}5 = t \cdot \ln 0{,}83 \quad |:\ln 0{,}83$$
$$\Leftrightarrow \quad t = \frac{\ln 0{,}5}{\ln 0{,}83} \approx 3{,}72$$

Nach knapp vier Jahren ist der Wagen nur noch die Hälfte wert.

4 Ein Kapital von 4500 € wird 12 Jahre lang zu 4 % p. a. (pro Jahr) verzinst. Berechnen Sie das Endkapital.

5 Welches Kapital muss heute angelegt werden, damit es in 20 Jahren bei 3,5 % p. a. Zinsen auf 40 000 € anwächst?

6 Bei welchem jährlichen Zinssatz wächst ein Kapital in 35 Jahren von 8000 € auf 33 200 € an?

TIPP

Statt der Bezeichnung B (t) bietet es sich manchmal an, andere Buchstaben zu verwenden: K (t) für Kapital; V (t) für Volumen etc.

7 Eine Bakterienkultur vergrößert ihren Bestand pro Stunde um den Faktor 2,4. Sie wird mit 200 Bakterien angelegt. Wie groß ist der Bestand nach 6 Stunden?

8 Eine Bakterienkultur verdoppelt alle 50 Minuten ihren Bestand. Nach 10 Stunden umfasst sie 2 457 600 Bakterien. Mit wie vielen Bakterien ist sie angelegt worden?

9 Mit jedem Kilometer Höhe nimmt der Luftdruck um 12 % ab. Am Boden herrscht ein Luftdruck von 1018 hp (Hektopascal). In welcher Höhe misst man einen Luftdruck von 250 hp?

Beschränktes Wachstum

REGEL

Eine andere Form von Wachstum ist das sogenannte **beschränkte Wachstum mit der Schranke S.** Es gilt: $B(t+1) = B(t) + k \cdot (S - B(t))$. Die Änderungsrate ist also **proportional zur Differenz $S - B(t)$ (dem „Sättigungsmanko“).**
Je größer der Proportionalitätsfaktor k ist, desto schneller nähert sich der Bestand $B(t)$ der Schranke S.

Beispiel: In einen Teich, der für 2000 Tiere Platz bietet, werden zu Beginn 150 Tiere eingesetzt. Die Fische vermehren sich so, dass jährlich 20 % der noch Platz findenden Fische hinzukommen.

a) Wie viele Fische sind in den ersten fünf Jahren nach dem Besatz im Teich?
$B(0) = 150$; $k = 0{,}2$ (20 %);
$B(1) = 150 + 0{,}2 \cdot (2000 - 150) = 520$;
$B(2) = 520 + 0{,}2 \cdot (2000 - 520) = 816$;
ebenso: $B(3) = 1053$; $B(4) = 1242$; $B(5) = 1394$

b) Stellen Sie die Entwicklung des Fischbestandes in den ersten 10 Jahren grafisch dar.

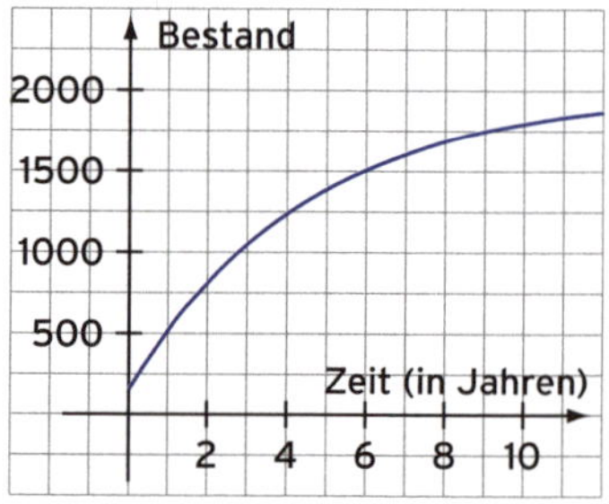

10 In einem Rotwildgehege finden 1000 Tiere Platz. Der Besitzer des Geheges setzt 100 Tiere ein. Jährlich wächst der Bestand um 5 % des noch vorhandene.Freiraumes. Vervollständigen Sie die Tabelle.

Jahr	0	1	2	3	4
Freiraum zu Beginn des Jahres	1000	900			
Zuwachs während des Jahres	–	45			
Bestand am Ende des Jahres	100	145			

11 Berechnen Sie den gesuchten Bestand.

a) $B(0) = 30$; $k = 0{,}4$; $S = 150$; $B(5) = ?$

b) $B(0) = 2300$; $B(1) = 2570$; $S = 5000$; $B(4) = ?$

12 In einer Stadt kommt ein neuer Film in die Kinos, auf den durch intensive Werbung aufmerksam gemacht wurde. Es wird erwartet, dass 25 000 Besucher den Film sehen wollen.

a) Warum kann man behaupten, dass die Zahl der Besucher nach dem Gesetz des beschränkten Wachstums zunehmen wird?

b) Am ersten Tag kommen bereits 2250 Besucher. Ist es aufgrund dieser Tatsache realistisch, davon auszugehen, dass in den ersten zwei Wochen schon 19 000 Besucher den Film gesehen haben werden?

Modellieren von Wachstumsvorgängen

REGEL

Untersucht man **reale Wachstumsvorgänge**, stellt man fest, dass sie sich selten *exakt* als lineares, exponentielles oder beschränktes Wachstum darstellen lassen. Man versucht dann, die reale Situation möglichst genau durch ein mathematisches Modell zu beschreiben. Dazu werden Fakten gesammelt (z.B. Messreihen), und mathematisch beschrieben und berechnet. Die Lösungen werden dann in Bezug auf die reale Situation bewertet. Dieses Vorgehen nennt man **Modellierung**.

Beispiel: Zahl der Einpersonenhaushalte in Deutschland von 1970 bis 2005:

Jahr	1970	1975	1980	1985	1990	1995	2000	2005
Einpersonenhaushalte (in Mio.)	5,52	6,55	7,49	8,86	9,95	12,89	13,76	14,69

Quelle: Statistisches Bundesamt

Wie viele Einpersonenhaushalte sind für das Jahr 2015 zu erwarten? Aus den Daten geht hervor, dass ein beschränktes Wachstum ausgeschlossen werden kann. (Sowohl vor dem Sprung (1970–1990) als auch danach (1995–2005) nimmt die Änderungsrate zu.) Bleibt zu prüfen, ob lineares oder exponentielles Wachstum besser geeignet ist.
Als Vereinfachung setzt man das Jahr 1970 als den Zeitpunkt „0“.

Modell „lineares Wachstum“: Da es sich um 5-Jahres-Schritte handelt gilt:
$B(t+5) - B(t) = 5 \cdot d$. Als Mittelwert ergibt sich $d \approx 0{,}262$.
Das Wachstum ließe sich also beschreiben mit der Formel $B(t) = 5{,}52 + 0{,}262 \cdot d$.

Modell „exponentielles Wachstum“: Es gilt $\frac{B(t+5)}{B(t)} = a^5 \Leftrightarrow \sqrt[5]{\frac{B(t+5)}{B(t)}} = a \Rightarrow a \approx 1{,}03$,
also $B(t) = 5{,}52 \cdot 1{,}03^t$.

Tabellarischer Vergleich der Modelle:

Jahr	0 (1970)	5 (1975)	10 (1980)	15 (1985)	20 (1990)	25 (1995)	30 (2000)	35 (2005)
Modell „linear“	5,52	6,83	8,14	9,45	10,76	12,07	13.38	14,69
Modell „exponentiell“	5,52	6,4	7,42	8,6	9,97	11,56	13,4	15,53

Fazit: Ein Vergleich mit der realen Situation ergibt, dass für den Zeitraum von 1970 bis 1990 das exponentielle Modell das bessere ist, danach das lineare. Die sprunghafte Zunahme zwischen 1990 und 1995 ist durch die Wiedervereinigung zu erklären. Da die Frage in die Zukunft gerichtet ist, scheint das lineare Modell besser geeignet. Für das Jahr 2015 wäre zu erwarten: $B(45) = 5{,}52 + 0{,}262 \cdot 45 = 17{,}31$ Millionen Einpersonenhaushalte.

13 Entwickeln Sie ein Modell für das dargestellte Wachstum einer Tierpopulation. In welchem Fall ist es realistischer, Prognosen für die nächsten sechs Jahre aufzustellen?

a)

Jahr	0	1	2	3	4
Anzahl	1400	1600	1855	2130	2453

b)

Jahr	0	1	2	3	4
Anzahl	2300	2790	3178	3514	3783

14 Nehmen Sie ein Glas Milch aus dem Kühlschrank, messen Sie alle zwei Minuten die Temperatur und schreiben Sie die Ergebnisse auf.
Mit welchem mathematischen Modell ließe sich die Erwärmung der Milch beschreiben?

Um Datensätze besser zu „verstehen“, kann es hilfreich sein, sie grafisch darzustellen.

Zwischentest

Klasse vorbereitet?

1 Entscheiden Sie, welche Art von Wachstum vorliegt.

a)
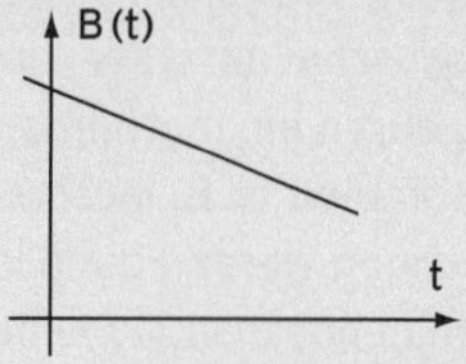

b)
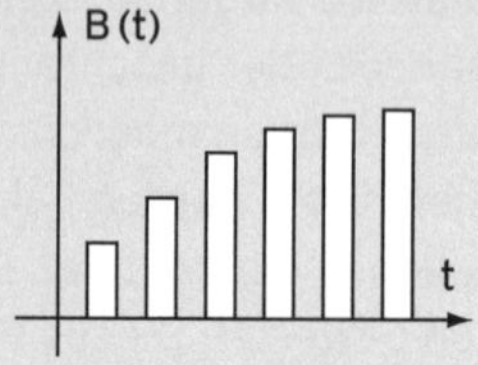

c)
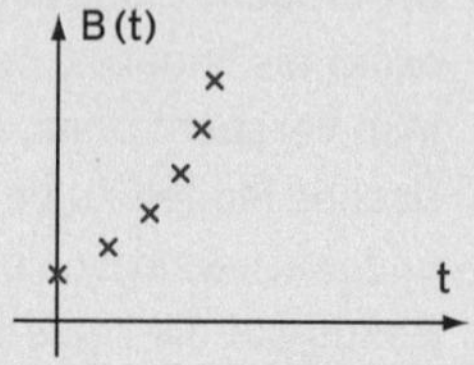

6

2 Zeigen Sie, dass es sich um lineares Wachstum handelt, und ergänzen Sie die Tabelle.

t	0	1	2	3	4	7	10	20
B(t)	6,45	8,75	11,05	13,35	15,65			

4

3 Herr Maier gewinnt 60 000 € im Lotto, die er als Festgeld zu einem Zinssatz von 2,55 % anlegt.

a) Auf welchen Betrag ist das Kapital nach 10 Jahren angewachsen?

b) Wie hoch müsste der Zinssatz sein, damit er nach 10 Jahren mindestens 80 000 € hat?

6 c) Wie lange würde es bei diesem Zinssatz dauern, bis er Zinsen in Höhe von 32 395 € erhalten hätte?

4 Eine Firma bringt in einer Stadt mit 50 000 Haushalten eine neue Küchenmaschine auf den Markt, für die sie in der gesamten Stadt mit einer groß angelegten Plakataktion wirbt. Man rechnet damit, dass etwa zwei Drittel aller Haushalte das neue Gerät kaufen werden.

a) Warum kann man von beschränktem Wachstum ausgehen?

b) Nach einem Monat sind 9000 Stück verkauft. Bestimmen Sie die rekursive Darstellung. Berechnen Sie die Verkaufszahlen des ersten halben Jahres.

6 c) Stellen Sie Ihre Ergebnisse grafisch dar.

5 Das Statistische Bundesamt liefert folgende Zahlen für die Beschäftigten im sogenannten „sekundären Sektor" (produzierendes Gewerbe):

Jahr	2000	2001	2002	2003	2004	2005
Beschäftigte (in Mio.)	11,31	11,13	10,79	10,46	10,26	10,06

a) Stellen Sie die Daten grafisch dar.

b) Geben Sie ein mathematisches Modell an, mit dem man möglichst genau diese Entwicklung beschreiben kann.

c) Wie hoch müsste die Zahl der im sekundären Sektor Beschäftigten demnach im Jahr 2009 gewesen sein?

8 d) Suchen Sie im Internet nach den tatsächlichen Werten von 2009 (z. B. auf der Homepage des Statistischen Bundesamtes) und vergleichen Sie diese mit Ihren Berechnungen. Bewerten Sie nun Ihr Modell neu.

30 **Gesamtpunktzahl**

Lernplaner

Kontrollieren Sie Ihre Ergebnisse mithilfe der Lösungen (S. 123/124) und addieren Sie die erreichten Punkte.

☐ 30 bis 24 Punkte: ☺ ☐ 23 bis 15 Punkte: 😐 ☐ 14 bis 0 Punkte: ☹

Daten und Zufall

Vorschau
- → Median – Mittelwert – Standardabweichung
- → Permutationen, Variationen, Kombinationen
- → Ereignisse, absolute und relative Häufigkeit
- → Wahrscheinlichkeit
- → Gegenereignis, Vereinigung, Schnitt
- → Vierfeldertafel
- → Additionssatz
- → Unabhängigkeit von Ereignissen

Median – Mittelwert – Standardabweichung

REGEL

- Der **Median** (Zentralwert) steht in der Mitte einer Rangliste von Daten, die der Größe nach sortiert sind. Bei ungerader Anzahl von Daten ist der Median einer der Datenwerte, nämlich der in der Mitte stehende; bei gerader Anzahl ist er der Mittelwert der beiden Daten links und rechts der Mitte; z.B.

a_1	a_2	a_3	a_4	a_5	a_6	a_7

Median: a_4

b_1	b_2	b_3	b_4	b_5	b_6	b_7	b_8

Median: $\frac{b_4 + b_5}{2}$

- Den **Mittelwert $\overline{x}$** von Daten aus demselben Größenbereich berechnet man als arithmetisches Mittel: Tritt die Größe x_1 insgesamt n_1-mal, die Größe x_2 insgesamt n_2-mal, ... die Größe x_k insgesamt n_k-mal auf und gilt $n_1 + n_2 + ... + n_k = n$, so berechnet sich der Mittelwert mit der Formel $\overline{x} = \frac{n_1 x_1 + n_2 x_2 + ... + n_k x_k}{n}$.
- Die **Standardabweichung s** beschreibt die Streuung der Daten um den Mittelwert. Haben die Daten $x_1, x_2, ..., x_n$ den Mittelwert $\overline{x}$, so berechnet sich die Standardabweichung mit folgender Formel:

$$s = \sqrt{\frac{n_1 \cdot (x_1 - \overline{x})^2 + n_2 \cdot (x_2 - \overline{x})^2 + ... + n_k \cdot (x_n - \overline{x})^2}{n}}$$

1 Die Tabelle zeigt die Zensuren einer Mathematikarbeit.

a) Bestimmen Sie den Median (Zentralwert).

b) Bestimmen Sie den Mittelwert der Zensuren, der häufig auch als Notendurchschnitt bezeichnet wird.

c) Berechnen Sie die Standardabweichung s.

Anzahl	Zensur
2	1
5	2
8	3
7	4
4	5
1	6

2 In der Anwaltskanzlei Krause werden die in der Tabelle dargestellten Brutto-Jahresgehälter ausgezahlt.

a) Berechnen Sie Median, Mittelwert und Standardabweichung.

b) Welche Aussagekraft haben die in Teilaufgabe a) ermittelten Daten?

Herr Krause	275 400 €
Herr Adam	63 280 €
Frau Krüger	68 350 €
Frau Pomp	32 650 €
Frau Schulz	29 630 €

Permutationen, Variationen und Kombinationen

REGEL

- Kombiniert man Objekte, Merkmale usw. miteinander und hat man **a** Möglichkeiten, den **ersten Platz** zu besetzen, sowie **b** Möglichkeiten, den **zweiten Platz** zu besetzen, dann gibt es für **beide Plätze zusammen** $a \cdot b$ Kombinationsmöglichkeiten.
- n verschiedene Objekte, Merkmale usw. kann man in $n \cdot (n-1) \cdot (n-2) \cdot \ldots \cdot 3 \cdot 2 \cdot 1 = n!$ („n Fakultät") verschiedenen Reihenfolgen anordnen: **Für n verschiedene Dinge gibt es n! Permutationen.**

3 Wie viele verschiedene 7-stellige Zahlen kann man bilden, in denen die Ziffern 1 bis 7 jeweils genau einmal auftreten?

4 Einen Autotyp gibt es in 6 verschiedenen Motorstärken, 5 Farben und 8 Ausstattungsvarianten. Wie viele verschiedene Fahrzeuge des Autotyps gibt es?

5 Vier Ehepaare gehen gemeinsam in die Oper. Sie haben die Karten Reihe 5, Platz 14 bis 17 und Reihe 6, Platz 15 bis 18. In der 5. Reihe sollen die Damen, in der 6. Reihe die Herren sitzen. Wie viele verschiedene Möglichkeiten gibt es, die Karten zu verteilen?

REGEL

Die Tabelle nennt die Anzahl der Möglichkeiten, aus n Objekten k Objekte auszuwählen.

	Auswahl mit Wiederholung (Ziehung mit Zurücklegen)	**Auswahl ohne Wiederholung (Ziehung ohne Zurücklegen)**
mit Beachtung der Reihenfolge (Variationen)	n^k	$\frac{n!}{(n-k)!}$
ohne Beachtung der Reihenfolge (Kombinationen)	$\frac{(n+k-1)!}{k!(n-1)!}$	$\frac{n!}{k!(n-k)!}$

Modellvorstellung: Nacheinander werden gleichartige, bezifferte Kugeln mit verbundenen Augen aus einem Behälter gezogen (Urnenmodell).

6 Ein Würfel wird 4-mal geworfen; das Ergebnis ist eine vierstellige Zahl aus den Ziffern 1 bis 6. Wie viele mögliche Ergebnisse gibt es?

7 In einem Behälter befinden sich sechs Zettel mit den Ziffern 1 bis 6, jeweils zu einer Kugel zusammengerollt. Verena zieht nacheinander vier Zettel aus dem Behälter und ordnet die gezogenen Ziffern in der Reihenfolge der Ziehung zu einer vierstelligen Zahl. Wie viele Möglichkeiten gibt es?

8 Auf einem Lottoschein mit den Zahlen 1 bis 49 werden 6 Zahlen angekreuzt; die Reihenfolge ist unerheblich. Wie viele verschiedene Möglichkeiten gibt es?

Ereignisse, absolute und relative Häufigkeit

REGEL

- **Zufallsversuche, z. B. das Werfen eines Würfels, haben in der Regel mehrere mögliche Ergebnisse, die zusammen die Ergebnismenge S bilden, z. B. S = {1; 2; 3; 4; 5; 6}.**
- **Jede Teilmenge E der Ergebnismenge heißt Ereignis, z. B. ist S = {1; 2; 3; 4; 5; 6} die Ergebnismenge beim Würfeln. Das Ereignis *gerade Zahl* ist die Menge E = {2; 4; 6}.**
- **Einelementige Ereignisse heißen auch Elementarereignisse.**

9 Aus einem Skatspiel* werden nacheinander zwei Karten gezogen.

a) Wie viele Elemente hat die Ergebnismenge?

b) Schreiben Sie das Ereignis *zwei rote „Herren" werden gezogen* als Menge.

10 Eine Münze mit W (Wappen) und Z (Zahl) wird dreimal geworfen.

a) Schreiben Sie die Ergebnismenge auf.

b) Notieren Sie zum Ereignis *Wappen tritt höchstens einmal auf* die Teilmenge der Ergebnismenge.

11 In einem Behälter sind fünf blaue und drei rote Kugeln, die bis auf die Farbe identisch sind. Frank zieht mit verbundenen Augen eine Kugel, deren Farbe notiert wird.
Die Kugel wird in den Behälter zurückgelegt; nach dem Mischen der Kugeln zieht Frank eine zweite Kugel aus dem Behälter.
Wie viele Elemente hat das Ereignis *beide Kugeln sind blau*?

REGEL

Wiederholt man einen Zufallsversuch n-mal und tritt dabei ein bestimmtes Ereignis E m-mal auf ($m \leqq n$), so heißt m die absolute Häufigkeit für das Auftreten von E und $\frac{m}{n}$ die relative Häufigkeit für das Auftreten von E.

Beispiel: {1; **4**; 2; **4**; 5; 6; 6; 2; 3; 5; 1; **4**}; absolute Häufigkeit für „**4**": 3;
relative Häufigkeit für „**4**": $\frac{3}{12} = \frac{1}{4}$

12 Dies ist das Protokoll von 25 Würfen mit einer Münze (W = Wappen; Z = Zahl).

Z	W	Z	Z	W	W	W	Z	W	W	W	W	Z	W	Z	Z	W	Z	W	W	Z	W	Z	W	Z

a) Notieren Sie die absolute Häufigkeit für die Ereignisse $E_1 = \{Z\}$ und $E_2 = \{W\}$

b) Berechnen Sie die relativen Häufigkeiten von E_1 und E_2 in Prozent.

13 Bei einer Serie von Würfen mit einem Würfel traten ungerade Zahlen mit einer relativen Häufigkeit von 48 % auf. Absolut gab es 384-mal eine ungerade Zahl.
Aus wie vielen Würfen bestand die Serie?

* Skatblatt (französisches): 7, 8, 9, 10, Bube, Dame, König; in Pik und Kreuz (schwarz) sowie Karo und Herz (rot)

Wahrscheinlichkeit

REGEL

- **Zufallsversuche mit gleichen Chancen für alle möglichen Ergebnisse heißen Laplace-Versuche.**
- **Wahrscheinlichkeit P für ein Ereignis E:**

$$P(E) = \frac{\text{Anzahl der zu E gehörenden Ergebnisse}}{\text{Anzahl der möglichen Ergebnisse}} = \frac{|E|}{|S|}$$

- **Die Aussage „Das Ereignis E tritt mit der Wahrscheinlichkeit P auf" bedeutet: Wenn der Zufallsversuch sehr oft wiederholt wird, kann man damit rechnen, dass die relative Häufigkeit für das Auftreten von E dem Wert P sehr nahekommt.**

14 Wie groß ist die Wahrscheinlichkeit, mit zwei Würfeln eine Augensumme von mindestens 10 zu würfeln?

15 Wie groß ist die Wahrscheinlichkeit, dass bei vier Würfen mit einer Münze Zahl und Wappen jeweils zweimal auftreten?

16 Wie groß ist die Wahrscheinlichkeit, aus einem Skatspiel (vgl. Fußnote Seite 89) zwei Karten so zu ziehen, dass mindestens ein Bube dabei ist?

17 In einem Behälter liegen acht gleichartige Kugeln, drei davon sind rot, vier sind blau und eine Kugel ist weiß. Wie groß ist die Wahrscheinlichkeit, zwei Kugeln mit verbundenen Augen so zu ziehen, dass keine blaue Kugel dabei ist?

REGEL

Pfadregel für mehrstufige Zufallsversuche

Die Wahrscheinlichkeit für ein Ergebnis ist das Produkt der Wahrscheinlichkeiten längs des zugehörigen Pfades im Baumdiagramm. Für die Bestimmung der Wahrscheinlichkeit eines Ereignisses sind die Pfadwahrscheinlichkeiten der zugehörigen Ergebnisse zu addieren.

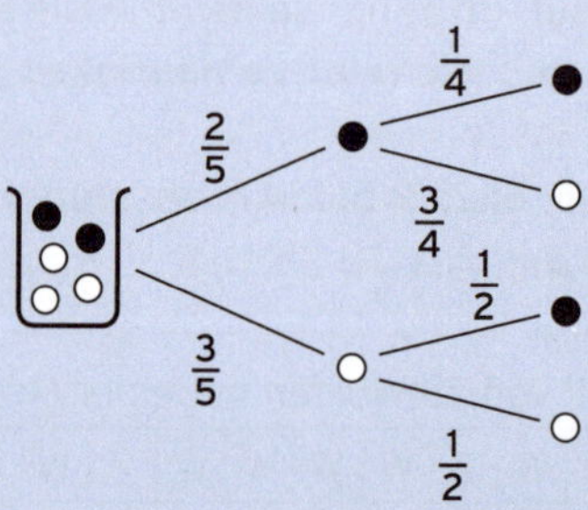

$P(\bullet, \bullet) = \frac{2}{5} \cdot \frac{1}{4} = \frac{1}{10}$

$P(\bullet, \circ) = \frac{2}{5} \cdot \frac{3}{4} = \frac{3}{10}$

$P(\circ, \bullet) = \frac{3}{5} \cdot \frac{1}{2} = \frac{3}{10}$

$P(\circ, \circ) = \frac{3}{5} \cdot \frac{1}{2} = \frac{3}{10}$

$P(\text{gleichfarbig}) = \frac{1}{10} + \frac{3}{10} = \frac{2}{5}$

18 In einem Gefäß befinden sich drei blaue und fünf rote Kugeln.
Wie groß ist die Wahrscheinlichkeit, bei zwei Ziehungen nacheinander ohne Zurücklegen wenigstens eine blaue Kugel zu ziehen?

19 Lösen Sie die Aufgabe 17 mit der Pfadregel.

Gegenereignis, Vereinigung, Schnitt

REGEL

Zu jedem Ereignis E gibt es ein **Gegenereignis $\overline{E}$** (lies: E quer).
$\overline{E}$ enthält alle Ergebnisse der Ergebnismenge S, die *nicht* in E enthalten sind.
Aus $P(S) = 1$ (das sichere Ergebnis, denn die Ergebnismenge tritt in jedem Fall ein) folgt $P(E) + P(\overline{E}) = 1$, bzw. $P(E) = 1 - P(\overline{E})$.
Oft ist es leichter, die Wahrscheinlichkeit eines Ereignisses über die Wahrscheinlichkeit des Gegenereignisses zu bestimmen.

Beispiele: a) Beim Würfeln mit einem Würfel gilt für die geworfene Augenzahl:
$S = \{1; 2; 3; 4; 5; 6\}$. Sei E: *Die Augenzahl ist höchstens 4.* $E = \{1; 2; 3; 4\}$.
Dann gilt für $\overline{E}$: *Die Augenzahl ist größer als 4.* $\overline{E} = \{5; 6\}$.
Die Wahrscheinlichkeiten sind: $P(E) = \frac{2}{3}$; $P(\overline{E}) = \frac{1}{3}$; $P(E) = 1 - P(\overline{E}) = 1 - \frac{2}{6} = \frac{4}{6} = \frac{2}{3}$
b) Bei der Herstellung von Sektgläsern ist mit der Wahrscheinlichkeit 0,03 ein Glas defekt. Wie groß ist die Wahrscheinlichkeit für das Ereignis A: *Mindestens ein Sektglas eines Sechser-Kartons ist defekt?* Da E sehr viele Ergebnisse enthält, rechnet man in diesem Fall mit dem Gegenereignis $\overline{E}$: *Kein Sektglas ist defekt.*
$P(\overline{E}) = 0{,}97 \cdot 0{,}97 \cdot 0{,}97 \cdot 0{,}97 \cdot 0{,}97 \cdot 0{,}97 = 0{,}97^6 \approx 0{,}833$; $P(E) \approx 1 - 0{,}833 = 0{,}167$

20 Geben Sie für das Würfeln mit einem Würfel folgende Ereignisse in aufzählender Form ($E = \{e_1; e_2; ...\}$) und das Gegenereignis in aufzählender und beschreibender Form an.
A: *Die Augenzahl ist mindestens 4.* B: *Die Augenzahl ist gerade.*
C: *Die Augenzahl ist durch 3 teilbar.* D: *Der Würfel zeigt weder 2 noch 6.*

21 Beim Biathlon verfehlt ein Schütze eine der 5 Scheiben mit einer Wahrscheinlichkeit von 0,1. Wie groß ist die Wahrscheinlichkeit, dass er mindestens einen Fehlschuss hat?

REGEL

Zwei Ereignisse A und B können zu einem neuen Ereignis verknüpft werden.
Dabei gibt es zwei Möglichkeiten: Die **Schnittmenge** $A \cap B$ (lies: A **und** B) enthält alle Ergebnisse, die sowohl in A als auch in B liegen.
Die **Vereinigungsmenge** $A \cup B$ (lies: A **oder** B) enthält alle Ergebnisse die mindestens in einem der beiden Ereignisse liegen.

Beispiel: Beim Würfeln mit einem Würfel sei A: *Die Augenzahl ist ungerade* und B: *Die Augenzahl ist größer als 3.*
$A = \{1; 3; 5\}$; $B = \{4; 5; 6\}$. $A \cap B = \{5\}$; $A \cup B = \{1; 3; 4; 5; 6\}$

22 Eine Urne enthält zehn Kugeln mit den Zahlen 0 bis 9. Eine Kugel wird gezogen.
Berechnen Sie die Wahrscheinlichkeiten folgender Ereignisse:
A: *Die Zahl ist gerade und durch 4 teilbar.*
B: *Die Zahl ist eine Primzahl und größer als 5.*
C: *Die Zahl ist gerade oder kleiner als 6.*
D: *Die Zahl ist kleiner als 4 oder eine Quadratzahl.*

Vierfeldertafel

REGEL

Bei einem Laplace-Versuch mit zwei Ereignissen A und B lässt sich die Ergebnismenge S in folgende vier Teilmengen zerlegen:

$A \cap B, \quad \overline{A} \cap B, \quad A \cap \overline{B}, \quad \overline{A} \cap \overline{B} \ (= \overline{A \cup B})$

Die Anzahl der Ergebnisse der einzelnen Ereignisse, ihrer Gegenereignisse sowie die der jeweiligen Schnittmengen lassen sich sehr übersichtlich in einer sogenannten Vierfeldertafel darstellen.

	A	$\overline{A}$	Ges.
B	$\lvert A \cap B \rvert$	$\lvert \overline{A} \cap B \rvert$	$\lvert B \rvert$
$\overline{B}$	$\lvert A \cap \overline{B} \rvert$	$\lvert \overline{A} \cap \overline{B} \rvert$	$\lvert \overline{B} \rvert$
Ges.	$\lvert A \rvert$	$\lvert \overline{A} \rvert$	$\lvert S \rvert$

Bedeutung der Symbole:
$\lvert A \rvert$ = Anzahl der Ergebnisse die zu A gehören.
$\lvert A \cap B \rvert$ = Anzahl der Ergebnisse die zu A *und* zu B gehören
$\lvert A \cup B \rvert$ = weiß unterlegt

Beispiel: **In einer Klasse mit 30 Schülern ergibt eine Umfrage, dass 16 Schüler Fleisch essen. Von den 18 Mädchen der Klasse sind zwei Drittel Vegetarier.**
Mit welcher Wahrscheinlichkeit ist ein zufällig gewählter Schüler ein Fleisch essendes Mädchen (ein sich vegetarisch ernährender Junge)?
$\lvert S \rvert = 30$; V: Vegetarier; $\overline{V}$: Fleischesser; $\lvert \overline{V} \rvert = 16$
M: Mädchen; $\lvert M \rvert = 18$; $\overline{M}$: Junge
Die schwarzen Zahlen gehen direkt aus dem Text hervor, die fett gedruckten lassen sich berechnen.
$P(M \cap \overline{V}) = \frac{6}{30} = \frac{1}{5} = 20\,\%$; $P(\overline{M} \cap V) = \frac{2}{30} = \frac{1}{15} \approx 6{,}7\,\%$.

	V	$\overline{V}$	Ges.
M	12	**6**	18
$\overline{M}$	**2**	**10**	**12**
Ges.	**14**	16	30

Man wird also mit einer 20%igen Wahrscheinlichkeit zufällig ein Fleisch essendes Mädchen und mit einer 6,7%igen Wahrscheinlichkeit einen vegetarischen Jungen wählen.

23 Eine Umfrage unter Jugendlichen zum täglichen Fernsehkonsum ergab nebenstehende (unvollständige) Vierfeldertafel.
J steht für „Junge", $\overline{J}$ für „Mädchen",
M für „mehr als zwei Stunden pro Tag" und
$\overline{M}$ für „weniger als zwei Stunden pro Tag".

	J	$\overline{J}$	Ges.
M	350		570
$\overline{M}$			
Ges.		470	1000

a) Was bedeutet die eingetragene Zahl 470?
b) Vervollständigen Sie die Tabelle.
c) Wie viele Mädchen sehen weniger als zwei Stunden fern?
d) Wie hoch ist die Wahrscheinlichkeit für das Ereignis E: *Ein befragter Jugendlicher ist ein Junge, der weniger als zwei Stunden fernsieht?*

24 Bei der Qualitätskontrolle von T-Shirts wurde auf die Verarbeitung und die Farbe geachtet. Von 800 kontrollierten T-Shirts wurden 70 beanstandet.
Die Verarbeitung war in 50 Fällen nicht in Ordnung, 7 % wiesen farbliche Mängel auf.
a) Mit welcher Wahrscheinlichkeit wurden an einem T-Shirt beide Mängel festgestellt?
b) Mit welcher Wahrscheinlichkeit hatte ein T-Shirt einen Verarbeitungs- oder einen Farbfehler?

Additionssatz

REGEL

Für zwei Ereignisse A und B seien die Wahrscheinlichkeiten P(A) und P(B) bekannt. Die Wahrscheinlichkeit der Vereinigungsmenge $A \cup B$ lässt sich mit dem sogenannten **Additionssatz** berechnen:

$$P(A \cup B) = P(A) + P(B) - P(A \cap B)$$

Da die Vereinigungsmenge alle Ergebnisse enthält, die zu A oder B gehören, scheint es naheliegend, so zu rechnen:

$$P(A \cup B) = P(A) + P(B),$$

was aber nur stimmt, wenn die Schnittmenge der Ereignisse leer ist!
Haben sie eine Schnittmenge $A \cap B$, dann kommen die Ergebnisse der Schnittmenge in beiden Ereignissen vor.

Beispiel: $A = \{1; 3; 4; \mathbf{5}; \mathbf{6}\}$ $B = \{2; \mathbf{5}; \mathbf{6}; 7; 8\}$
$A \cup B = \{1; 2; 3; 4; \mathbf{5}; \mathbf{6}; 7; 8\}$ $A \cap B = \{\mathbf{5}; \mathbf{6}\}$

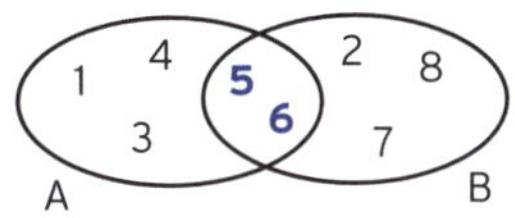

Nach der Summenregel gilt für ein Ereignis $E = \{e_1; e_2; \dots e_n\}$
$P(E) = P(e_1) + P(e_2) + \dots + P(e_n)$.
Der Ansatz $P(A \cup B) = P(A) + P(B)$ liefert im Beispiel:

$$P(A \cup B) = \underbrace{P(1) + P(3) + P(4) + \mathbf{P(5)} + \mathbf{P(6)}}_{P(A)} + \underbrace{P(2) + \mathbf{P(5)} + \mathbf{P(6)} + P(7) + P(8)}_{P(B)}$$

Damit wären die Wahrscheinlichkeiten P(5) und P(6) je einmal zu viel enthalten, man muss sie einmal abziehen.
Es gilt also:
$P(A \cup B) = P(A) + P(B) - (P(5) + P(6)) = P(A) + P(B) - P(A \cap B)$.

25 Es wird gewürfelt. Berechnen Sie die Wahrscheinlichkeiten für folgende Ereignisse.
a) *Es wird eine gerade Zahl oder mindestens eine 4 gewürfelt.*
b) *Es fällt eine ungerade Zahl oder keine Zahl unter 3.*

26 In einer Urne befinden sich vier gelbe Kugeln mit den Ziffern 0 bis 3 und sechs blaue Kugeln mit den Ziffern 4 bis 9. Es wird eine Kugel gezogen.
Mit welcher Wahrscheinlichkeit treten folgende Ereignisse auf?
A: *Die Kugel ist gelb oder enthält eine ungerade Zahl.*
B: *Die Zahl auf der Kugel ist durch 2 teilbar oder die Kugel ist blau.*
C: *Die Kugel ist gelb oder das Quadrat der gezogenen Zahl ist mindestens 4.*

27 a) Berechnen Sie für die Aufgabe 23 die Wahrscheinlichkeit für das Ereignis
E: *Der befragte Jugendliche ist ein Junge oder sieht mehr als zwei Stunden fern* mithilfe des Additionssatzes.
b) Berechnen Sie für die Aufgabe 24 das Ereignis
F: *Das kontrollierte T-Shirt hat keine Verarbeitungsfehler oder einen Farbfehler* mithilfe des Additionssatzes.

Unabhängigkeit von Ereignissen

REGEL

Für den Additionssatz benötigt man die Wahrscheinlichkeit der Schnittmenge $A \cap B$. Um $P(A \cap B)$ zu berechnen gibt es zwei Möglichkeiten: Entweder man bestimmt die Anzahl der zu $A \cap B$ gehörenden Ergebnisse und berechnet die Wahrscheinlichkeit $P(A \cap B) = \frac{|A \cap B|}{|S|}$. Wenn sich die Ereignisse nicht gegenseitig beeinflussen, kann man die Wahrscheinlichkeit auch mit dem sogenannten **speziellen Multiplikationssatz** bestimmen: $\mathbf{P(A \cap B) = P(A) \cdot P(B)}$. Da dieser Satz nur gilt, wenn sich die Ereignisse nicht beeinflussen, sie also unabhängig sind, kann man mit ihm auch Ereignisse auf Unabhängigkeit überprüfen.

Beispiele: In einer Urne befinden sich vier rote und fünf blaue Kugeln. Es werden nacheinander zwei Kugeln gezogen. Seien A: *Im ersten Zug rot* und B: *Im zweiten Zug rot*. Prüfen Sie, ob die Ereignisse A und B unabhängig sind, wenn

a) mit Zurücklegen gezogen wird

b) ohne Zurücklegen gezogen wird.

a) Ein Baumdiagramm (vgl. Seite 90) ist hilfreich.
Mit der Pfandregel berechnet man die Wahrscheinlichkeiten für: $A = \{rr; rb\}$; $B = \{rr; br\}$ und $A \cap B = \{rr\}$.
$P(A) = \frac{4}{9} \cdot \frac{4}{9} + \frac{4}{9} \cdot \frac{5}{9} = \frac{4}{9}$; $P(B) = \frac{4}{9} \cdot \frac{4}{9} + \frac{5}{9} \cdot \frac{4}{9} = \frac{4}{9}$;
$P(A \cap B) = \frac{4}{9} \cdot \frac{4}{9} = \frac{16}{81}$. Es gilt $P(A) \cdot P(B) = \frac{4}{9} \cdot \frac{4}{9} = \frac{16}{81}$,
die Ereignisse sind unabhängig.

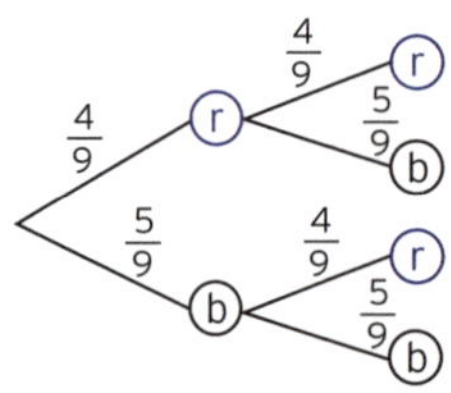

b) Auch hier ist ein Baumdiagramm sinnvoll.
Wieder berechnet man die Wahrscheinlichkeiten $P(A)$, $P(B)$ und $P(A \cap B)$ mit der Pfadregel:
$P(A) = \frac{4}{9} \cdot \frac{3}{8} + \frac{4}{9} \cdot \frac{5}{8} = \frac{4}{9}$; $P(B) = \frac{4}{9} \cdot \frac{3}{8} + \frac{5}{9} \cdot \frac{4}{8} = \frac{4}{9}$;
$P(A \cap B) = \frac{4}{9} \cdot \frac{3}{8} = \frac{1}{6} \neq \frac{4}{9} \cdot \frac{4}{9} = P(A) \cdot P(B)$.
Die Ereignisse sind abhängig.

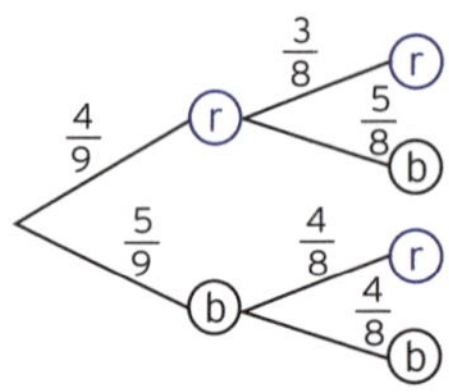

Hier war die Art des Ziehens ausschlaggebend: Da in b) **ohne** Zurücklegen gezogen wurde, beeinflusst die erste gezogene rote Kugel die Wahrscheinlichkeit für die zweite rote Kugel, da für den zweiten Zug eine rote Kugel weniger in der Urne ist.
Die Ereignisse müssen also abhängig sein.

28 Eine Urne enthält 20 Kugeln, 10 blaue, 3 weiße und 7 rote. Es wird zweimal eine Kugel mit Zurücklegen gezogen. Berechnen Sie die Wahrscheinlichkeiten der Ereignisse:
A: *Die erste Kugel ist rot und die zweite Kugel ist weiß.*
B: *Die erste Kugel ist weiß und die zweite Kugel ist nicht rot.*

29 Ein Würfel wird zweimal geworfen. Welche der folgenden Ereignisse sind unabhängig?
A: *Im ersten Wurf eine 3.* B: *Beide Augenzahlen sind gleich.*
C: *Die Summe der Augenzahlen ist höchstens 6.*

Zwischentest

Klasse vorbereitet?

1 Frau Berger ist freiberuflich tätig und hat unterschiedliche Einkünfte im Verlauf eines Jahres (siehe Tabelle, alle Angaben in €).
Berechnen Sie Median und Mittelwert; welcher der beiden Werte ist informativer?

Jan.	Feb.	März	April	Mai	Juni	Juli	Aug.	Sep.	Okt.	Nov.	Dez.
2160	1970	2258	2975	2861	3144	3212	2476	2351	2477	1561	2748

3

2 a) Dennis hat aus Versehen eine auf einen Zettel geschriebene Telefonnummer zerschnitten. Er hat nur noch die einzelnen Ziffern 7; 4; 6; 3; 1; 8.
Wie viele Nummern müsste er im schlimmsten Fall ausprobieren?
b) In der Fußballbundesliga (18 Mannschaften) berechtigen die ersten drei Plätze zur Teilnahme an der Champions League.
Wie viele Tippscheine müsste man abgeben, wenn man die Reihenfolge der ersten drei Mannschaften hundertprozentig richtig tippen möchte?

4

3 Von einer Klasse mit 32 Schülern sind ein Viertel Mitglied in einem Sportverein.
Von denen, die nicht in einem Verein sind, betreiben 75 % gelegentlich Sport, der Rest bezeichnet sich selbst als „Sportmuffel".
a) Geben Sie die absolute und die relative Häufigkeit der Schüler an, die gar keinen Sport treiben.
b) Es werden drei Schüler der Klasse zufällig ausgewählt.
Mit welcher Wahrscheinlichkeit sind darunter zwei „Sportmuffel"?
c) Mit welcher Wahrscheinlichkeit ist von sieben zufällig ausgewählten Schülern mindestens einer in einem Sportverein?

6

4 Ein Fahrrad kann bei einer Verkehrskontrolle beanstandet werden, wenn es eine defekte Bremse (B) oder eine fehlerhafte Lichtanlage (L) hat.
Was bedeuten die Ereignisse?
a) $L \cap B$ b) $L \cup B$ c) $L \cap \overline{B}$ d) $\overline{L} \cap B$ e) $\overline{L} \cup \overline{B}$ f) $\overline{L \cap B}$

6

5 An einem Gymnasium arbeiten insgesamt 85 Lehrerinnen und Lehrer. Davon sind 25 jünger als 45 Jahre, 15 davon sind Frauen; 40 % des Kollegiums sind Männer.
a) Erstellen Sie eine Vierfeldertafel.
b) Wie viel Prozent des Kollegiums sind Männer unter 45 Jahren?
c) Mit welcher Wahrscheinlichkeit ist eine zufällig ausgewählte Lehrkraft eine Frau oder nicht älter als 45 Jahre?

6

6 Eine Karte wird zufällig aus einem Skatblatt (vgl. Fußnote Seite 89) gezogen.
a) Mit welcher Wahrscheinlichkeit ist es A: *Ein König oder ein As*; B: *Ein Bube oder eine Karokarte*; C: *Keine Dame oder keine Pikkarte*?
b) Es werden nun zwei Karten ohne Zurücklegen gezogen. Sind die Ereignisse E: *Die erste Karte ist eine Karokarte* und F: *Die zweite Karte ist kein As* unabhängig?

5

Gesamtpunktzahl: 30

Kontrollieren Sie Ihre Ergebnisse mithilfe der Lösungen (S. 125/126) und addieren Sie die erreichten Punkte.
☐ 30 bis 24 Punkte: ☺   ☐ 23 bis 15 Punkte: ☺   ☐ 14 bis 0 Punkte: ☹

Lern planer

Abschlusstest

A Terme und Gleichungen

1 Lösen Sie die Gleichung und führen Sie die Probe durch.
3 $5x - 3\cdot(x^2 + 2x - 4) = (x - 5)\cdot(2 - 3x) - 86$

2 Ergänzen Sie die fehlenden Terme in der Gleichung. Links steht der Produktterm, rechts der Summenterm gemäß einer binomischen Formel.

a) $(7a^2b - 5b)^2 =$ ………… − ………… + …………

b) $(4 -$ ………… $)^2 =$ ………… − ………… $+ 49a^4$

c) (………… + …………)·(………… $- 9b) = 49a^2 -$ …………

4 d) (………… − ………… $)^2 = 25a^2 - 30ab +$ …………

3 Geben Sie die Definitions- und die Lösungsmenge der Bruchgleichung $\frac{8x - 9}{3x^2 - 12} = \frac{5}{x + 2}$
6 an und führen Sie die Probe durch.

4 Lösen Sie die Formel nach der gesuchten Variablen auf.

a) $A = \frac{a + c}{2}\cdot h$, gesucht ist a.

b) $u = a + c + 2\cdot b$, gesucht ist b.

4 c) $O = 4\cdot\pi\cdot r^2$, gesucht ist r.

d) $O = \pi\cdot r^2 + \pi\cdot r\cdot s$, gesucht ist s.

5 Lösen Sie das Gleichungssystem nach dem von Ihnen bevorzugten Verfahren rechnerisch.

a) $\left| \begin{array}{l} \boxed{1}\ 3a + b = 2 \\ \boxed{2}\ 2a - 2b = 20 \end{array} \right|$

4 b) $\left| \begin{array}{l} \boxed{1}\ 5\cdot(x - 4) + 3y = 2x + 19 \\ \boxed{2}\ 6\cdot(y - x) - 4y = -6 \end{array} \right|$

6 Ein Schüler soll im Chemieunterricht aus destilliertem Wasser (0 % Salzgehalt) und 4 ℓ einer 30 %igen Salzlösung eine Lösung mischen, die einen Salzgehalt von 20 % hat.

a) Stellen Sie ein lineares Gleichungssystem auf.

4 b) Wie viel destilliertes Wasser muss er verwenden?

7 Welches Zahlenpaar löst die Gleichung $y^2 + 2y - 35 = 0$?

(1) $y_1 = -2$; $y_2 = 35$

(2) $y_1 = 10$; $y_2 = -3{,}5$

2 (3) $y_1 = 5$; $y_2 = -7$

(4) $y_1 = -18{,}5$; $y_2 = -16{,}5$

8 Lösen Sie die Ungleichung $-\frac{2}{5}\cdot\left(x - \frac{20}{4}\right) \leq x^2 - \left(x + \frac{1}{2}\right)^2$; $G = \mathbb{R}$ und stellen Sie das
3 Ergebnis auf einem Zahlenstrahl dar.

30 Gesamtpunktzahl

Kontrollieren Sie Ihre Ergebnisse mithilfe der Lösungen (S. 126) und addieren Sie die erreichten Punkte.

☐ 30 bis 24 Punkte: ☺ ☐ 23 bis 15 Punkte: 😐 ☐ 14 bis 0 Punkte: ☹

B Potenzen, Wurzeln, Logarithmen

9 Berechnen Sie ohne Taschenrechner.

a) $\left(1\frac{2}{5}+5\frac{1}{4}\right)-\left(4\frac{2}{7}-\frac{2}{3}\right)$

b) $6\frac{1}{3}-\frac{2}{5}:\left(\frac{9}{14}+1\frac{1}{2}\right)$ 4

10 Schreiben Sie in normierter Exponentialform.

a) 4156000000 b) 0,0000000004192 2

11 Ermitteln Sie das Ergebnis ohne Taschenrechner in normierter Exponentialform.

a) $\frac{15^{14}\cdot 8^5}{6^6\cdot 9^4}$ b) $\frac{10^{-4}\cdot 7^{15}}{49^7\cdot 10^{-5}}$ 4

12 Vereinfachen Sie den Term so weit wie möglich.

a) $a^{2p-11}\cdot a^{12-3p}$ b) $\frac{25\,x^{a-8}}{5^3\,x^{a-7}}$ c) $(b^{2m+1})^3\cdot b^{5-7m}$ d) $\frac{(24\,x^2\,y)^{-3}}{(12\,x\,y^2)^{-3}}$ 4

13 Berechnen Sie das Ergebnis ohne Taschenrechner.

a) $\sqrt[3]{10}\cdot\sqrt[3]{12{,}5}$ b) $\frac{\sqrt[4]{48}}{\sqrt[4]{3}}$ c) $\sqrt[20]{81^5}$ 3

14 Berechnen Sie das Ergebnis ohne Taschenrechner.

a) $\left(5^{\frac{1}{5}}\right)^{10}$ b) $\sqrt[3]{2}\cdot\sqrt[3]{10}\cdot 50^{\frac{1}{3}}$ c) $\sqrt[4]{9^3}\cdot 9^{0{,}25}$ 3

15 Lösen Sie die Potenzgleichung $2\,x\cdot(x^3-x)-2\cdot(-x^2+1)=3-(x^2-2)\cdot(x^2+2)$. 2

16 Berechnen Sie x ohne Taschenrechner.

a) $\log_{\sqrt{2}} 2 = x$ b) $\log_7 1 = x$ c) $\log_2 x = -3$

d) $\log_3 x = 5$ e) $\log_x 64 = -2$ f) $\log_x \frac{1}{\sqrt{a^5}} = -2{,}5$ 6

17 Lösen Sie die Exponentialgleichung $2^x\cdot(4^x-5\cdot 2^{-x}) = -(2^{1,5x}+3)\cdot(2^{1,5x}-3)$ ohne Taschenrechner. 2

Gesamtpunktzahl: 30

Kontrollieren Sie Ihre Ergebnisse mithilfe der Lösungen (S. 127) und addieren Sie die erreichten Punkte.

☐ 30 bis 24 Punkte: ☺ ☐ 23 bis 15 Punkte: 😐 ☐ 14 bis 0 Punkte: ☹

C Geometrie

18 Zeichnen Sie ein Quadrat ABCD mit einer beliebigen Seitenlänge $a = \overline{AB}$. Konstruieren Sie über den Seiten BC und CD des Quadrates gleichseitige Dreiecke, die ebenfalls die Seitenlänge a haben. Bezeichnen Sie die Spitze der Dreiecke mit S_1 und S_2. Beweisen Sie: Das Dreieck AS_1S_2 ist gleichseitig.

4

19 a) Wie lang ist die Strecke x? ($g \parallel h$) b) Wie lang ist die Strecke y? ($a \parallel b$)

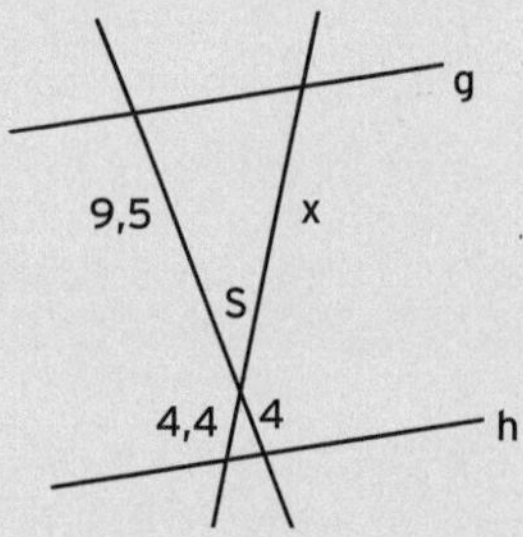

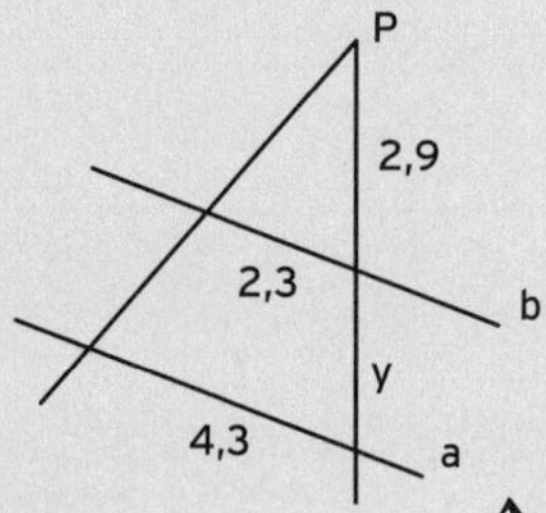

6

20 Abgebildet ist eine Pyramide mit den Maßen $h_s = 11{,}7\,\text{cm}$ und $h = 10{,}9\,\text{cm}$.

a) Wie lang ist die Grundkante a?

b) Wie lang ist die Bodendiagonale d?

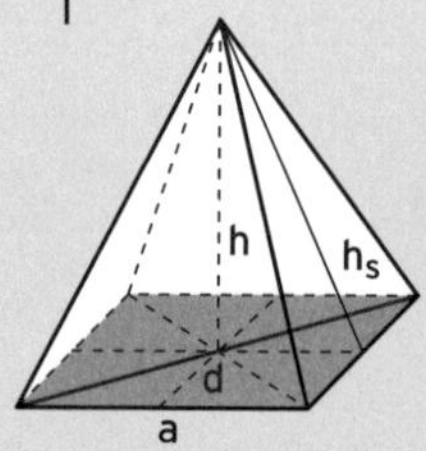

4

21 Ein Flugzeug hebt am Ende S der Startbahn ab. Nach 15 km Flugstrecke über ebenem Land überfliegt es in 5,8 km Höhe die Kirche K. Wie weit sind S und K in der Ebene voneinander entfernt?

2

22 Für ein gleichschenklig-rechtwinkliges Dreieck (siehe rechts) mit den Kathetenlängen a gilt: $c = \sqrt{a^2 + a^2} = \sqrt{2a^2} = a\sqrt{2}$. Daraus folgt

$\sin 45° = \frac{\cancel{a}}{\cancel{a}\sqrt{2}} = \frac{1}{\sqrt{2}} = \frac{1 \cdot \sqrt{2}}{\sqrt{2} \cdot \sqrt{2}} = \frac{1}{2}\sqrt{2}$; $\cos 45° = \frac{a}{a\sqrt{2}} = \frac{1}{2}\sqrt{2}$; $\tan 45° = \frac{\cancel{a}^{\,1}}{\cancel{a}_{\,1}} = 1$

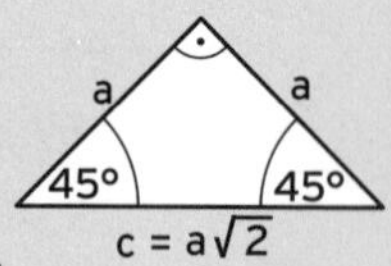

Erweitern Sie die begonnene Tabelle für besondere Winkelwerte nach dem gleichen Prinzip. Gehen Sie von nebenstehender Skizze aus.

	30°	45°	60°
sin		$\frac{1}{2}\sqrt{2}$	
cos		$\frac{1}{2}\sqrt{2}$	
tan		1	

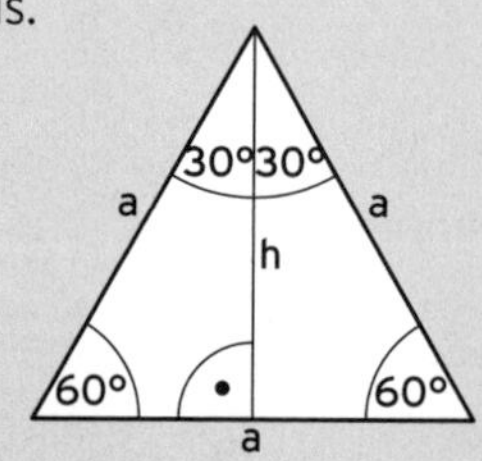

8

23 Berechnen Sie das gesuchte Maß, das als Variable notiert ist.

a)

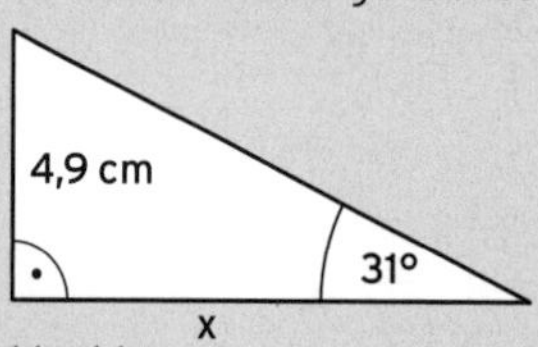

b)

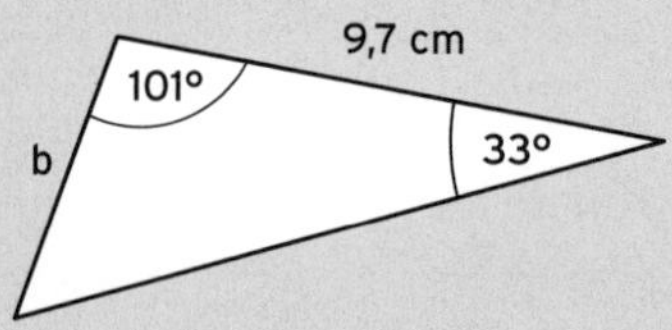

6

30 **Gesamtpunktzahl**

Kontrollieren Sie Ihre Ergebnisse mithilfe der Lösungen (S. 127) und addieren Sie die erreichten Punkte.

☐ **30 bis 24 Punkte:** ☺ ☐ **23 bis 15 Punkte:** 😐 ☐ **14 bis 0 Punkte:** ☹

D Flächen und Körper

24 Berechnen Sie den Flächeninhalt der weiß unterlegten Fläche. 3

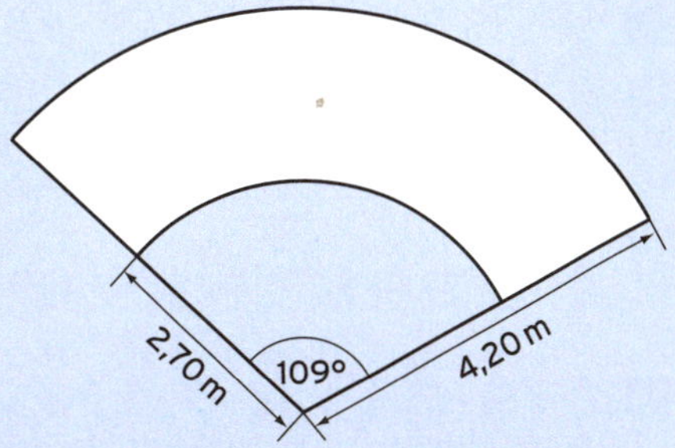

25 Aus einem Quadrat der Kantenlänge 6 cm wird der größtmögliche Kreis ausgeschnitten. Wie viel Prozent Abfall bleiben übrig? 3

26 Ein Würfel hat ein Volumen von $359\,\text{cm}^3$. Wie groß ist seine Oberfläche? 2

27 Ein kreisförmiges Beet mit 5,30 m Durchmesser soll mit Blumen eingefasst werden, die im Abstand von 25 cm gepflanzt werden. Wie viele Blumen werden benötigt? 3

28 Berechnen Sie für den rechts skizzierten Körper 4
a) das Volumen,
b) den Oberflächeninhalt.

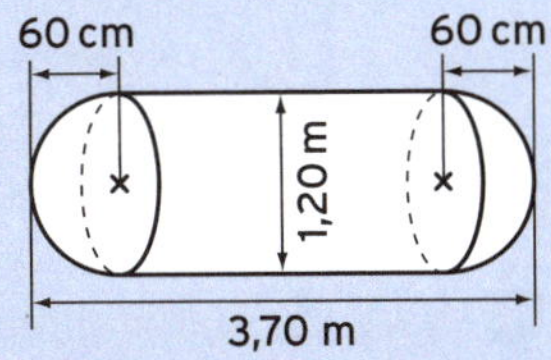

29 Berechnen Sie das Volumen des abgebildeten Körpers in Litern. 4

a)

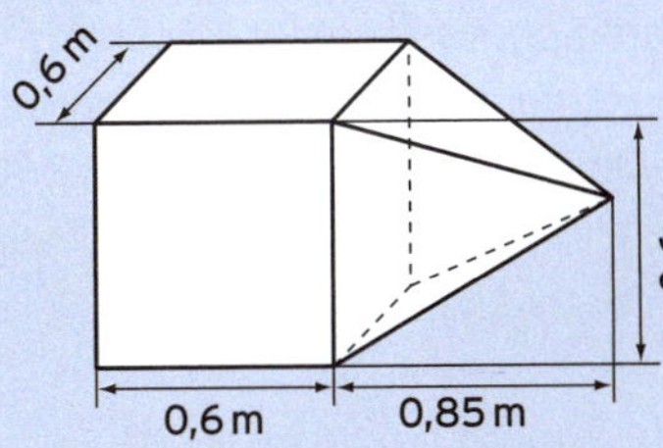

b)

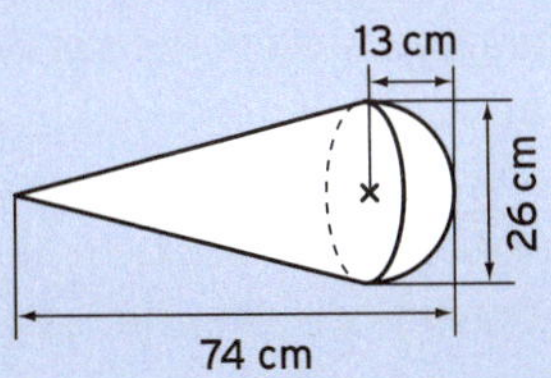

30 Eine Kugel hat ein Volumen von $1460\,\text{cm}^3$. Welchen Oberflächeninhalt hat sie? 2

31 Ein Würfel und eine Kugel haben jeweils einen Oberflächeninhalt von $1\,\text{m}^2$. Berechnen Sie die Volumina der beiden Körper. 4

32 Ein Zylinder ist dreimal so hoch wie breit. Sein Oberflächeninhalt beträgt $875\,\text{cm}^2$. Wie groß ist sein Volumen? 5

Gesamtpunktzahl: 30

E Funktionen und Wachstumsvorgänge

33 Bestimmen Sie die Gleichung der linearen Funktion zu folgendem Graphenverlauf.

a) Der Graph schneidet die x-Achse an der Stelle −4 und die y-Achse an der Stelle 6.

b) Der Graph schneidet die y-Achse an der Stelle −3 und hat die Steigung 1,5.

c) Der Graph schneidet die x-Achse an der Stelle 5 und verläuft durch den Punkt (2|12).

7 d) Der Graph verläuft durch die Punkte A(−2|−3) und B(3|5).

34 Eine quadratische Funktion hat die Gleichung $f(x) = x^2 - 4x + 7$.

a) Formen Sie die Gleichung in die Scheitelpunktsform um und zeichnen Sie den zugehörigen Funktionsgraphen.

b) Notieren Sie die Koordinaten des Scheitelpunktes.

7 c) Wie heißen die Nullstellen der Funktion?

35 Ordnen Sie den Funktionsgleichungen die entsprechenden Graphen zu.

a) $f(x) = x^3$ b) $g(x) = x^{-2}$ c) $h(x) = 2^x$ d) $k(x) = \log_3 x$.

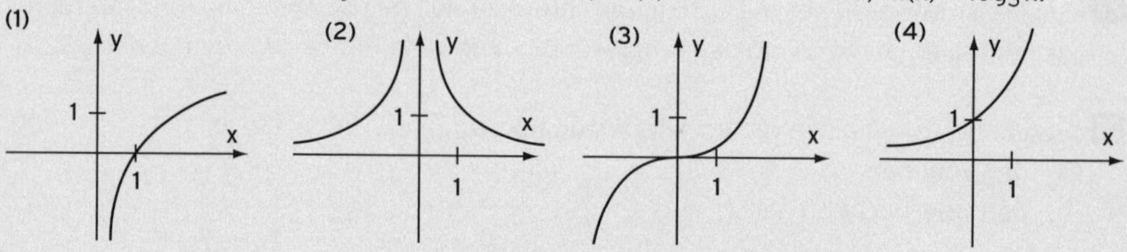

4

36 Nach der Mathematikstunde unterhalten sich Felix und Samuel über die verschiedenen Wachstumsarten.
Felix behauptet: „Da ich für das Geld auf meinem Sparkonto 1,2 % Zinsen pro Jahr bekomme, bekomme ich jedes Jahr das Gleiche und mein Kontostand wächst also linear."
Samuel erwidert: „Das stimmt doch nicht, du bekommst doch jedes Jahr 1,2 % von deinem aktuellen Kapital. Dein Kontostand wächst also proportional zum Kapital und
2 damit exponentiell!". Wer hat recht?

37 Kairo ist mit rund 17 Mio. Einwohnern die größte Stadt auf dem afrikanischen Kontinent. In der eigentlichen Stadt leben heute rund 7,9 Mio Menschen.
Die Tabelle zeigt die Entwicklung der Einwohnerzahlen für die Jahre 1966 – 2006.

Jahr	1966	1976	1986	1996	2006
Einwohner	4 219 900	5 084 463	6 052 836	6 789 479	7 786 640

(wikipedia.org)

a) Entwickeln Sie ein mathematisches Modell, das die Veränderung der Einwohnerzahlen Kairos von 1966 – 1986 beschreibt.

10 b) Wenden Sie Ihr Modell auf die Zeit bis 2006 an. Was fällt auf?

c) Prüfen Sie, ob folgendes Modell für den gesamten Zeitraum besser geeignet ist: $B(t) = 4\,219\,900 + 885\,000 \cdot t$ (t in 10 Jahren).

30 Gesamtpunktzahl

Kontrollieren Sie Ihre Ergebnisse mithilfe der Lösungen (S. 128) und addieren Sie die erreichten Punkte.

☐ 30 bis 24 Punkte: ☺ ☐ 23 bis 15 Punkte: ☺ ☐ 14 bis 0 Punkte: ☹

F Daten und Zufall

38 Abgebildet ist der Notenspiegel einer Mathematikarbeit.
a) Berechnen Sie den Notendurchschnitt auf zwei Stellen nach dem Komma gerundet.
b) Berechnen Sie die Standardabweichung auf zwei Stellen nach dem Komma gerundet.

Note	Anzahl
1	1
2	4
3	9
4	10
5	6
6	0

4

39 Auf neun verdeckt liegenden Zetteln stehen die Ziffern 1 bis 9. Eine Glücksfee zieht die Zahlen nacheinander mit verbundenen Augen und ermittelt so eine neunstellige Zahl. Auf diese Zahl konnte man wetten. Ist es fair, wenn bei einem Einsatz von 0,50 € für die richtige Vorhersage ein Gewinn von 100 000 € ausgezahlt wird?

4

40 Ergänzen Sie die Tabelle.

Ereignis e_i	e_1	e_2	e_3	e_4
absolute Häufigkeit	7		13	
relative Häufigkeit		$\frac{9}{40}$		
Wahrscheinlichkeit in %	17,5 %			

4

41 Zwei Würfel werden gleichzeitig geworfen und die Augenzahlen werden notiert. Die Reihenfolge spielt keine Rolle.
a) Geben Sie folgende Ereignisse in aufzählender Form an.
A: *Man würfelt einen Pasch.* (beide Augenzahlen gleich)
B: *Die Summe der Augenzahlen ist durch 3 teilbar.*
C: *Das Produkt der Augenzahlen ist 18.*
D: *Das Produkt der Augenzahlen ist größer als 20.*
b) Wie heißen die Gegenereignisse von A und D?

6

42 Die Schulleiterin Frau Dr. Meier fährt mit dem Auto zur Schule. Dabei muss sie eine Fußgängerampel und einen Bahnübergang passieren. Die Wahrscheinlichkeit, die Strecke ohne Halt zurückzulegen, beträgt 46 %. Die Bahnschranke ist mit einer Wahrscheinlichkeit von 11 % geschlossen, die Fußgängerampel ist bei jedem 2. Mal rot.
a) Erstellen Sie eine Vierfeldertafel mit den Wahrscheinlichkeiten.
b) Wie hoch ist die Wahrscheinlichkeit, dass Frau Dr. Meier an der Fußgängerampel und am Bahnübergang warten muss?
c) Frau Dr. Meier behauptet: „Von den 5 Tagen in der Woche habe ich zu 99,9 % mindestens einmal freie Fahrt.“ Stimmt das?
(Hinweis: Sie fährt die Strecke zweimal pro Tag!)

5

43 Berechnen Sie mithilfe des Additionssatzes für die Aufgabe 41 die Wahrscheinlichkeiten a) $P(A \cup B)$ b) $P(C \cup D)$ c) $P(B \cup \overline{D})$ d) $P(\overline{A} \cup C)$

4

44 Welche der Ereignisse A, B und D aus Aufgabe 41 sind unabhängig?

3

Gesamtpunktzahl: 30

Kontrollieren Sie Ihre Ergebnisse mithilfe der Lösungen (S. 128) und addieren Sie die erreichten Punkte.

☐ 30 bis 24 Punkte: ☺ ☐ 23 bis 15 Punkte: 😐 ☐ 14 bis 0 Punkte: ☹

Einstiegstest, Seite 7 bis 12

Vergeben Sie bitte einen Punkt pro Teilaufgabe oder Teilschritt, falls nicht anders angegeben.

1 a) $(3ab + 5b^2)^2 = 9a^2b^2 + 30ab^3 + 25b^4$
b) $(3{,}5x - 6xy)^2 = 12{,}25x^2 - 42x^2y + 36x^2y^2$
c) $(-3x - 5a)\cdot(3x - 5a) = 25a^2 - 9x^2$
d) $(8x + 7)^2 = 64x^2 + 112x + 49$

2 $y = 13$ **(2 P.)**; Probe: links 84, rechts 84 **(1 P.)**

3 $D = \mathbb{R}\backslash\{-3; +3\}$ **(2 P.)**; $L = \{8\}$ **(3 P.)**
Probe: $\frac{3}{5} = \frac{33}{55} = \frac{3}{5}$ **(1 P.)**

4 a) $g = \frac{2\cdot A}{h}$ b) $b = \frac{u - 2\cdot a}{2}$ $\left(b = \frac{u}{2} - a\right)$
c) $r = \sqrt[3]{\frac{3\cdot V}{4\cdot \pi}}$ d) $h = \frac{O - 2\cdot\pi\cdot r^2}{2\cdot\pi\cdot r}$ $\left(h = \frac{O}{2\cdot\pi\cdot r} - r\right)$

5 a) Lösungspaar $(9\,|\,-2)$ **(2 P.)**
b) Lösungspaar $(-5\,|\,7)$ **(2 P.)**

6 $x_1 = 3,\; x_2 = 4$ **(2 P.)**
Probe 1: $1 - 21 + 16 = -4$ linke Seite,
$3 - 7 = -4$ rechte Seite
Probe 2: $9 - 28 + 16 = -3$ linke Seite,
$4 - 7 = -3$ rechte Seite **(1 P.)**

7 Es gilt $-9\cdot 2 = -18$, also $x_1\cdot x_2 = q$
aber $-9 + 2 = -7$, also $x_1 + x_2 \neq -p$ **(2 P.)**

8 a)
$$-5x + 15 < 4 - 4x \quad | +4x - 15$$
$$-x < -11 \quad | \cdot(-1)$$
$$x > 11 \Rightarrow L = \{x\,|\,x\in\mathbb{R};\; x > 11\}$$ **(2 P.)**

b)
$$9 - 3x > 5x \quad | +3x$$
$$9 > 8x$$
$$8x < 9 \quad | :8$$
$$x < \frac{9}{8} \Rightarrow L = \{0; 1\}$$ **(2 P.)**

9 a) $\left(\frac{3}{4} + \frac{7}{12}\right)\cdot\frac{3}{8} = \frac{16}{12}\cdot\frac{3}{8} = \frac{1}{2}$

b) $\left(\frac{17}{6} - 3 + \frac{5}{12}\right):\frac{7}{24} = \left(-\frac{1}{6} + \frac{5}{12}\right):\frac{7}{24}$
$= \frac{3}{12}:\frac{7}{24} = \frac{3}{12}\cdot\frac{24}{7} = \frac{6}{7}$

10 a) $3{,}7468\cdot 10^7$ b) $8{,}13\cdot 10^{-8}$

11 a) $3{,}2\cdot 10^7$ **(2 P.)** b) $3\cdot 10^{-9}$ **(2 P.)**

12 a) x^{2-n} b) $2y$ c) a^{2-n} d) $\left(\frac{a}{2}\right)^{n-1}$

13 a) 2 b) 3 c) 5

14 a) 7 b) 64 c) 16

15 a)
$$4x^4 - 3\cdot(x^4 - 1) = 628$$
$$x^4 = 625$$
$$\Rightarrow x_1 = \sqrt[4]{625} = 5;\; x_2 = -\sqrt[4]{625} = -5$$
$$\Rightarrow L = \{-5; 5\}$$ **(2 P.)**

b) Für gerade n gilt: Es gibt zwei Lösungen für $a > 0$, eine (null) für $a = 0$ und keine für $a < 0$. Für ungerade n gilt: Es gibt eine Lösung für $a\in\mathbb{R}$. **(2 P.)**

16 a) $\log_5 25 = 2$ $\log_6 216 = 3$
$\log_2\frac{1}{8} = -3$ $\log_7\frac{1}{\sqrt[3]{49}} = -\frac{2}{3}$
b) $\log_3 7{,}8 \approx 1{,}8697$ $\log 123 \approx 2{,}0899$
$\ln 16{,}5 \approx 2{,}8033$ $\ln 0{,}25 \approx -1{,}3862$
(je 0,5 P.)

17
$$12{,}5 - 4\cdot 3^{x+3} = -38{,}7 \quad | -12{,}5$$
$$-4\cdot 3^{x+3} = -51{,}2 \quad | :(-4)$$
$$3^{x+3} = 12{,}8 \quad | \ln$$
$$(x+3)\cdot\ln 3 = \ln 12{,}8 \quad | :\ln 3$$
$$x + 3 = \frac{\ln 12{,}8}{\ln 3} \quad | -3$$
$$x = \frac{\ln 12{,}8}{\ln 3} - 3 \approx -0{,}68$$ **(2 P.)**

18 Behauptung: $\overline{DE} = \overline{DB}$.
Beweis: $\alpha + \beta = 90°$; $\gamma + \beta = 90° \Rightarrow \alpha = \gamma$
Da $\overline{AD} = \overline{BC}$ sind die Dreiecke ADE und DBC nach sww kongruent. Daraus folgt die Behauptung. **(4 P.)**

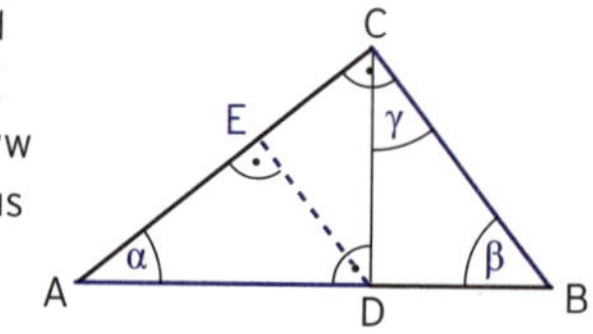

19 a) $\frac{5}{x} = \frac{12}{8}$, $x = \frac{10}{3}\;(= 3{,}\overline{3})$ **(3 P.)**
b) $\frac{4{,}4}{y + 4{,}4} = \frac{7{,}5}{11{,}2}$, $y \approx 2{,}17$ **(3 P.)**

20 a) $d = \sqrt{15^2 + 5^2}$, (*) $d \approx 15{,}8\,\text{cm}$ **(2 P.)**
b) $e^2 = 250 + 49$, $e \approx 17{,}3\,\text{cm}$ **(2 P.)**

21 $5{,}8^2 = 3{,}1^2 + x^2$, $x \approx 4{,}9$ **(2 P.)** Die Leiter lehnt in einer Höhe von ca. 4,9 m an der Wand.

22 a) $\sin\alpha = \frac{a}{b} = \frac{f}{c}$; $\cos\gamma = \frac{a}{b} = \frac{d}{a}$; $\tan\alpha = \frac{a}{c} = \frac{f}{e}$
(je 0,5 P. = 3 P.)
b) $\frac{d}{a} = \cos\gamma$ **(1 P.)** $\frac{c}{a} = \tan\gamma$ **(1 P.)**
$\frac{c}{b} = \cos\alpha$ **(1 P.)** $\frac{f}{d} = \tan\gamma$; $\frac{f}{e} = \tan\alpha$ **(2 P.)**

23 a) $x \approx 9{,}64\,\text{cm}$ **(3 P.)** b) $\alpha \approx 101°$ **(3 P.)**

24 $a = 7\,\text{cm}$ **(1 P.)**, $V = 343\,\text{cm}^3$ **(1 P.)**

25 $r = 6\,\text{cm}$ **(1 P.)**, $A \approx 113{,}1\,\text{cm}^2$ **(1 P.)**

26 $b \approx 5{,}94\,\text{m}$ **(1 P.)**, $A \approx 12{,}47\,\text{cm}^2$ **(2 P.)**,
$u \approx 14{,}34\,\text{m}$ **(1 P.)**

27 $u = \pi\cdot 0{,}6 \approx 1{,}885$ **(2 P.)**
$24\,526\,000 : 1{,}885 \approx 13\,000\,000$ **(2 P.)**
Die Reifen haben sich ca. 13 000 000-mal gedreht.

28 Zylinderhöhe: 1,45 m
a) $V_Z = \pi\cdot 0{,}35^2\cdot 1{,}45$; $V_Z \approx 0{,}558\,\text{m}^3$
$V_{Hk} = \frac{2}{3}\cdot\pi\cdot 0{,}35^3$; $V_{Hk} \approx 0{,}0898\,\text{m}^3$
$V_{Ges} \approx 0{,}6478\,\text{m}^3$ **(2 P.)**
b) $O = O_{Hk} + M_Z + G_Z$
$= 0{,}77\,\text{m}^2 + 3{,}189\,\text{m}^2 + 0{,}385\,\text{m}^2$
$\approx 4{,}344\,\text{m}^2$ **(2 P.)**

(*) Bitte achten Sie darauf, dass Sie die Einheiten im Ergebnis nennen, wenn Sie ohne Einheiten rechnen (wie hier). Falls Sie im Unterricht die Einheiten auch bei der Rechnung dazuschreiben sollen, tun Sie das bitte auch hier!

29 a) $V = \pi \cdot 3^2 \cdot 3 + \frac{1}{3} \cdot \pi \cdot 3^2 \cdot 9$; $V \approx 169{,}6\,\ell$ (2 P.)
b) $V = \left[\frac{1}{3} \cdot \pi \cdot 2^2 \cdot 8{,}5\right] \cdot 2$; $V \approx 71{,}2\,\ell$ (2 P.)

30 $r = \sqrt{\frac{O}{4\pi}}$, $r \approx 8{,}224\,\text{cm}$ (1 P.), $V \approx 2330\,\text{cm}^3$ (1 P.)

31 $8\,\ell = 8000\,\text{cm}^3$; $r_{Kugel} \approx 12{,}4\,\text{cm}$ (1 P.);
$O_K \approx 1934{,}4\,\text{cm}^2$ (1 P.)
$a_{Würfel} = 20\,\text{cm}$ (1 P.); $O_W = 2400\,\text{cm}^2$ (1 P.)

32 a) $O = \pi \cdot r^2 + \pi \cdot r \cdot s \Leftrightarrow \pi \cdot r^2 + \pi \cdot r \cdot s - O = 0$
$\Leftrightarrow r^2 + r \cdot s - \frac{O}{\pi} = 0$; $r \approx 5\,\text{cm}$ (2 P.)
b) $h^2 + r^2 = s^2 \Rightarrow h = \sqrt{s^2 - r^2} \approx 10{,}9\,\text{cm}$
$V = \frac{1}{3} \cdot \pi \cdot r^2 \cdot h \approx 285{,}36\,\text{cm}^3$ (2 P.)

33 a) $y = 3x + 4{,}5$ (1 P.) b) $y = 2x - 3$ (2 P.)
c) $y = -3x + 1$ (2 P.) d) $y = 1{,}6x - 8$ (2 P.)

34 a) $f(x) = (x - 3)^2 - 4$ (2 P.)

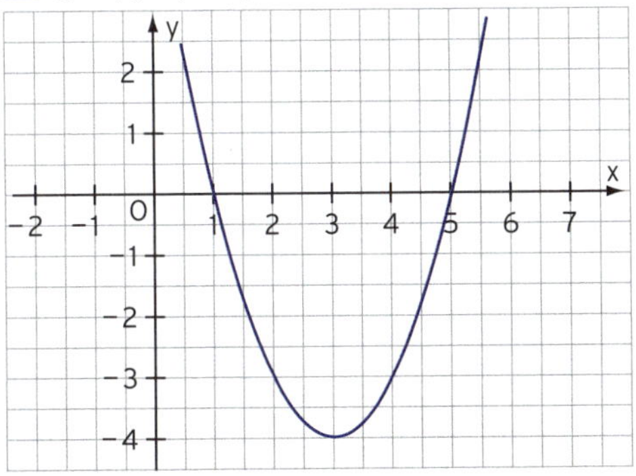

b) $S(3\,|\,-4)$ (1 P.) c) $x_1 = 1$; $x_2 = 5$ (2 P.)

35 a) (3) b) (1) c) (2) d) (4)

36 a) beispielhafte Lösung: (3 P.)

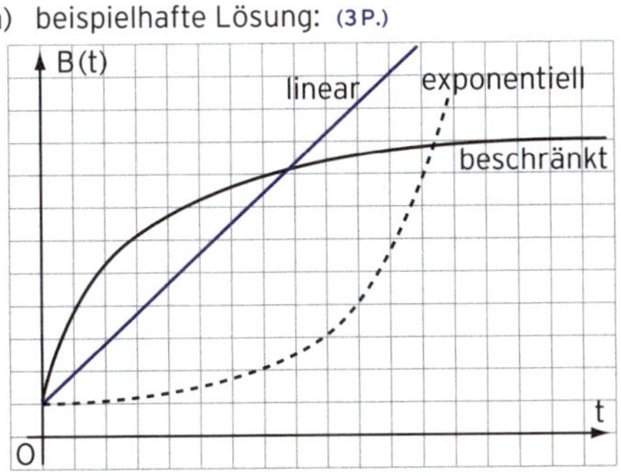

b) Änderungsrate konstant: lineares Wachstum (0,5 P.)
Änderungsrate proportional zum Sättigungsmanko (der Kapazität): beschränktes Wachstum. (0,5 P.)
c) $B(3) = B(0) + 3 \cdot d$ (1 P.)
$\Leftrightarrow 11{,}8 = 4 + 3 \cdot d$ (1 P.)
$\Leftrightarrow d = 2{,}6$ (1 P.)
rekursiv: $B(t+1) = B(t) + 2{,}6$
explizit: $B(t) = 4 + t \cdot 2{,}6$

37 a) $B(t+1) = B(t) + 0{,}12 \cdot (21° - B(t))$ (2 P.)
t in 15-s-Schritten; $B(0) = 65°$
$B(1) = 65° + 0{,}12 \cdot (21° - 65°) \approx 59{,}7\,°C$ (1 P.)
ebenso: $B(3) \approx 51\,°C$ (nach 45 s) (1 P.)
$B(6) \approx 41{,}4\,°C$ (nach 1:30 min) (1 P.)
b) durch Probieren: $B(9) \approx 34{,}9°$ (nach 2:15 min fällt die Temperatur unter 35 °C). (2 P.)

38 Der Durchschnitt beträgt 7,9 Punkte. (3 P.)

39 Sie müssten 720-mal (6!) auf den Sessellift steigen. (3 P.)

40 $P = \frac{42}{132}\ \left(= \frac{7}{22} \approx 31{,}8\,\%\right)$ (4 P.)
$\left(P = \frac{10}{12} \cdot \frac{2}{11} + \frac{2}{12} \cdot \frac{10}{11} + \frac{2}{12} \cdot \frac{1}{11}\right)$

41 a) $P(A) = 0{,}65$ b) $P(B) = 0{,}84$
c) $P(C) = 0{,}35$ d) $P(\overline{A}) = 0{,}35$
e) $P(A \cup B) = 1$ f) $P(A \cap C) = 0$
g) $P(\overline{A} \cap B) = 0{,}35$ h) $P(\overline{A \cup C}) = 0$

42 a) (2 P.)

	M	$\overline{M}$	Ges.
E	**3**	**4**	**7**
$\overline{E}$	**5**	22	27
Ges.	**8**	26	34

b) 5 Schüler hatten schon Mathematik-, aber noch keine Englischnachhilfe. (2 P.)
c) $P(E \cap M) = \frac{3}{34} \approx 8{,}8\,\%$ (2 P.)

43 a) A: „durch 3 teilbar"; B: „durch 7 teilbar"
$P(A \cup B) = P(A) + P(B) - P(A \cap B)$
$= \frac{8}{25} + \frac{3}{25} - \frac{1}{25} = \frac{10}{25} = 40\,\%$ (2 P.)
b) A: „gerade Zahl"; B: „Quadratzahl"
$P(A \cup B) = P(A) + P(B) - P(A \cap B)$
$= \frac{12}{25} + \frac{4}{25} - \frac{2}{25} = \frac{14}{25} = 56\,\%$ (2 P.)
Langfristig würde man als Betreiber eines solchen Glückspiels nur mit der Version a) Gewinn erzielen, da dort die Gewinnwahrscheinlichkeit für den Spieler kleiner als 50 % ist. (2 P.)

Terme und Gleichungen, Seite 13 bis 24

1 a) $u = y - 6 + x + 2y + 1{,}5 + 3x - 2$
$u = 4x + 3y - 6{,}5$
$u = 4 \cdot 5{,}5 + 3 \cdot 9 - 6{,}5$
$u = 42{,}5\,\text{LE}$
b) $u = 2a + 2a - 0{,}5 + a + 2a - 0{,}1$
$u = 7a - 0{,}6$
$u = 7 \cdot 1{,}3 - 0{,}6$
$u = 8{,}5\,\text{LE}$
c) $u = 2x - 1{,}2 + y + y + 2{,}5 + 3x$
$u = 5x + 2y + 1{,}3$
$u = 5 \cdot 2{,}6 + 2 \cdot 1{,}8 + 1{,}3$
$u = 17{,}9\,\text{LE}$

2 a) $12 - 3\cdot(2x + 1) + 4\cdot(x - 5) - (7 - x) - 3$
$= 12 - 6x - 3 + 4x - 20 - 7 + x - 3$
$= -21 - x$

b) $-5\cdot(u - 2v) - 0{,}5\cdot(-8u + 12v) + (2v + 3)$
$- 3\cdot[1 - 2\cdot(3u + 4v)]$
$= -5u + 10v + 4u - 6v + 2v + 3$
$- 3\cdot[1 - 6u - 8v]$
$= -5u + 10v + 4u - 6v + 2v + 3$
$- 3 + 18u + 24v$
$= 17u + 30v$

3 a) $(x + 7)\cdot(5 + y) = 5x + xy + 35 + 7y$
$= 5x + 7y + xy + 35$

b) $(4x + 9)\cdot(-3 + 2x)$
$= -12x + 8x^2 - 27 + 18x$
$= 8x^2 + 6x - 27$

c) $(3x - 2y)\cdot(6x - 4y) + (x + 3y)\cdot(2x - y)$
$= 18x^2 - 12xy - 12xy + 8y^2 + 2x^2 - xy$
$+ 6xy - 3y^2$
$= 20x^2 - 19xy + 5y^2$

4 a) $(2x + y)\cdot(4 + 3x) - 6x + 9$
$= 8x + 6x^2 + 4y + 3xy - 6x + 9$
$= 6x^2 + 2x + 4y + 3xy + 9$

b) $3a - 6 + (2a - 4)\cdot(3a + 5) + 2b$
$= 3a - 6 + 6a^2 + 10a - 12a - 20 + 2b$
$= 6a^2 + a + 2b - 26$

c) $(4b - 2a)\cdot(5 + b) + 3\cdot(2b + 4a)$
$= 20b + 4b^2 - 10a - 2ab + 6b + 12a$
$= 4b^2 + 2a + 26b - 2ab$

d) $2x + 4\cdot(x - 10) + 4 + (5x - 8)\cdot(1 + x)$
$= 2x + 4x - 40 + 4 + 5x + 5x^2 - 8 - 8x$
$= 5x^2 + 3x - 44$

5 a) $25x^2 + 100x + 100$
b) $-16a^2 + 49$
c) $4x^2 - 12x + 9$
d) $0{,}25x^2 + 0{,}3x + 0{,}09$
e) $49x^2 - 168x + 144$
f) $64z^2 - 36$
g) $81x^2 + 270x + 225$
h) $0{,}04x^2 - 0{,}04x + 0{,}01$

6 a) $(2b + 3)^2$
b) $(0{,}5x + 1{,}5)\cdot(0{,}5x - 1{,}5)$
c) $(3y - 8)^2$
d) $(a + 4y)^2$

7 a) $x^2 + 4x + \mathbf{4} = (x + \mathbf{2})^2$
b) $x^2 - 16x + \mathbf{64} = (x - \mathbf{8})^2$
c) $25x^2 + 20x + \mathbf{4} = (\mathbf{5}x + \mathbf{2})^2$
d) $9x^2 - 30x + \mathbf{25} = (\mathbf{3}x - \mathbf{5})^2$

8 a)

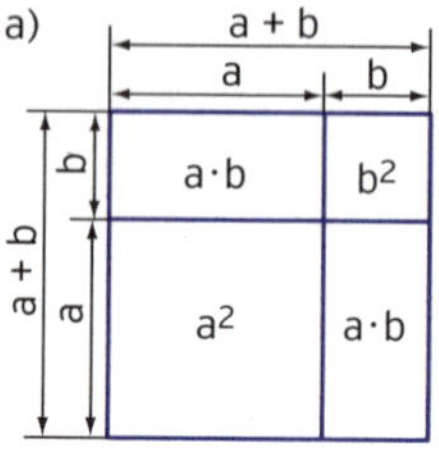

$(a + b)^2 = a^2 + 2ab + b^2$

b)

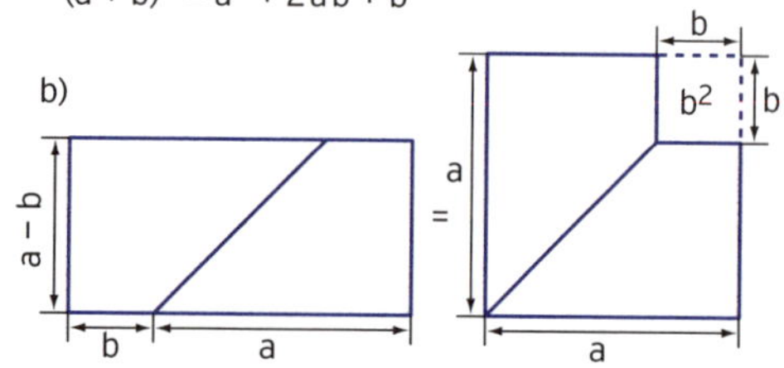

$(a + b)\cdot(a - b) = a^2 - b^2$

9 a) $D = \mathbb{R}\setminus\{0\}$ b) $D = \mathbb{R}\setminus\{-5\}$
c) $D = \mathbb{R}\setminus\{5\}$ d) $D = \mathbb{R}\setminus\{2{,}5\}$
e) wegen $y\cdot(y - 9)$: $D = \mathbb{R}\setminus\{0; 9\}$
f) wegen $(x + 2)^2$: $D = \mathbb{R}\setminus\{-2\}$

10 a) $\frac{a}{2b^2}$ b) $4xy$
c) $\frac{5\cdot(2x+5)}{5x} = \frac{2x+5}{x}$ d) $\frac{3\cdot(x-4)}{(x-4)\cdot(x-4)} = \frac{3}{x-4}$
e) $\frac{3\cdot(x+5)}{(x+5)\cdot(x+5)} = \frac{3}{x+5}$

11 a) $\frac{4}{cy}$ b) $\frac{2\cdot(x-3)}{3}$
c) Hn: $9x$; $\frac{12}{9x} + \frac{5x}{9x} = \frac{12+5x}{9x}$
d) Hn: $5\cdot(a + 2)$;
$\frac{15}{5\cdot(a+2)} - \frac{2a\cdot(a+2)}{5\cdot(a+2)} = \frac{15 - 2a^2 - 4a}{5\cdot(a+2)}$

12 a) Hn: $4\cdot(x + 2)$; $\frac{3x}{4\cdot(x+2)} + \frac{5x\cdot4}{4\cdot(x+2)} = \frac{23x}{4\cdot(x+2)}$
b) $\frac{3y}{y^2+4y+4}\cdot\frac{y^2-2^2}{4y} = \frac{3y\cdot(y+2)\cdot(y-2)}{(y+2)\cdot(y+2)\cdot4y}$
$= \frac{3\cdot(y-2)}{4\cdot(y+2)}$
c) Hn: $15\cdot(2x + 1)$;
$\frac{(4x+6)\cdot3}{15\cdot(2x+1)} - \frac{(3x+2)\cdot5}{15\cdot(2x+1)} = \frac{-3x+8}{15\cdot(2x+1)}$

13 a) $5\cdot(2x + 3) = 8x - 6$
$10x + 15 = 8x - 6$
$2x = -21$
$x = -10{,}5$
b) $2\cdot(3x + 4) = 8\cdot(2x - 4)$
$6x + 8 = 16x - 32$
$-10x = -40$
$x = 4$
c) $-4\cdot(x - 7) = 2x + 4$
$-4x + 28 = 2x + 4$
$-6x = -24$
$x = 4$

14 $4x\cdot(2x-9)-10x=(x-7)\cdot(8x-4)-2\cdot(x+4)$

$\mathbf{8x^2}-36x\mathbf{-10x}=\mathbf{8x^2-4x-56x}+28$

$\mathbf{-2x}-8$

$-46x=-62x\mathbf{+20} \quad |+62x$

$\mathbf{16x=20} \quad |:16$

$\mathbf{x=\frac{20}{16}}=\frac{10}{8}=\mathbf{\frac{5}{4}=1{,}25}$

15 a) $5x-(2x+4)^2=17-4x^2$

$5x-4x^2-16x-16=17-4x^2$

$-11x=33$

$x=-3$

b) $(x+5)^2-(x-3)^2=12\cdot(x+4)$

$x^2+10x+25-x^2+6x-9=12x+48$

$16x+16=12x+48$

$4x=32$

$x=8$

c) $(3y-2)\cdot(5-8y)=21-24y^2$

$15y-24y^2-10+16y=21-24y^2$

$31y-10=21$

$31y=31$

$y=1$

d) $(3x+4)\cdot(4x+3)=(2x+6)\cdot(6x+2)$

$12x^2+9x+16x+12=12x^2+4x+36x+12$

$25x+12=40x+12$

$-15x=0$

$x=0$

16 a) $D=\mathbb{R}\backslash\{0\}$

$4\cdot(a-3)=6a$

$4a-12=6a$

$-2a=12$

$a=-6$

b) $D=\mathbb{R}\backslash\left\{-\frac{4}{3}\right\}$

$28=3x+4$

$24=3x$

$x=8$

c) $D=\mathbb{R}\backslash\{0;\,2\}$

$12x=15x-30$

$-3x=-30$

$x=10$

d) $D=\mathbb{R}\backslash\{-4;\,2\}$

$x=14$

e) $D=\mathbb{R}\backslash\{-3;\,-4\}$

$x=-8$

f) $D=\mathbb{R}\backslash\left\{0{,}5;\,\frac{7}{8}\right\}$

$x=3$

17 a) Hn: x; $D=\mathbb{R}\backslash\{0\}$

$\frac{8x}{x}+\frac{7x}{x}=5x \Leftrightarrow 15=5x \Leftrightarrow x=3$

b) Hn: $12x$; $D=\mathbb{R}\backslash\{0\}$

$\frac{12x}{2x}+\frac{12x}{3x}=\frac{12x}{4} \Leftrightarrow 6+4=3x$

$\Leftrightarrow 10=3x \Leftrightarrow x=\frac{10}{3}=3\frac{1}{3}$

c) Hn: $6x$; $D=\mathbb{R}\backslash\{0\}$

$\frac{8\cdot 6x}{3x}-\frac{2\cdot 6x}{6x}=\frac{4\cdot 6x}{x}+\frac{5\cdot 6x}{6}$

$\Leftrightarrow 16-2=24+5x \Leftrightarrow x=-2$

18 a) Hn: $4\cdot(3x-1)\cdot(2x+1)$; $D=\mathbb{R}\backslash\left\{-\frac{1}{2};\,\frac{1}{3}\right\}$

$(6x+8)\cdot(2x+1)=(2x+6)\cdot(6x-2)$

$x=2$

b) Hn: $4\cdot(2x-1)$; $D=\mathbb{R}\backslash\left\{\frac{1}{2}\right\}$

$(2x+1)\cdot 2=6x-1$

$x=\frac{3}{2}$

c) Hn: $(x+2)\cdot(x-2)$; $D=\mathbb{R}\backslash\{\pm 2\}$

$5\cdot(x+2)=2x \Leftrightarrow x=-3\frac{1}{3}$

19 a) $a=\frac{u}{4}$ b) $r_1=\frac{u}{2\pi}-r_2$

c) $a=\sqrt{\frac{3\cdot V}{h}}$ d) $h=\left(\frac{O}{3a}-a\cdot\sqrt{3}\right)\cdot\frac{1}{2}$

20 a) $c=\frac{V}{ab}$; $c=1{,}4\,\text{cm}$

b) $G=\frac{W\cdot 100}{p}$; $G=600\,€$

21 a) $m=\varrho\cdot V$; $V=\frac{m}{\varrho}$ b) $s=v\cdot t$; $t=\frac{s}{v}$

c) $a=\frac{2A}{h}-c$; $c=\frac{2A}{h}-a$; $h=\frac{2A}{a+c}$

22 a) $f=\frac{g\cdot b}{b+g}$ b) $b=\frac{f\cdot g}{g-f}$

23 a) $\left|\begin{array}{ll} \text{[1]} & x+y=10 \\ \text{[2]} & 0{,}05x+0{,}4y=0{,}2\cdot 10 \end{array}\right|$

x: Menge 5 %ige, y: Menge 40 %ige Säure

b) $\left|\begin{array}{ll} \text{[1]} & 7x+5y=13{,}90 \\ \text{[2]} & 3x+4y=8 \end{array}\right|$

x: Preis pro Tafel Zartbitter,

y: Preis pro Tafel Vollmilch

24 a) $L=\{(3|9)\}$ b) $L=\{(9|-4)\}$

c) $L=\{(-1|9)\}$

25 a) $L=\{(4|8)\}$ b) $L=\{(8|-3)\}$

c) $L=((-3|-2))$ d) $L=\{(1|4)\}$

26 a) $L=\{(1|-3)\}$ b) $L=\{(0{,}5|3)\}$

c) $L=\{(-1|2)\}$

27 a) Der Laborant benötigt 5,7 ℓ 5 %ige und 4,3 ℓ 40 %ige Schwefelsäure.

b) Eine Tafel Zartbitter kostet 1,20 €, eine Tafel Vollmilch 1,10 €.

28 a) $L=\{(0{,}5|-3)\}$ b) $L=\{(5|-2)\}$

c) $L=\{(-2|-3)\}$ d) $L=\{(3|5)\}$

29 a) $x^2-8x-6=0$; $p=-8$; $q=-6$ b) $x^2-3{,}5x+10{,}5=0$; $p=-3{,}5$; $q=10{,}5$

c) $x^2+2x+6=0$; $p=2$; $q=6$ d) $x^2-5x+13\frac{1}{3}=0$; $p=-5$; $q=13\frac{1}{3}$

30 a) $x_1=-12$; $x_2=12$ b) $x_1=-\sqrt{7}$; $x_2=\sqrt{7}$

c) $x_1=-\frac{4}{5}$; $x_2=\frac{4}{5}$ d) $x_1=-1{,}5$; $x_2=1{,}5$

31 a) $x\cdot(x-12)=0$; $x_1=0$; $x_2=12$ b) $x\cdot(x+5{,}6)=0$; $x_1=0$; $x_2=-5{,}6$

c) $x\cdot\left(x-\frac{2}{3}\right)=0$; $x_1=0$; $x_2=\frac{2}{3}$ d) $2x\cdot(x-4)=0$; $x_1=0$; $x_2=4$

32 a) $x^2+2x+1-1-15=0$

$(x+1)^2-4^2=0$

$(x+1+4)\cdot(x+1-4)=0$

$(x+5)\cdot(x-3)=0$

$x_1=-5$; $x_2=3$

b) $x^2 - 4x + 4 - 4 - 21 = 0$
$(x-2)^2 - 5^2 = 0$
$(x-2+5)\cdot(x-2-5) = 0$
$(x+3)\cdot(x-7) = 0$
$x_1 = -3;\ x_2 = 7$

c) $x^2 - 4x - 32 = 0$
$x^2 - 4x + 4 - 4 - 32 = 0$
$(x-2)^2 - 6^2 = 0$
$(x-2+6)\cdot(x-2-6) = 0$
$x_1 = -4;\ x_2 = 8$

d) $x^2 + 2x - 48 = 0$
$x^2 + 2x + 1 - 1 - 48 = 0$
$(x+1)^2 - 7^2 = 0$
$(x+1+7)\cdot(x+1-7) = 0$
$x_1 = -8;\ x_2 = 6$

33 a) $p = -4;\ q = -77$
$x_{1/2} = 2 \pm \sqrt{4+77} = 2 \pm 9$
$x_1 = 11;\ x_2 = -7$
b) $p = 8;\ q = 16$
$x_{1/2} = -4 \pm \sqrt{16-16};\ x = -4$
c) $p = 4{,}5;\ q = -17{,}5$
$x_{1/2} = -2{,}25 \pm \sqrt{2{,}25^2 + 17{,}5}$
$x_{1/2} = -2{,}25 \pm 4{,}75;\ x_1 = 2{,}5;\ x_2 = -7$
d) $p = -0{,}5;\ q = -22{,}5$
$x_{1/2} = 0{,}25 \pm \sqrt{0{,}25^2 + 22{,}5}$
$x_{1/2} = 0{,}25 \pm 4{,}75;\ x_1 = 5;\ x_2 = -4{,}5$

34 a) nein: $7\cdot(-18) \neq -336$
b) x_1 und x_2 sind Lösungen
c) nein: $4{,}5 - 4 \neq -0{,}5$
d) nein: $\frac{1}{5}\cdot\frac{1}{3} \neq -\frac{1}{15}$

35 a) $L = \{x \mid x > 14\}$ b) $L = \{x \mid x \leq 3\}$
c) $L = \{x \mid x > 8\}$ d) $L = \{x \mid x \leq -2\}$

36 a) $L = \{x \mid x \leq 3\}$

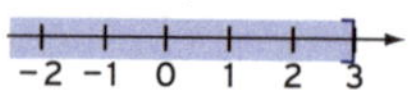

b) $L = \{x \mid x < 1\}$

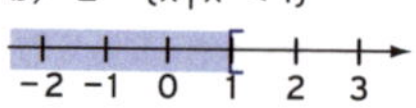

c) $L = \left\{x \mid x > \frac{3}{2}\right\}$

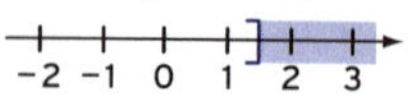

d) $L = \{x \mid x \geq -1\}$

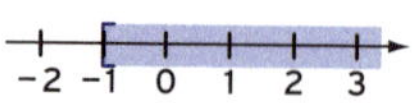

37 a) $x > -2$ $L = \{-1;\ 0;\ 1;\ 2;\ ...\}$
b) $x < 4$ $L = \{0;\ 1;\ 2;\ 3\}$
c) $x < -2{,}5$ $L = \{\ \}$

Zwischentest, Seite 24

Vergeben Sie die Punkte wie angegeben.

1 a) $u = 3x + 4y + 1$ (1P.)
$u = 3\cdot 4{,}4 + 4\cdot 2{,}7 + 1 = 25$ (1P.)
b) $u = 4b + 4a$ (1P.)
$u = 4\cdot 0{,}9 + 4\cdot 3 = 15{,}6$ (1P.)

2 a) $x^2 - 5x$ (1P.) b) $-2a - b$ (1P.)

3 a) $16 - 24a + 9a^2$ (1P)
b) $4y^2 - 49z^2$ (1P.)
c) $(2a - \mathbf{3b})^2 = 4a^2 - 12ab + \mathbf{9b^2}$ (1P)
d) $25r^4 + 20r^2y^2 + \mathbf{4y^2} = (\mathbf{5r^2} + 2\mathbf{y^2})^2$ (1P.)

4 a) $D = \mathbb{R}\setminus\{3\}$; Hn: $3\cdot(x-3)$; $\frac{2x^2 - 6x + 15}{3\cdot(x-3)}$
b) $D = \mathbb{R}\setminus\{\pm 2\}$; Hn: $(x-2)\cdot(x+2)$; $\frac{2x^2 + x + 6}{x^2 - 4}$
c) $D = \mathbb{R}\setminus\{-2\}$; Hn: $2\cdot(2y+4)^2$;
$\frac{-4y-2}{2\cdot(2y+4)^2} = \frac{\cancel{2}\cdot(-2y-1)}{\cancel{2}\cdot(2y+4)^2} = \frac{-2y-1}{(2y+4)^2}$
(je 1 Punkt für Umformung, 1/2 Punkt für D und Hn)

5 a) $x = 1$ b) $x = 3$
c) $x_1 = 3;\ x_2 = 4$ d) $D = \mathbb{R}\setminus\{0;\ 2\};\ x = -3$

6 a) $L = \{(-7 \mid 5)\}$ (2P.)
b) $\left|\begin{array}{l} \boxed{1}\ 2x + 3y = 33{,}97 \\ \boxed{2}\ 3x + 2y = 38{,}48 \end{array}\right|$ (1P.)
T-Shirt: 9,50 €; Boxershorts: 4,99 € (1P.)

7 a) $x > 1$ (1P.)

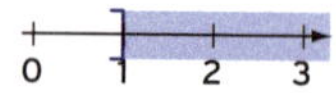

(1P.)

b) $x \leq 3$ (1P.)

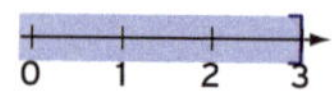

(1P.)

c) $x < \frac{22}{5} = 4{,}4$ (1P.)

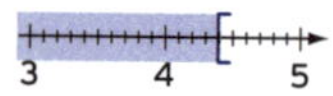

(1P.)

Potenzen, Wurzeln, Logarithmen, Seite 25 bis 38

1 $\frac{9}{2} = 4{,}5 = \frac{45}{10};\ \frac{8}{2} = \sqrt{16} = 4 = (-2)^2;$
$\frac{3}{5} = \frac{15}{25} = 0{,}6 = \frac{51}{85}$

2 a) $\frac{26}{35}$ b) $\frac{14}{39}$ c) $\frac{11}{4}$
d) $\frac{ad + cb}{bd}$ e) $\frac{3xy + 2xz}{zy}$ f) $\frac{1}{18}w - \frac{1}{24}v$

3 a) $\frac{5}{56}$ b) $-\frac{15}{44}$ c) 1 d) $\frac{22}{153}$
e) $-4v$ f) $-\frac{8t}{45}$ g) $-\frac{9xy}{40}$ h) $-\frac{32}{121}x$

4 a) $(3x+4)\cdot(3x+4)\cdot(3x+4)\cdot(3x+4)$
b) $3x + 4\cdot 4\cdot 4\cdot 4$
c) $3\cdot(x+4)\cdot(x+4)\cdot(x+4)\cdot(x+4)$
d) $\frac{4y\cdot 4y\cdot 4y}{3}$ e) $\frac{4\cdot y\cdot y\cdot y}{3}$
f) $\left(\frac{4y}{3}\right)\left(\frac{4y}{3}\right)\left(\frac{4y}{3}\right)$ g) $aaabbbb$
h) $3a3a3abbbb$ i) $-3\cdot 3\cdot 3\cdot 2\cdot aaa$
j) $xxxx + yyyy$ k) $2aaab2aaab$
l) $(-4)\cdot(-4)\cdot(-4) - x\cdot x$

5 a) $(-2)^4 > -2^4$ b) $3^2 > 2^3$
c) $2^5 > 2\cdot 5$ d) $10^2 < 2^{10}$

6 a) $x^4 - 3^5$ b) $a^3 + (-2)^2$
c) $4^3\cdot 5^2$ d) $x^3\cdot(-3)^2$

7 a) 32 b) -7 c) 64
d) 2 e) $\frac{1}{8}$ f) 3

8 a) $60x^7y^3$ b) $\frac{5a^7}{2b^2}$
c) $3s^7t^4$ d) $\frac{1}{4y^4}$

9 a) $\frac{1}{4^3} = \frac{1}{64}$ b) $\frac{1}{2^6} = \frac{1}{64}$
c) $\frac{1}{10^3} = \frac{1}{1000}$ d) $\frac{1}{(-5)^2} = \frac{1}{25}$
e) $\frac{1}{10^1} = \frac{1}{10}$ f) $\frac{1}{2^4} = \frac{1}{16}$

10 a) 2,370 b) 39,063 c) 15,625
d) 1111,111 e) 2,074

11

	0	−1	−2	−3	−4
1	1	1	1	1	1
2	1	0,5	0,25	0,125	0,0625
10	1	0,1	0,01	0,001	0,0001
−1	1	−1	1	−1	1
−2	1	−0,5	0,25	−0,125	0,0625
−10	1	−0,1	0,01	−0,001	0,0001

12 a) $2ab^2$ b) v^3z^{-2}
c) a^6b^{-2} d) $u^4v^3w^{-3}$

13 a) $\frac{m}{s}$ b) $\frac{m}{s^2}$ c) $\frac{kg \cdot m^2}{s^2}$ d) $\frac{g}{cm^3}$ e) $\frac{kg \cdot m}{s^2}$

14 a) 6^{10} b) 2^{-7} c) 10^3 d) $\left(\frac{1}{2}\right)^7$

15 a) $8\ (= 8^1)$ b) 4^{-7} c) 10^{-2} d) $0{,}2^{14}$

16 a) $4^{-4} = \frac{1}{4^4}$ b) $3^{-6} = \frac{1}{3^6}$
c) $10^{-4} = \frac{1}{10^4}$ d) $0{,}5^{-2} = \frac{1}{0{,}5^2}$

17 a) x^{3n-1} b) y^{z-3} c) m^{4x-8}

18

10^{5x-1}	6	10^{29}	4	10^{19}
2^{3x+1}	4	2^{13}	2	2^7

19 a) $x^{-n} \cdot y^{2m-n}$ b) $a^{-x-4} \cdot b^{-3y-3}$
c) $x^{-4} \cdot y^6$

20 a) $1^6 = 1$ b) $1^{-9} = 1$
c) $2^4 = 16$ d) $\left(\frac{1}{2}\right)^3 = \frac{1}{8}$

21 a) $5^3 = 125$ b) $2^{-5} = \frac{1}{32}$
c) $10^{-6} = \frac{1}{1000000}$ d) $100^2 = 10000$

22 a) m^{n+1} b) $\left(\frac{1}{2}\right)^5 = \frac{1}{32}$
c) $(2ab^2)^{-7}$ d) $\left(\frac{u}{2}\right)^{-2}$

23 a) 3^{20} b) 6^{-24} c) 10^{30} d) 3^{-4}

24 a) $(b^4)^3 = b^{12}$ b) $(a^{-5})^{-2} = a^{10}$
c) $(x^{-4})^{2x-1} = b^{-8x+4}$

25 a) x^{8n-12} b) y^{6z^2+3z} c) m^{2y^2-y-6}

26 a) $a^{6n-4} \cdot a^{12-4n} = a^{2n+8}$
b) $b^{6u-9v} \cdot b^{-20v-5u} = b^{u-29v}$
c) $\frac{m^{8+12n} \cdot m^{4n-1}}{m^{-3n+3}} = \frac{m^{16n+7}}{m^{-3n+3}} = m^{19n+4}$
d) x^{-2t-30}
e) $y^{mn+3m} \cdot y^{-4m+2mn} = y^{3mn-m}$
f) $a^{-nm+3n} \cdot a^{-2m+nm} = a^{3n-2m}$

27 a) $1 \cdot 10^2$ b) $1 \cdot 10^6$ c) $1 \cdot 10^4$
d) $1 \cdot 10^{12}$ e) $1 \cdot 10^9$ f) $1 \cdot 10^1$

28 a) $3{,}6 \cdot 10^5$ b) $8{,}002 \cdot 10^8$ c) $6 \cdot 10^8$
d) $3{,}8 \cdot 10^{10}$ e) $5 \cdot 10^5$ f) $7{,}084 \cdot 10^8$

29 a) 51300000 b) 1926000
c) 208000 d) 470200000

30 a) $3 \cdot 10^5 \frac{km}{s}$ b) $3 \cdot 10^8 \frac{m}{s}$

31 a) $1 \cdot 10^{-2}$ b) $1 \cdot 10^{-6}$ c) $1 \cdot 10^{-4}$ d) $1 \cdot 10^{-9}$

32 a) $3{,}6 \cdot 10^{-3}$ b) $2{,}07 \cdot 10^{-4}$ c) $5 \cdot 10^{-9}$
d) $2 \cdot 10^{-10}$ e) $3{,}8 \cdot 10^{-10}$

33 a) 0,0000418
b) 0,0000000001926
c) 0,000004
d) 0,000000009604

34 $1\,mm = 10^{-1}\,cm = \mathbf{10^{-2}}\,dm = \mathbf{10^{-3}}\,m = \mathbf{10^{-6}}\,km$

35 a) $2{,}265 \cdot 10^{16}$ b) $1{,}998 \cdot 10^{25}$ c) $1{,}575 \cdot 10^{13}$

36 Die mittlere Entfernung Sonne – Neptun beträgt $4{,}488 \cdot 10^9$ km.

37 a) $9{,}5 \cdot 10^4$ b) $1{,}6 \cdot 10^{11}$ c) $5 \cdot 10^7$

38 Die Masse der Sonne ist ca. $3{,}3 \cdot 10^5$-mal so groß.

39 a) $2{,}132 \cdot 10^{-13}$ b) $1{,}66 \cdot 10^{-7}$ c) $6{,}4 \cdot 10^5$

40 a) $7{,}5 \cdot 10^{-6}$ b) $1{,}25 \cdot 10^{13}$ c) $1 \cdot 10^{-15}$

41 Es sind ca. $5{,}98 \cdot 10^{23}$ ($\approx 6 \cdot 10^{23}$) Atome enthalten.

42 a) $60 \cdot 60 \cdot 24 \cdot 365 = 3{,}1536 \cdot 10^7$
Das Jahr hat $3{,}1536 \cdot 10^7$ Sekunden.
b) $3{,}1536 \cdot 10^7 \cdot 3 \cdot 10^5 = 9{,}4608 \cdot 10^{12}$
Es sind rund $9{,}5 \cdot 10^{12}$ km.

43 Atomdurchmesser: ca. 10^{-7} mm
$1\,mm : (1 \cdot 10^{-7}\,mm) = 1 \cdot 10^7$
Es sind ca. 10^7 Atome.

44 a) 12 b) 7 c) 0,4 d) $\frac{4}{6} = \frac{2}{3}$

45 a) $\sqrt[2]{289} = 17$ b) $\sqrt[4]{0{,}0081} = 0{,}3$
c) $\sqrt[8]{256} = 2$ d) $\sqrt[4]{\frac{81}{625}} = \frac{3}{5}$

46 a) 1,414 b) 2,154 c) 1,495 d) 0,866

47 a) 2,646 m b) 2,191 m
c) 3,536 m d) 31,62 m

48 a) 1,26 cm b) 1,77 m
c) 5,85 dm d) 4,64 mm

49 a) $\sqrt{81} = 9$ b) $\sqrt{144} = 12$
c) $\sqrt[3]{1000} = 10$ d) $\sqrt[3]{216} = 6$

50 a) $\sqrt{36} = 6$ b) $\sqrt[5]{243} = 3$
c) $\sqrt[3]{8} = 2$ d) $\sqrt[3]{343} = 7$

51 a) $\sqrt[6]{25} \approx 1,71$ b) $\sqrt[12]{100} \approx 1,47$
c) $\sqrt[9]{91} \approx 1,65$ d) $\sqrt[10]{0,4} \approx 0,91$

52 a) $\sqrt{4}\cdot\sqrt{3} = 2\cdot\sqrt{3}$ b) $\sqrt[3]{8}\cdot\sqrt[3]{2} = 2\cdot\sqrt[3]{2}$
c) $\sqrt{25}\cdot\sqrt{5} = 5\cdot\sqrt{5}$ d) $\frac{\sqrt{3}}{4}$

53 a) $\sqrt[5]{(8^3)^5} = 8^3$ b) $\sqrt[4]{(7^2)^4} = 7^2 = 49$
c) $\left[\left(\sqrt[4]{5}\right)^4\right]^3 = 5^3 = 125$ d) $\left[\left(\sqrt[3]{7}\right)^3\right]^6 = 7^6$

54 a) $a\cdot\sqrt{5}$ b) $3x$
c) $a\cdot b^2\cdot\sqrt{5}$ d) $2\cdot\sqrt{2}\,a^3 b$
e) a^3 f) a^5
g) $(ab)^5$ h) $(xy)^4$

55 a) $\frac{a^2\cdot\sqrt{2}}{b^3}$ b) $\frac{\sqrt{a}}{7}$
c) $\frac{3a^2}{b\sqrt{b}}$ d) $\frac{3a^2\cdot\sqrt{3}}{b}\cdot\frac{b^3}{\sqrt{3}\cdot a} = 3ab^2$

56 a) $\sqrt[5]{10^4}$ b) $\sqrt{3}$ c) $\sqrt{7^5}$ d) $\sqrt[6]{0,5^7}$

57 a) $8^{\frac{7}{5}}$ b) $7^{\frac{8}{3}}$ c) $5^{\frac{11}{5}}$ d) $7^{\frac{2}{3}}$

58 a) $2^{\frac{12}{4}} = 2^3 = 8$ b) $10^{-\frac{8}{4}} = 10^{-2} = 0,01$
c) $3^{\frac{12}{4}} = 3^3 = 27$ d) $7^{-\frac{6}{3}} = 7^{-2} = \frac{1}{49}$

59 a) 81 b) 3 c) $\frac{1}{9}$ d) 1
e) 27 f) $\frac{1}{27}$ g) $\frac{1}{3}$ h) $\frac{1}{81}$

60 a) $8,27^{\frac{1}{4}} = \sqrt[4]{8,27}$
b) $26,8^{\frac{16}{10}} = 26,8^{\frac{8}{5}} = \sqrt[5]{26,8^8}$
c) $2,713^{\frac{375}{100}} = 2,713^{\frac{15}{4}} = \sqrt[4]{2,713^{15}}$
d) $19,4^{\frac{216}{100}} = 19,4^{\frac{54}{25}} = \sqrt[25]{19,4^{54}}$
e) $3,8^{\frac{85}{1000}} = 3,8^{\frac{17}{200}} = \sqrt[200]{3,8^{17}}$

61 a) $a^{1,8} = a^{\frac{18}{10}} = a^{\frac{9}{5}} = \left(\sqrt[5]{a}\right)^9$
b) $x^{0,4} = x^{\frac{2}{5}} = \left(\sqrt[5]{x}\right)^2$
c) $4^{\frac{2}{3}} = \left(\sqrt[3]{4}\right)^2$
d) $y^{2,5} = y^{\frac{5}{2}} = \left(\sqrt{y}\right)^5$

62 a) $a^{\frac{5}{4}} = \left(\sqrt[4]{a}\right)^5$ b) $a^{\frac{1}{6}} = \sqrt[6]{a}$
c) $p^{\frac{1}{3}} = \sqrt[3]{p}$ d) $\left[\left(\frac{a}{b}\right)^{\frac{4}{7}}\right]^{\frac{7}{2}} = \left(\frac{a}{b}\right)^2$

63 a) $a^{\frac{12}{4}}\cdot a^{\frac{1}{6}} = a^{\left(3+\frac{1}{6}\right)} = a^{\frac{19}{6}}$
b) $b^{\left(\frac{3}{4}-\frac{3}{5}\right)} = b^{0,15}$
c) $3^{\frac{7}{4}\cdot\frac{1}{2}} = 3^{\frac{7}{8}} = 3^{0,875}$
d) $x^{\left(\frac{3}{4}+\frac{5}{4}\right)} = x^2$

64 a) $x = \sqrt[4]{20} \approx 2,11$ b) $x = \sqrt[6]{6} \approx 1,35$
c) $x = -\sqrt[3]{6} \approx -1,82$ d) $x = -\sqrt[5]{18} \approx -1,78$

65 a) $2x^4 = 162$ $x = 3$
b) $\frac{1}{2}x^5 = 512$ $x = 4$
c) $4a^3 = 6912\,cm^3$ $a = 12\,cm$

66 a) $x = \sqrt[3]{8^4}$ $x = 16$ b) $x = \sqrt{25^3}$ $x = 125$
c) $x = \sqrt[3]{27^2}$ $x = 9$ d) $x = \sqrt[3]{\left(\frac{1}{8}\right)^5}$ $x = \frac{1}{32}$

67 a) 5 b) -3
c) 0 d) 3
e) 4 f) $\frac{2}{3}$ $\left(8^{\frac{2}{3}} = \left(\sqrt[3]{8}\right)^2 = 4\right)$
g) $\frac{1}{2}$ $\left(9^{\frac{1}{2}} = \sqrt{9} = 3\right)$ h) $\frac{3}{4}$ $\left(\left(\sqrt[4]{625}\right)^3 = 125\right)$
i) 15 $(7^{15} = 7^{15})$
j) -3 $\left(0,5^{-3} = \frac{1}{0,5^3} = 8\right)$

68 a) $a = 4$ b) $a = 2$ c) $a = 7$
d) $a = \frac{1}{5}$ $\left(\left(\frac{1}{5}\right)^{-3} = \frac{1}{\frac{1}{125}} = 125\right)$
e) $b = 16$ f) $b = \frac{1}{27}$ g) $b = 2$
h) $b = \sqrt[5]{7^2} = \sqrt[5]{49}$

69 a) $\approx 2,30263$ b) $\approx -7,77343$
c) $\approx 4,02293$

70 a)
$$2,53^{2x+1} = 50674$$
$$(2x+1)\cdot\ln 2,53 = \ln 50674$$
$$2x+1 = \frac{\ln 50674}{\ln 2,53}$$
$$x = \frac{1}{2}\left(\frac{\ln 50674}{\ln 2,53} - 1\right) \approx 5,335$$

b)
$$(2y-5)\cdot\ln 17 = y\cdot\ln 21$$
$$2y\cdot\ln 17 - 5\cdot\ln 17 = y\cdot\ln 21$$
$$2y\cdot\ln 17 - y\cdot\ln 21 = 5\cdot\ln 17$$
$$y\cdot(2\cdot\ln 17 - \ln 21) = 5\cdot\ln 17$$
$$y = \frac{5\cdot\ln 17}{2\cdot\ln 17 - \ln 21} \approx 5,403$$

71
$$328 = 1020\cdot 0,88^x$$
$$\frac{328}{1020} = 0,88^x \qquad |\log$$
$$\log 328 - \log 1020 = x\cdot\log 0,88$$
$$x = \frac{\log 328 - \log 1020}{\log 0,88} \approx 8,9$$
Die Flughöhe beträgt ungefähr 8,9 km.

72 $80000 = 5000\cdot 1,03^t$
$$t = \frac{\log 80000 - \log 5000}{\log 1,03} \approx 93,8$$
Es dauert knapp 94 Jahre.

73 $3000000 = 750\cdot 3^x$
$$x = \frac{\log 3000000 - \log 750}{\log 3} \approx 7,55$$
Die Einheit der linearen Größe ist „8 Stunden“: $7,55\cdot 8 = 60,4$.
Nach etwa $60\frac{1}{2}$ Stunden ist eine Bakterienzahl von 3 000 000 erreicht.

Zwischentest, Seite 38

Vergeben Sie einen Punkt pro Teilaufgabe oder Teilschritt, bei Aufgabe 8 zwei.

1 a) 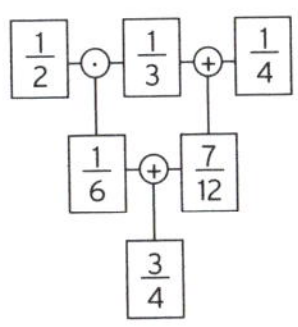

b) 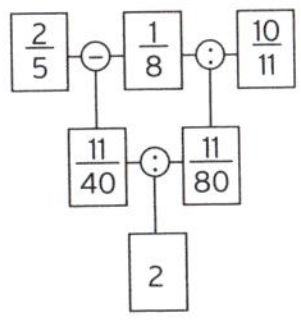

2 a) $\frac{8}{27}$ b) $\frac{1}{32}$ c) $2^6 = 64$ d) 2

3 a) $2{,}57 \cdot 10^6$ b) $4{,}8563 \cdot 10^{10}$ c) $8 \cdot 10^9$

4 a) 30 480 000 b) 384 400 000 m
c) 149 600 000 000 m

5 a) $a^2 b$ b) $3x\sqrt[4]{x}$ c) 2 d) $a^2 b\sqrt[3]{b^2}$

6 a) $x_1 = \sqrt[4]{12}$; $x_2 = -\sqrt[4]{12}$ b) $x = -\sqrt[3]{4}$

7 a) 5 b) −2 c) $\frac{1}{2}$ d) $-\frac{1}{3}$

8 a)
$$1{,}3 \cdot 5^x = 162{,}5 \quad |:1{,}3$$
$$5^x = 125 \quad |\log_5$$
$$x = 3$$

b)
$$-4 \cdot 3^{4x+5} = -176 \quad |:(-4)$$
$$3^{4x+5} = 44 \quad |\ln$$
$$(4x+5) \cdot \ln 3 = \ln 44 \quad |:\ln 3$$
$$4x + 5 = \frac{\ln 44}{\ln 3} \quad |-5$$
$$4x = \frac{\ln 44}{\ln 3} - 5 \quad |:4$$
$$x = \frac{1}{4} \cdot \left(\frac{\ln 44}{\ln 3} - 5\right) \approx -0{,}39$$

Geometrie, Seite 39 bis 50

1 Hier ohne Zeichnung:
a) $\gamma = 99°$ b) $a = 6{,}7$ cm
c) $a = 3{,}9$ cm d) $c = 7{,}45$ cm

2 a) Die Winkel α und β sind zusammen über 180° groß.
b) Die Seite c ist länger als die Seiten a und b zusammen.
c) Im Dreieck liegt der größeren Seite der größere Winkel gegenüber. Demnach müsste der Seite b ein größerer Winkel als 98° gegenüberliegen. Das ist aber angesichts der Winkelsumme 180° nicht möglich.
d) Ohne eine Längenangabe kann man kein Dreieck eindeutig konstruieren.

3 Da $\overline{AD} = \overline{BE} = \overline{CD}$ gilt auch $\overline{FA} = \overline{DB} = \overline{EC}$. Außerdem sind die Winkel $\alpha = \beta = \gamma = 60°$. Damit sind die Dreiecke ADF, DBE und ECF nach sws kongruent. Folglich gilt $\overline{FD} = \overline{DE} = \overline{EF}$ und damit die Behauptung.

4 (1) Wegen $S \in m_a$ gilt $\overline{SB} = \overline{SC}$ und wegen $S \in m_b$ gilt $\overline{SA} = \overline{SC}$. Also ist S von allen drei Punkten A, B und C gleich weit entfernt.
(2) Auf m_c liegen alle Punkte, die von A und B gleich weit entfernt sind, also muss auch der Punkt S zu m_c gehören.

5 Mit dem Zeichnen von zwei Mittelsenkrechten ist die Position von H bestimmt.

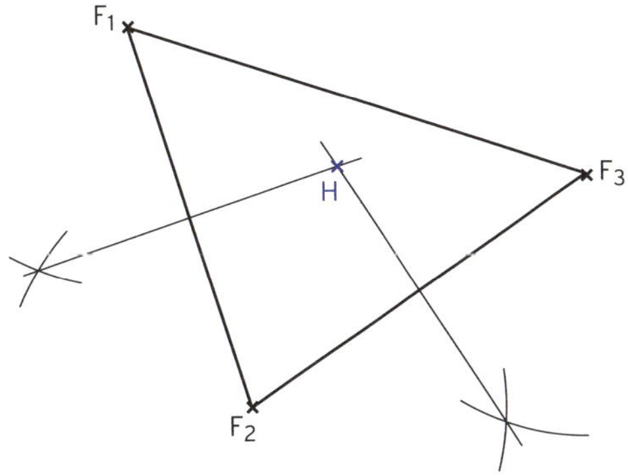

6 Mit dem Zeichnen von zwei Winkelhalbierenden ist der Mittelpunkt des Inkreises bestimmt (hier: P). Von P zeichnet man das Lot auf eine Dreieckseite, die in Q vom Lot getroffen wird. Die Länge PQ ist der Radius des Inkreises, hier ca. 1,3 cm.

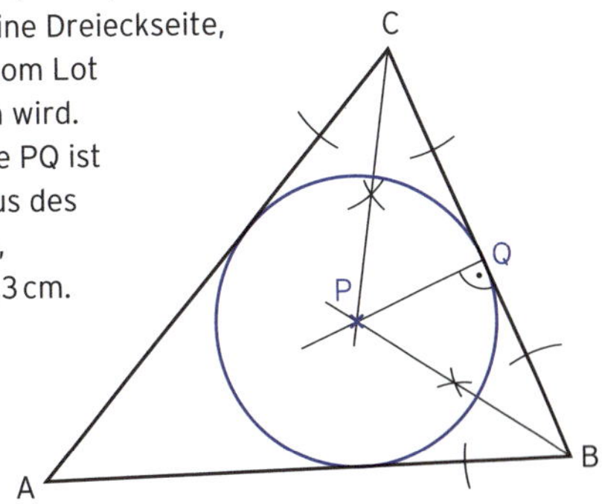

7 Mit dem Zeichnen von zwei Seitenhalbierenden ist der Schwerpunkt S bestimmt.

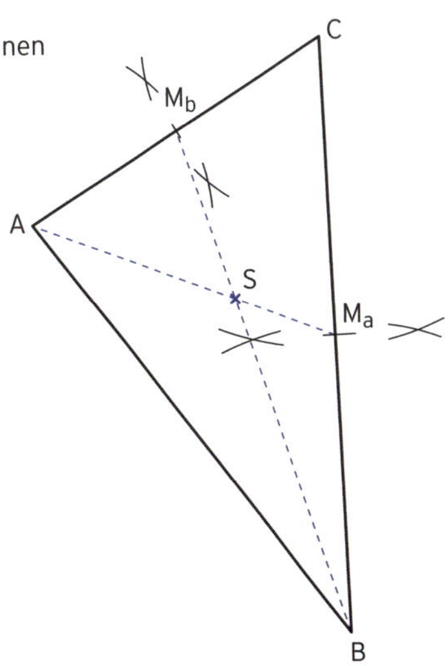

8 Mit dem Zeichnen von zwei (beliebigen) Höhengeraden ist der Schnittpunkt H bestimmt.

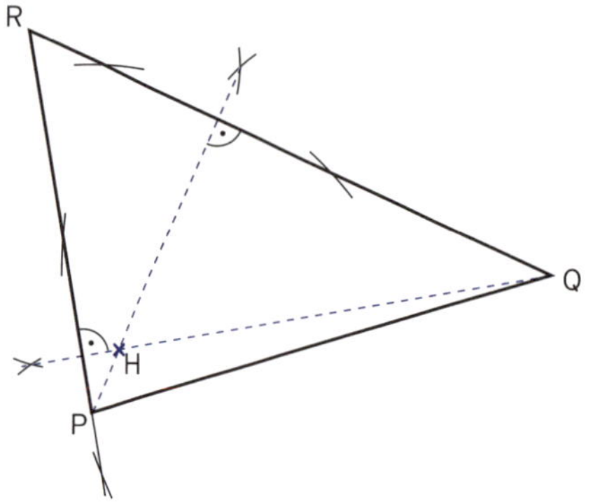

9
- Strecke c zeichnen
- Parallele zu c im Abstand 4,5 cm zeichnen
- Winkel α in A antragen, Schnittpunkt des Schenkels mit der Parallelen ist C.

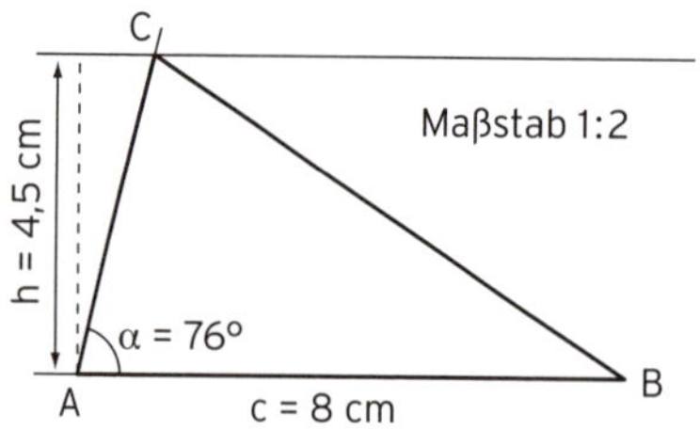

10
- Strecke c zeichnen
- über c den Thaleskreis zeichnen
- Kreisbogen um B mit dem Radius h_b zeichnen; Schnittpunkt mit dem Thaleskreis H nennen
- Strahl AH zeichnen
- Kreisbogen um B mit dem Radius a zeichnen, er trifft den Strahl in C.

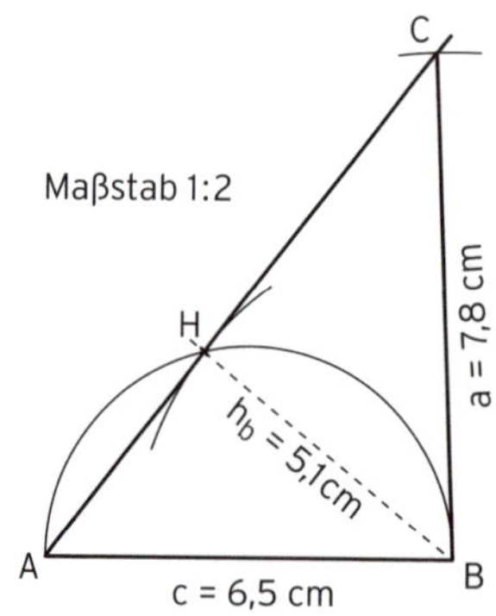

11 Im gleichseitigen Dreieck sind alle Seiten gleich lang und alle Winkel 60° groß. Lot von C auf $\overline{AB}$, Fußpunkt H; die Dreiecke AHC und BHC sind kongruent,

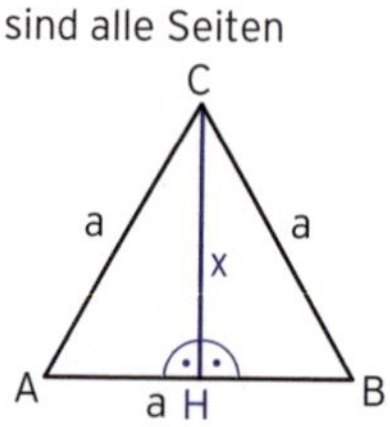

daher ist H Mittelpunkt von $\overline{AB}$, x halbiert den Winkel γ. x ist Höhe (nach Konstruktion), Winkelhalbierende, Mittelsenkrechte und Seitenhalbierende.

12
- In K_1 und K_2 Winkel von 30° antragen; Schnittpunkt der Schenkel ist M.
- Um M einen Kreis mit dem Radius $r = MK_1 = MK_2$ zeichnen.
- Wo der Kreis die Häuserwand h trifft (S_1 bzw. S_2), könnte der Scheinwerfer montiert werden. Nach dem Umfangswinkelsatz würde er genau die Kinofront ausleuchten.

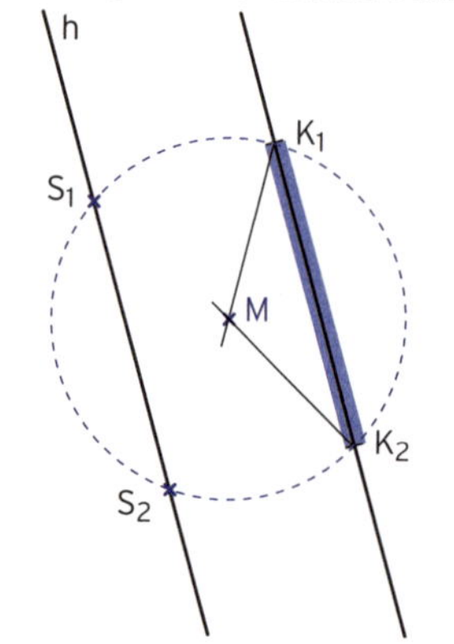

13 Beweisskizze:

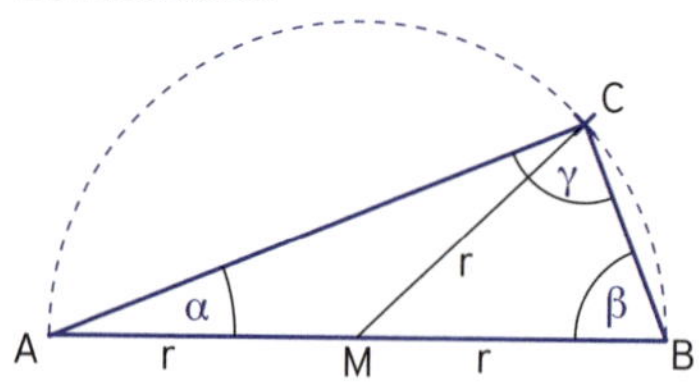

ΔAMC und ΔBMC sind gleichschenklig; die Schenkel haben jeweils die Länge r.
Die Teilwinkel bei C haben die Größe α bzw. β, weil gleichschenklige Dreiecke gleich große Basiswinkel haben.
Winkelsumme im Dreieck ABC:

$$\alpha + \beta + \gamma = 180°$$
$$\alpha + \beta + \alpha + \beta = 180°$$
$$2\alpha + 2\beta = 180°$$
$$2 \cdot (\alpha + \beta) = 180°$$
$$\alpha + \beta = 90°$$
$$\gamma = \alpha + \beta$$
$$\gamma = 90°$$

14 a) $\frac{7,2}{4,8} = 1,5$; $\frac{4,8}{3,2} = 1,5$; $\frac{5,8}{4} = 1,45$
Die Dreiecke sind nicht ähnlich.

b) ΔABC hat die Winkel 81°, 53° und 46°.
ΔDEF hat die Winkel 46°, 53° und 81°.
Die beiden Dreiecke sind ähnlich.

15 a) β_1 und β_2 sind gleich groß (Scheitelwinkel). Damit stimmen die Dreiecke in zwei Winkeln überein und sind nach Satz (1), Seite 43, ähnlich.

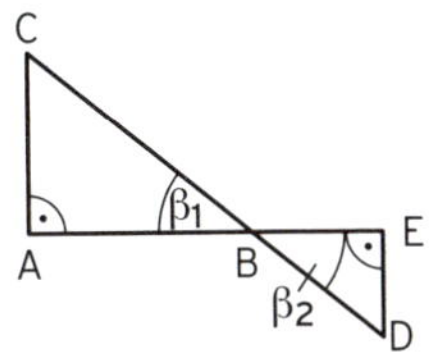

b) β_1 und β_2 sind gleich groß (Scheitelwinkel). δ und γ sind gleich groß (Wechselwinkel, da g und h parallel sind), die Dreiecke sind also ähnlich.

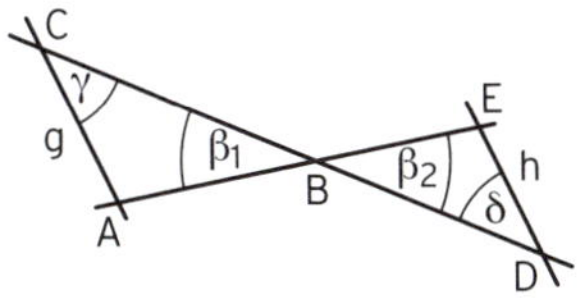

16 a) gesucht sind $\overline{AC}$ und $\overline{BD}$

$\frac{\overline{AC}}{\overline{DE}} = \frac{\overline{AB}}{\overline{BE}} \Rightarrow \frac{\overline{AC}}{1,6} = \frac{7,2}{2,4}$ $|\cdot 1,6 \Rightarrow \overline{AC} = 4,8\,cm$

$\frac{\overline{BD}}{\overline{BC}} = \frac{\overline{BE}}{\overline{AB}} \Rightarrow \frac{\overline{BD}}{8,7} = \frac{2,4}{7,2}$ $|\cdot 8,7 \Rightarrow \overline{BD} = 2,9\,cm$

b) gesucht sind $\overline{EB}$ und $\overline{BC}$

$\frac{\overline{EB}}{\overline{AB}} = \frac{\overline{ED}}{\overline{AC}} \Rightarrow \frac{\overline{EB}}{7,9} = \frac{4}{9}$ $|\cdot 7,9 \Rightarrow \overline{EB} \approx 3,5\,m$

$\frac{\overline{BC}}{\overline{BD}} = \frac{\overline{AB}}{\overline{BE}} \Rightarrow \frac{\overline{BC}}{5} = \frac{7,9}{3,5}$ $|\cdot 5 \Rightarrow \overline{BC} \approx 11,3\,m$

17 a)
- Strahlen von Z durch A, B und C
- $2\cdot\overline{ZA} = \overline{ZA'}$, $2\cdot\overline{ZB} = \overline{ZB'}$ etc.
- Punkte A′, B′, C′ verbinden

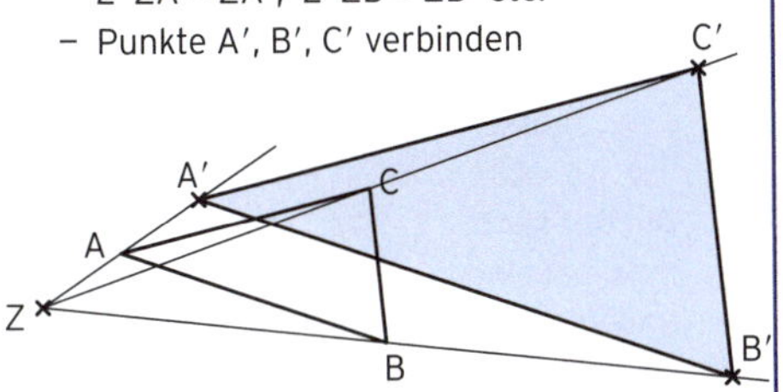

b) ΔA′B′C′ hat den Flächeninhalt
$A = 2^2\cdot 1,38^2$; $A = 5,52\,cm^2$

18 Zeichnung: individuelle Lösung
$\overline{ZA'} = k_1\cdot\overline{ZA}$ ①
$\overline{ZA''} = |k_2|\cdot\overline{ZA'}$ ②
① in ② einsetzen: $\overline{ZA''} = |k_2|\cdot k_1\cdot\overline{ZA}$
Mit dem Streckungsfaktor
$k = k_1\cdot k_2 = 1,5\cdot(-2) = -3$ hätte man die direkte Abbildung bekommen.

19 Es liegt zentrische Streckung vor.
Z(0|3); k = 2

20 a) $x = \overline{BE}$ b) $x = \overline{AB}$ c) $x = \overline{DF}$ d) $x = \overline{EF}$

21 $\frac{x}{3,6} = \frac{4,5}{3}$ $|\cdot 3,6 \Rightarrow x = 5,4\,cm$

$\frac{y}{6} = \frac{3}{4,5}$ $|\cdot 6 \Rightarrow y = 4\,cm$

22 $\frac{12}{15} = \frac{f}{f+28}$ $|\cdot 15\cdot(f+28) \Leftrightarrow 12\cdot(f+28) = 15f$
$\Leftrightarrow 12f + 336 = 15f \Leftrightarrow 336 = 3f \Leftrightarrow f = 112$
Der Fluss ist 112 m breit.

23 a) $x \approx 8,6\,cm$ b) $a \approx 6,1\,cm$
c) $(y+1,8)^2 = y^2 + 4,6^2 \Leftrightarrow 3,6\cdot y + 1,8^2 = 4,6^2$;
$y = 4,9\overline{7}\,cm \approx 5\,cm$

24 $x \approx 128\,km$

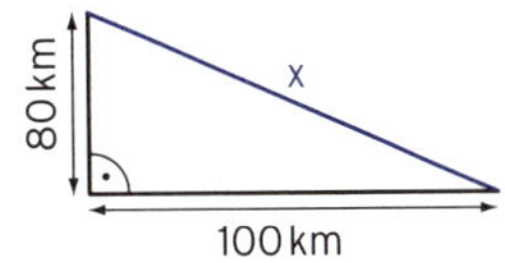

25 $9,30 : 2 = 4,65$
$x^2 = 4,65^2 - 4,5^2$
$x \approx 1,17\,m$
$y = 4,50 - 1,17$
$- 0,60$
$y = 2,73\,m$

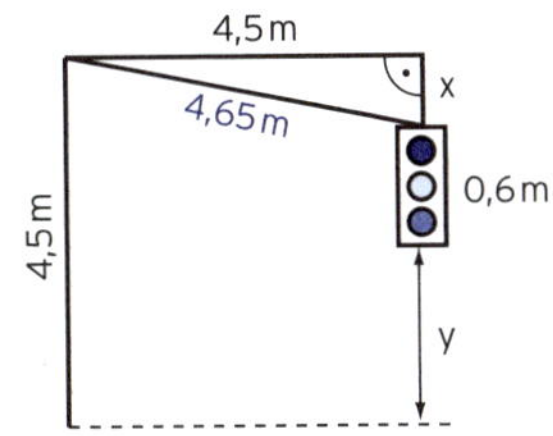

26
- Über der Strecke $\overline{AB}$ wird der Thaleskreis gezeichnet; Schnittpunkt um Kreis und Höhenstrahl ist C.
- Das Quadrat über $\overline{AC}$ ist inhaltsgleich zum gegebenen Rechteck (Kathetensatz).

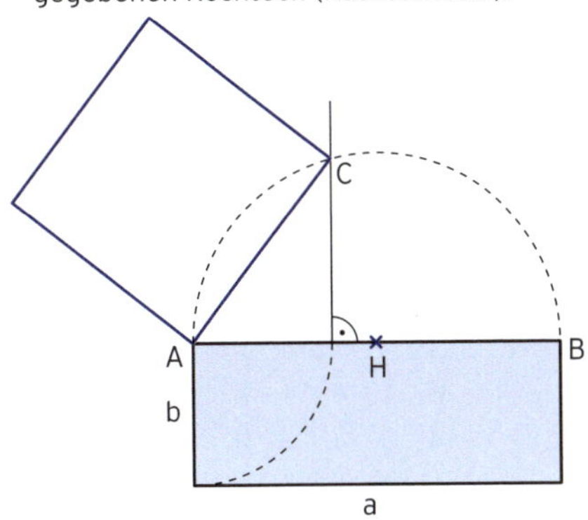

27
- B mit C verbinden
- in C einen rechten Winkel antragen
- Das Rechteck mit den Kantenlängen $\overline{AB}$ und $\overline{AD}$ hat denselben Inhalt wie das gegebene Quadrat.

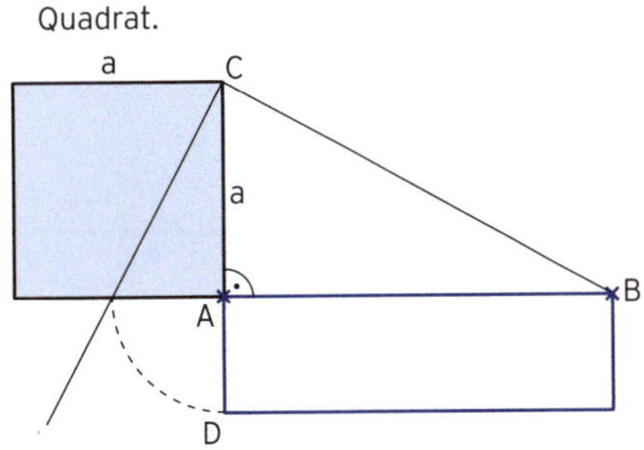

28 a) $x \approx 3,9\,m$ b) $x \approx 3,4\,cm$ c) $x \approx 8\,cm$
$y \approx 7,7\,m$ $y \approx 6,6\,cm$ $y \approx 8,9\,cm$

29 a) $\alpha \approx 60,4°$ b) $\alpha \approx 57°$ c) $\alpha \approx 31,4°$
$b \approx 7,22\,m$ $\beta \approx 33°$ $\gamma \approx 58,6°$
$\beta \approx 29,6°$ $c \approx 8,24\,m$ $c \approx 8,37\,m$

30 $\tan 7° = \frac{x}{28} \Rightarrow x \approx 3{,}44$; das Flugzeug überfliegt die Kirche in ca. 3,44 km Höhe.

31

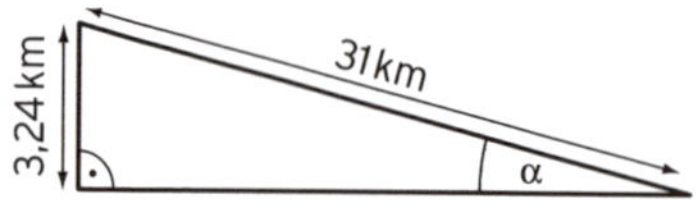

a) $\sin\alpha = \frac{3{,}24}{31} \Rightarrow$ das Flugzeug steigt mit einem Winkel von $\alpha \approx 6°$ an.

b) $\sin\alpha = \frac{10}{x} \Rightarrow x \approx 95{,}679$; nach ca. 96 km Flug ist die Flughöhe erreicht.

32 a) Sinussatz: $\frac{a}{\sin 29°} = \frac{11{,}7}{\sin 137°} \Rightarrow a \approx 8{,}32\,\text{cm}$

b) Kosinussatz:
$x^2 = 4{,}9^2 + 8{,}5^2 - 2 \cdot 4{,}9 \cdot 8{,}5 \cdot \cos 82°$
$\Rightarrow x \approx 9{,}2\,\text{km}$

33 a) Kosinussatz:
$\gamma = \cos^{-1}\left(\frac{6{,}3^2 + 7{,}9^2 - 11{,}8^2}{2 \cdot 6{,}3 \cdot 7{,}9}\right) \Rightarrow \gamma \approx 111{,}9°$

b) Sinussatz:
$\frac{\sin\alpha}{7{,}4} = \frac{\sin 54°}{6{,}1} \Rightarrow \alpha = \sin^{-1}\left(\frac{\sin 54° \cdot 7{,}4}{6{,}1}\right)$
$\Rightarrow \alpha \approx 78{,}9°$

34 a) – konstruiere zwei Mittelsenkrechten
– Schnittpunkt ist Umkreismittelpunkt U

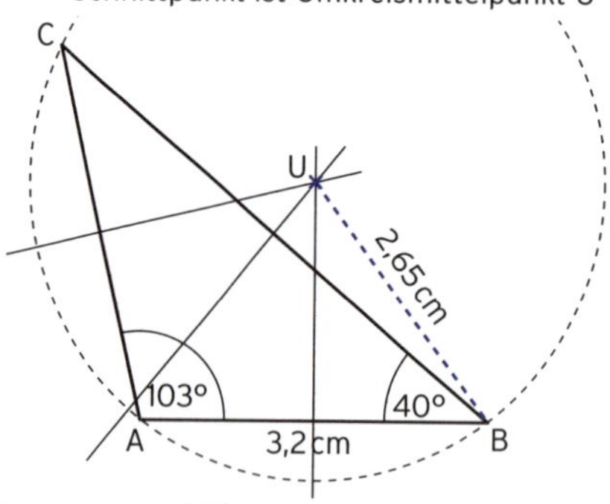

b) messe z. B. $\overline{UB}$: $r = 2{,}65\,\text{cm}$

c) $\frac{3{,}2\,\text{cm}}{\sin 37°} = 2r \quad |:2 \qquad 2{,}66\,\text{cm} \approx r$

Zwischentest, Seite 50

Vergeben Sie die Punkte wie angegeben.

1 Die vier Dreiecke sind nach sws kongruent, damit hat das Innenviereck vier gleich lange Seiten.
$\alpha + \beta = 90°$,
$\alpha + \beta + \gamma = 180°$,
also: $\gamma = 90°$
(3 P.)

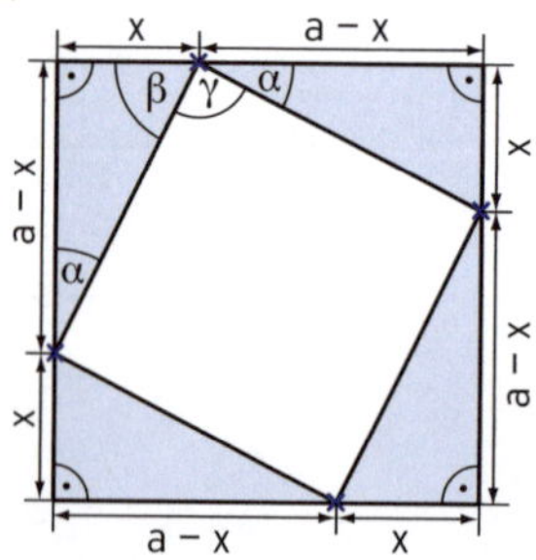

2 a) – Strecke c zeichnen
– Winkel α abtragen
– mit dem Zirkel Strecke b abtragen
– A, B, C verbinden (1 P.)
– zwei Mittelsenkrechten konstruieren, Schnittpunkt ist Umkreismittelpunkt U
– $r = \overline{UA}$ messen: $r \approx 2{,}3\,\text{cm}$ (1 P.)

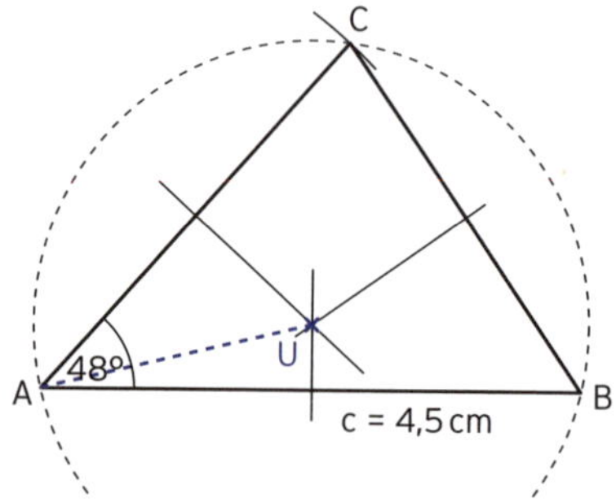

b) – Zeichnung im Maßstab 1:100
– zeichne Basis mit 4 cm
– Kreisbogen um A und B mit r = 5 cm
– Schnittpunkt ist C (1 P.)
– zwei Winkelhalbierende konstruieren
– Schnittpunkt ist Inkreismittelpunkt I
– von I auf Strecke $\overline{AB}$ das Lot fällen und Abstand messen:
r = 1,3 cm (1 P.)

Die Uhr kann maximal einen Radius von 1,3 m haben.

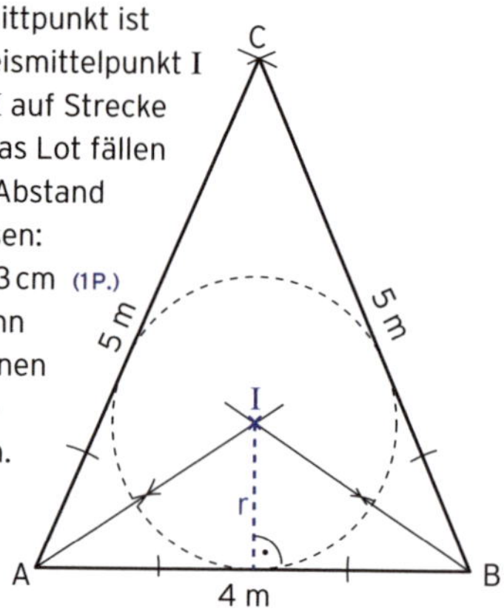

3 a)

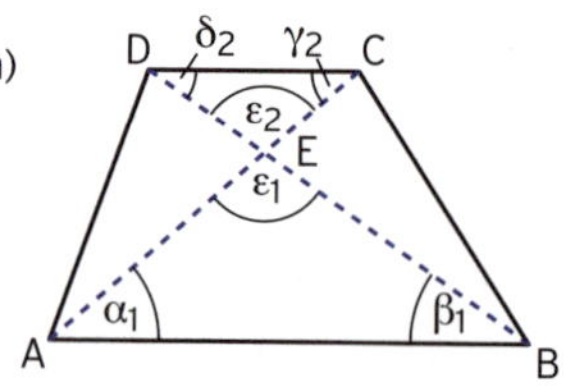

$\alpha_1 = \gamma_2$ (Wechselwinkel)
$\varepsilon_1 = \varepsilon_2$ (Scheitelwinkel)
$\beta_1 = \delta_2$ (Wechselwinkel) (2 P.)
Die Dreiecke ABE und ECD sind ähnlich.

b) Im gleichschenkligen Trapez sind mit der gleichen Begründung auch noch die Dreiecke AED und EBC ähnlich (sogar kongruent). (2 P.)

4 $B'(3{,}5|-1{,}5)$ (1 P.), $C'(6|-1)$ (1 P.), $k = -\frac{1}{2}$ (1 P.)

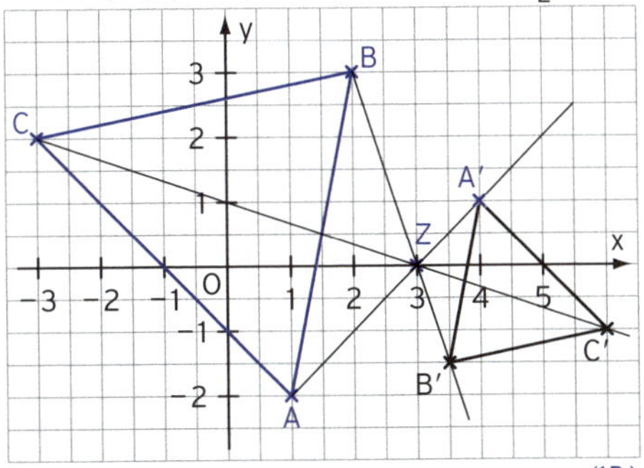

(1 P.)

5 a) $\frac{\overline{AB}}{\overline{BC}} = \frac{\overline{AE}}{\overline{ED}}$ (1 P.) $\frac{\overline{BE}}{\overline{CD}} = \frac{\overline{AB}}{\overline{AC}}$ (1 P.)

$\frac{\overline{AB}}{\overline{AG}} = \frac{\overline{AE}}{\overline{AF}}$ (1 P.) $\frac{\overline{FG}}{\overline{EB}} = \frac{\overline{AF}}{\overline{AE}}$ (1 P.)

$\left(\frac{\overline{FG}}{\overline{CD}} = \frac{\overline{AF}}{\overline{AD}};\ \frac{\overline{FG}}{\overline{AG}} = \frac{\overline{EB}}{\overline{AB}};\ \frac{\overline{FG}}{\overline{CD}} = \frac{\overline{AG}}{\overline{AC}}\right)$

b) $\frac{x}{3{,}5} = \frac{2{,}2}{4{,}5}$

$\Rightarrow x \approx 1{,}7\,m$ (1 P.)

$A = 2 \cdot 1{,}7 \cdot 12$

$A = 40{,}8\,m^2$ (1 P.)

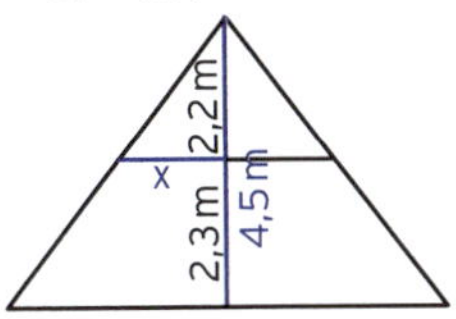

6

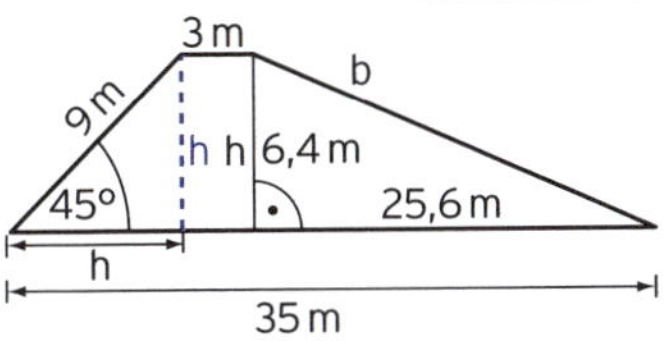

$h^2 + h^2 = 9^2 \Leftrightarrow 2h^2 = 81^2 \Leftrightarrow h = \sqrt{\frac{81^2}{2}}$

$h \approx 6{,}4\,m$ (2 P.)

$b = \sqrt{6{,}4^2 + 25{,}6^2}$; $b \approx 26{,}4\,m$ (2 P.)

7

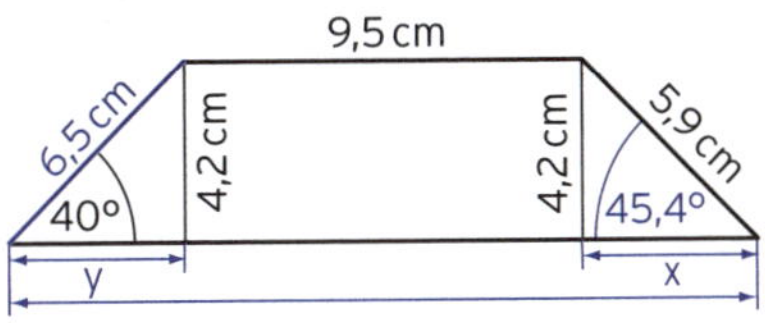

a) $\sin 40° = \frac{4{,}2}{d}$; $d = \frac{4{,}2}{\sin 40°} \approx 6{,}5$ (0,5 P.)

$\sin\beta = \frac{4{,}2}{5{,}9}$ $|\sin^{-1} \Rightarrow \beta \approx 45{,}4°$ (0,5 P.)

$x = \sqrt{5{,}9^2 - 4{,}2^2} \approx 4{,}1$ (0,5 P.)

$y = \sqrt{6{,}5^2 - 4{,}2^2} \approx 5$ (0,5 P.)

$a = 5 + 9{,}5 + 4{,}1 = 18{,}6$ (0,5 P.)

$A = \frac{18{,}6 + 9{,}5}{2} \cdot 4{,}2$; $A = 59{,}01\,cm^2$ (0,5 P.)

b) $\beta = 180° - 74° - 62° = 44°$ (1 P.)

$\frac{a}{\sin 62°} = \frac{4{,}5}{\sin 44°}$ $|\cdot \sin 62°$;

$a \approx 5{,}7\,cm$ (1 P.)

$\frac{c}{\sin 74°} = \frac{4{,}5}{\sin 44°}$ $|\cdot \sin 74°$;

$c \approx 6{,}2\,cm$ (1 P.)

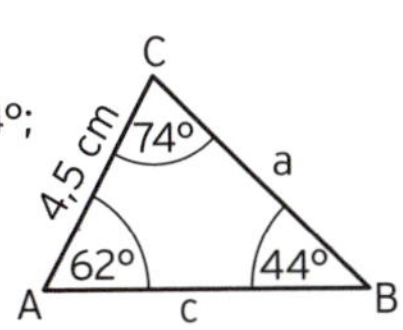

Flächen und Körper, Seite 51 bis 64

1 a) $A = a \cdot b \Rightarrow b = \frac{A}{a} = 3{,}8\,m$

$u = 2a + 2b = 20{,}6\,m$

b) $e = a \cdot \sqrt{2} \Rightarrow a = \frac{e}{\sqrt{2}} \approx 4{,}8\,dm$

$A = a^2 = 23{,}04\,dm^2$

2 $A = g \cdot h \Rightarrow h = \frac{A}{g} = 2{,}5\,cm$

3 a) $A = a \cdot h_a = 12{,}42\,cm^2$

b) $u = 2a + 2b \Rightarrow b = \frac{u}{2} - a = 3{,}6\,cm$

c) $A = b \cdot h_b \Rightarrow h_b = \frac{A}{b} = 3{,}45\,cm$

4 $A = \frac{e \cdot f}{2} = 12{,}76\,cm^2$

5 $A = \frac{e \cdot f}{2} \Rightarrow e = \frac{2 \cdot A}{f} = 17\,cm$

6 Nach dem Satz des Pythagoras gilt:

$a^2 = \left(\frac{e}{2}\right)^2 + \left(\frac{f}{2}\right)^2$; $a = \sqrt{\left(\frac{5{,}6}{2}\right)^2 + \left(\frac{5{,}2}{2}\right)^2}$;

$a \approx 3{,}8\,dm$; $u \approx 15{,}2\,dm$

7 $A = \frac{a + c}{2} \cdot h \Rightarrow h = \frac{2A}{a + c} = 12\,m$

8 a) $A = 8{,}45\,m^2$

b) Nach dem Satz des Pythagoras gilt:

$d^2 = 1{,}75^2 + 2{,}6^2$

$\Rightarrow d \approx 3{,}13\,m = b$;

$u = 5\,m + 1{,}5\,m + 2 \cdot 3{,}13\,m = 12{,}76\,m$

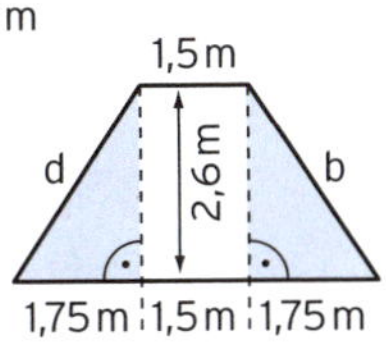

9 $A = \frac{g \cdot h}{2} = 19{,}35\,cm^2$

10 $A = \frac{g \cdot h}{2} \Rightarrow h = \frac{2 \cdot A}{g}$; $h_a = 3\,m$; $h_b \approx 2{,}86\,m$;

$h_c = 3{,}75\,m$; $u = 11{,}4\,m$

11 $c^2 = a^2 + b^2$; $c \approx 15{,}1\,cm$; $u = 36{,}1\,cm$;

a ist Höhe von b bzw. b ist Höhe von a;

$A = \frac{12{,}4 \cdot 8{,}6}{2}$; $A = 53{,}32\,cm^2$

12 a) $h = \sqrt{7{,}5^2 - 6{,}5^2}$; $h \approx 3{,}7\,cm$

b) $A \approx 16{,}65\,cm^2$

c) $b = \sqrt{3{,}7^2 + 2{,}5^2}$; $b \approx 4{,}5\,cm$

d) $u \approx 21\,cm$

13 a) bis c)

d) $u = 17{,}3\,cm$

$A = 14{,}1\,cm^2$

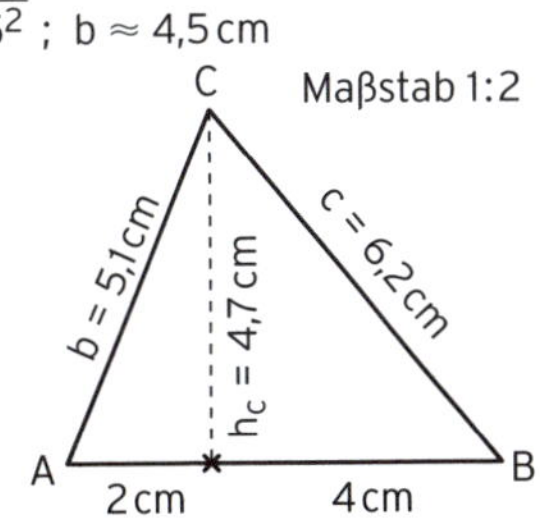

14 a) $A_1 = 3 \cdot 12 = 36$, $A_2 = 5 \cdot 5 = 25$

$A_{Ges} = A_1 + A_2 = 61\,cm^2$

$u = 40\,cm$

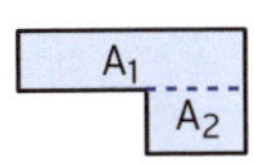

b) $A_1 = 30 \cdot 13 = 390$
$A_2 = 2 \cdot \frac{8 \cdot 9}{2} = 72$
$A_{Ges} = A_1 - A_2 = 318\,cm^2$
$u = 118\,cm$

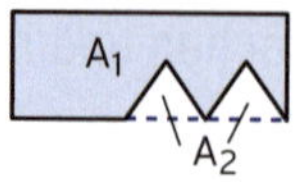

15 a) $A_1 = \frac{45 \cdot 13}{2} = 292{,}5$ mit
$h = 25 - 7 - 5 = 13;$
$A_2 = 45 \cdot 12 = 540;$
$A_3 = 5 \cdot 7 = 35;$
$A_{Ges} = 867{,}5\,cm^2$

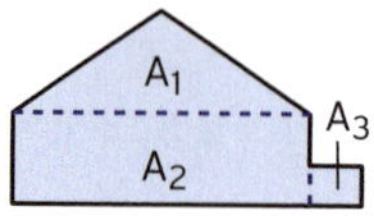

b) $A_1 = \frac{13{,}8 \cdot 5{,}2}{2} = 35{,}88;$
$A_2 = \frac{15{,}4 + 11{,}2}{2} \cdot 8{,}8 = 117{,}04;$
$A_3 = 9 \cdot 5 = 45;$
$A_{Ges} = 197{,}92\,cm^2$

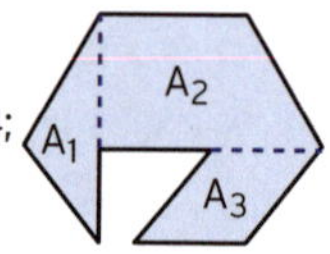

16 a) $A_1 = 2{,}5 \cdot 5{,}5 = 13{,}75;$
$A_2 = \frac{2 \cdot 0{,}7}{2} = 0{,}7;$
$A_3 = \frac{0{,}7 + 1{,}8}{2} \cdot 0{,}9 \approx 1{,}13;$
$A_4 = \frac{2{,}2 \cdot 0{,}7}{2} = 0{,}77;$ $A_5 = 2{,}4 \cdot 1{,}2 = 2{,}88$
$A_6 = \frac{1{,}3 \cdot 0{,}8}{2} = 0{,}52;$
$A_{Ges} = A_1 - (A_2 + A_3 + A_4 + A_5 + A_6) = 7{,}75\,cm^2$

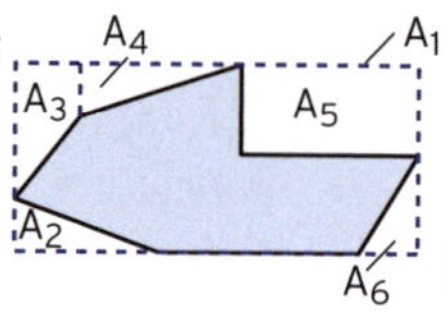

b)

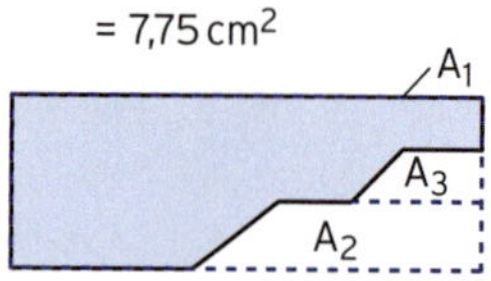

$A_1 = 6{,}5 \cdot 2{,}3 = 14{,}95;$
$A_2 = \frac{4 + 2{,}8}{2} \cdot 0{,}9 = 3{,}06;$
$A_3 = \frac{1{,}8 + 1{,}1}{2} \cdot 0{,}7 \approx 1{,}02;$
$A_{Ges} = A_1 - (A_2 + A_3) = 10{,}87\,cm^2$

17 $A = 6{,}16\,m^2;$ $u = 8{,}8\,m$

18 $u = 43{,}4\,cm$ mit $r = 6{,}9\,cm$

19 $A = 1{,}13\,m^2$

20 $r = 0{,}625\,m;$ $A_{Kreis} = 1{,}23\,m^2;$
$A_{Quadrat} = 1{,}56\,m^2;$ $A_{Abfall} = 100 \cdot (1{,}56 - 1{,}23);$
$A_{Abfall} = 33\,m^2$

21 a) $A_{Rest} = 4^2 - \pi \cdot 1^2;$ $A_{Rest} \approx 12{,}86\,cm^2$
b) $A_{Rest} = 5^2 - \frac{\pi \cdot 2{,}5^2}{2};$ $A_{Rest} \approx 15{,}18\,cm^2$
c) $A_{Rest} = 6^2 - 4 \cdot \frac{\pi \cdot 3^2}{4};$ $A_{Rest} \approx 7{,}73\,cm^2$

22 a) $0{,}5 = \pi \cdot r^2 \Rightarrow r \approx 0{,}4\,m;$
$u = 2{,}51\,m = 251\,cm;$ $\frac{251}{60} = 4{,}18\overline{3}$
Vier Personen können am Tisch sitzen.
b) Eine Platte hätte die Abmessungen $0{,}8\,m \cdot 0{,}6\,m$, siehe Skizze:

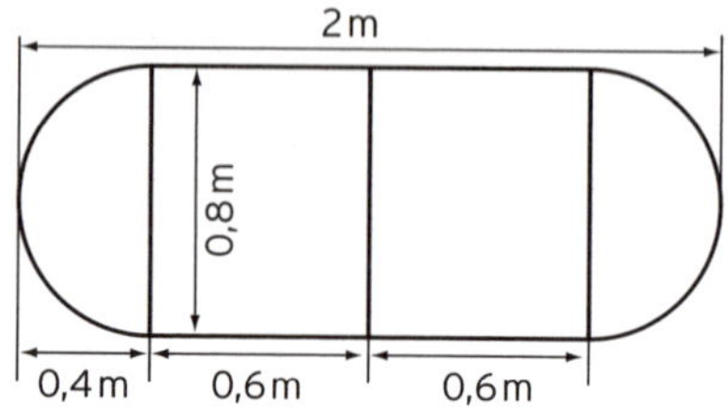

c) Mit einer Einlage sechs Personen, mit zwei Einlagen acht Personen.

23 a) In einem Jahr sind es ca. $9{,}4 \cdot 10^8\,km$.
An einem Tag: $\frac{9{,}4 \cdot 10^8\,km}{3{,}65 \cdot 10^2} \approx 2{,}6 \cdot 10^6\,km$.
Das Jahr hat ca.
$60\,s \cdot 60 \cdot 24 \cdot 365 = 3{,}1536 \cdot 10^7\,s$.
In einer Sekunde: $\frac{9{,}4 \cdot 10^8\,km}{3{,}1536 \cdot 10^7} \approx 29{,}8\,km$
b) $V = \frac{Weg}{Zeit} = \frac{9{,}4 \cdot 10^8\,km}{365 \cdot 24\,h} \approx 1{,}1 \cdot 10^5\,\frac{km}{h}$

24 $R = 4{,}3\,m;$ $r = 1{,}7\,m;$
$A = \pi \cdot (4{,}3^2 - 1{,}7^2);$ $A \approx 49\,m^2$

25 $R = 30\,cm;$ $r = 15\,cm;$
$A = \pi \cdot (30^2 - 15^2);$ $A \approx 2120{,}6\,cm^2$

26 $A = \pi \cdot R^2 - \pi \cdot r^2 \Rightarrow A - \pi \cdot R^2 = -\pi \cdot r^2$
$\Rightarrow r = \sqrt{\frac{\pi \cdot R^2 - A}{\pi}} \approx 25{,}6\,cm$

27 a) $A_\alpha = 5{,}9\,cm^2;$ $b_\alpha = 2{,}6\,cm$
b) $A_\alpha = 4{,}1\,m^2;$ $b_\alpha = 3{,}3\,m$
c) $A_\alpha = 7363{,}1\,cm^2;$ $b_\alpha = 196{,}3\,cm$

28 a) $r = \sqrt{\frac{A_\alpha \cdot 360°}{\pi \cdot \alpha}};$ $\alpha = \frac{A_\alpha \cdot 360°}{\pi \cdot r^2}$
b) $r = \frac{b_\alpha \cdot 180°}{\pi \cdot \alpha};$ $\alpha = \frac{b_\alpha \cdot 180°}{\pi \cdot r}$

29 a) $\cos 60° = \frac{h_s}{8} \Rightarrow h_s = 4\,cm$
b) $h_s + h = 8\,cm \Rightarrow h = 4\,cm$
c) $\frac{s}{2} = \sqrt{8^2 - 4^2};$ $\frac{s}{2} \approx 6{,}9\,cm$
d) $b_\alpha = 16{,}8\,cm;$
$A = \frac{16{,}8 \cdot 8 - 13{,}8 \cdot (8 - 4)}{2};$ $A = 39{,}6\,cm^2$

30 a) $b_\alpha = \frac{2 \cdot A + s \cdot (r - h)}{r}$ b) $r = \frac{2 \cdot A - s \cdot h}{b_\alpha - s}$
c) $s = \frac{b_\alpha \cdot r - 2 \cdot A}{r - h}$ d) $h = \frac{2 \cdot A - b_\alpha \cdot r}{s} + r$

31 a) $V = 21{,}952\,m^3;$ $O = 47{,}04\,m^2$
b) $a = 8{,}5\,cm;$ $V = 614{,}125\,cm^3$
c) $a = 9\,dm;$ $O = 486\,dm^2$

32 $V = 200\,cm^3;$ $O = 210\,cm^2$

33 $V = 147\,m^3;$ $a = \sqrt{\frac{147}{12}};$ $a = 3{,}5\,m;$ $O = 192{,}5\,m^2$

34 $h = \frac{O - 2a^2}{4a}$

35 $a = 6\,cm;$ $h = 8\,cm;$ $V = 288\,cm^3$

36 $V = 200\,cm^3;$ $a_{Würfel} = \sqrt[3]{200\,cm^3} \approx 5{,}8\,cm$

* Bei den Aufgaben 14 bis 16 ist natürlich auch eine andere Aufteilung der Teilflächen möglich.

37 ($1\,dm^3$ entspricht $1\,\ell$ Wasser)
a) $V = 11 \cdot 6 \cdot 6{,}5 = 429$; $V = 429\,\ell$
b) $O = 370\,dm^2 = 0{,}37\,m^2$

38 $c = \frac{756}{7{,}5 \cdot 9} = 11{,}2$; $O = 504{,}6\,cm^2$

39 a) $G = 12\,cm^2$; $V = 144\,cm^3$;
fehlende Dreieckslänge: $7{,}2\,cm$;
$M = 206{,}4\,cm^2$; $O = 230{,}4\,cm^2$

b) $x = \frac{12-7}{2}$; $x = 2{,}5\,cm$
$y = \sqrt{4^2 + 2{,}5^2}$; $y \approx 4{,}7$
$V = 456\,cm^3$; $G = 38\,cm^2$
$M = 340{,}8\,cm^2$;
$O = 416{,}8\,cm^2$

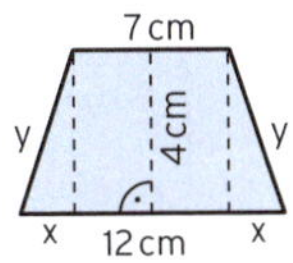

c) $G = 15\,cm^2$; $V = 180\,cm^3$;
$M = 204\,cm^2$; $O = 234\,cm^2$

d) $x = \sqrt{7{,}8^2 - 4{,}1^2}$; $x \approx 6{,}6\,cm$
$y = 8 - 6{,}6$; $y = 1{,}4\,cm$
$z = \sqrt{4{,}1^2 + 1{,}4^2}$; $z \approx 4{,}3\,cm$
$M = 241{,}2\,cm^2$; $G = 16{,}4\,cm^2$;
$O = 274\,cm^2$; $V = 196{,}8\,cm^3$

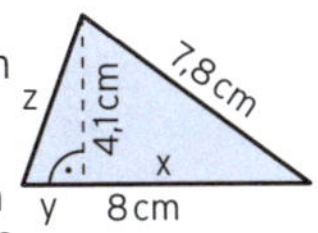

40 $M = \pi \cdot 1{,}8 \cdot 2{,}4$; $M \approx 13{,}57\,m^2$

41 a) $r = \frac{M}{2 \cdot \pi \cdot h}$; $r \approx 2{,}6\,cm$ b) $V = 573{,}4\,cm^3$

42 a) $r \approx 4\,cm$
b) $M = 251{,}3\,cm^2$; $0{,}02513\,m^2 \cdot 1000 = 25{,}13\,m^2$
c) Eine Grund- bzw. Deckfläche hat einen Durchmesser von $d \approx 8\,cm$.
Damit lassen sich aus einem Blech mit den Maßen $82\,cm \times 42\,cm$ genau $10 \cdot 5$, also 50 Flächen stanzen. Ein Blech liefert daher 25 Deck- und Grundflächen. Es werden somit $1000 : 25 = 40$ Bleche benötigt.

43

$u = 21\,cm$;	$h = 29{,}7\,cm$;	$M = 623{,}7\,cm^2$;
$r = 3{,}3\,cm$;	$V = 1016{,}1\,cm^3$;	$O = 692{,}1\,cm^2$
$u = 29{,}7\,cm$;	$h = 21\,cm$;	$M = 623{,}7\,cm^2$;
$r = 4{,}7\,cm$;	$V = 1\,457{,}4\,cm^3$;	$O = 762{,}5\,cm^2$

44 a) $r = 0{,}2\,m$
b) $V = 0{,}333\,m^3 = 333\,dm^3$
c) $m = 133{,}2\,kg$

45 a) $r^2 + h \cdot r - \frac{O}{2 \cdot \pi} = 0$
b) $r^2 + 20 \cdot r - 476 = 0$
$r_{1/2} = -10 \pm \sqrt{100 + 476} = -10 \pm 24$
$r_1 = 14\,cm$; $r_2 = -34\,cm$ (keine Lösung)
c) $V = 12\,315\,cm^3 = 12{,}315\,dm^3$

46 $V_{Rohling}$: $r = 19\,mm$; $h = 100\,mm$;
$V_{Rohling} \approx 113{,}4\,cm^3$
a) $V_{Welle} = 2 \cdot \pi \cdot 4^2 \cdot 20 + \pi \cdot 17{,}5^2 \cdot 60$
$V_{Welle} \approx 59{,}7\,cm^3$
b) Abfall: $53{,}7\,cm^3$

47 $V = 13\,784\,cm^3$; $O = 6677{,}5\,cm^2$

48 a) $R = 0{,}11\,dm$; $r = 0{,}1\,dm$; $h = 200\,dm$;
$V \approx 1{,}32\,dm^3$
b) $V = \pi \cdot 0{,}1^2 \cdot 200$; $V \approx 6{,}28\,dm^3 \triangleq 6{,}28\,\ell$

49 a) $r = 6{,}25\,dm$; $h = 76\,dm$; $V \approx 9326{,}6\,\ell$
b) $R = 0{,}785\,m$; $r = 0{,}625\,m$; $V \approx 5{,}67\,m^3$

50 $a = 10\,cm$

51 a) $a \approx 29{,}82\,m$
b) $h \approx 22{,}51\,m$; $s \approx 30{,}84\,m$;
c) $V = 6672\,m^3$; $M = 1610{,}3\,m^2$

52 a) $16{,}5\,\ell = 16{,}5\,dm^3$; $h = 3\,dm$;
$r \approx 2{,}3\,dm = 23\,cm$
b) $s^2 = r^2 + h^2 \Rightarrow s \approx 37{,}8\,cm$
c) $M \approx 2731{,}3\,cm^2$

53 $V = 52\,m^3$

54 $O = 1064\,cm^2$; $V = 2128\,cm^3$

55 $h \approx 8{,}9\,cm$

56 a) $V \approx 827{,}8\,dm^3$
b) $s \approx 9\,dm$; $M \approx 311\,dm^2$; $O \approx 515{,}2\,dm^2$

57 $V \approx 3{,}5\,m^3$; $O \approx 11{,}2\,m^2$

58 $r \approx 1{,}93\,dm$; $O \approx 46{,}8\,dm^2$

59 a) $r_{Kugel} = 10\,cm$; $O \approx 1256{,}6\,cm^2$
b) $d = 20\,cm$; $h = 20\,cm$
c) $O \approx 1256{,}6\,cm^2$; $O_{Zyl} = O_{Kugel}$
d) $M = 2 \cdot \pi \cdot r \cdot h$ mit $h = 2 \cdot r$;
$M = 2 \cdot \pi \cdot r \cdot 2 \cdot r \Rightarrow M = 4 \cdot \pi \cdot r^2$

60 a) $V \approx 387{,}77\,m^3$ b) $r \approx 8{,}36\,m$
c) $M \approx 141{,}82\,m^2$

Zwischentest, Seite 64

Vergeben Sie die Punkte wie angegeben.

1 a) $A = 15{,}3 \cdot 4{,}5 + \frac{7{,}9 + 5}{2} \cdot 3{,}6 - \frac{4{,}5 \cdot 3{,}2}{2}$
$A = 84{,}87\,cm^2$ **(2 P.)**
b) $A = 11{,}3 \cdot 5{,}1 + \cancel{2} \cdot \frac{(4 + 1{,}9)}{\cancel{2}} \cdot 4{,}2 - 2 \cdot \frac{1{,}5 \cdot 1{,}9}{2}$
$A = 79{,}56\,cm^2$ **(2 P.)**

2 $r = 6{,}5\,cm$; $U_R = 2\pi \cdot 6{,}5\,cm$;
$U_R \approx 40{,}84\,cm$ **(1 P.)**
$U_K \cdot \frac{40}{100} = 40{,}84 \quad |:0{,}4$
$U_K = 102{,}1\,cm$ **(1 P.)**
$2 \cdot \pi \cdot R \approx 102{,}1 \quad |:2\pi$
$R \approx 16{,}25\,cm$ **(1 P.)**
$A = \pi \cdot (16{,}25^2 - 6{,}5^2)$; $A \approx 696{,}84\,cm^2$ **(1 P.)**

3 a) $V = \frac{75 + 60}{2} \cdot 87 \cdot 250$
$V = 1468125\,cm^3 = 1468\frac{1}{8}\,\ell$ (1 P.)

b) $\frac{x}{7,5} = \frac{58}{87} \quad | \cdot 7,5;$

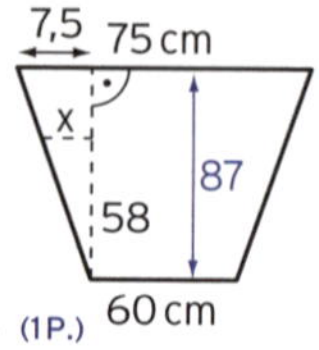

$x = 5\,cm$ (1 P.)
$60\,cm + 2x = 70\,cm$ (1 P.)
$V = \frac{70 + 60}{2} \cdot 58 \cdot 250$
$V = 942500\,cm^3 = 942,5\,\ell$ (1 P.)

4 $V = 15 \cdot 17 \cdot 5 + \frac{\pi \cdot 4,5^2 \cdot 17}{2} - \pi \cdot 2,5^2 \cdot 17$
$V \approx 1482\,cm^3$ (2 P.)
$O = 17 \cdot 15 + 5 \cdot 15 \cdot 2 + 17 \cdot 5 \cdot 2 + 3 \cdot 17 \cdot 2$
$+ \pi \cdot 4,5^2 - \pi \cdot 2,5^2 \cdot 2 + \pi \cdot 4,5 \cdot 17 + \pi \cdot 5 \cdot 17$
$O \approx 1208,71\,cm^2$ (2 P.)

5 $h_{Pyr} = \sqrt{9,25^2 - 4^2} \approx 8,3$ (1 P.)
$V = 12^2 \cdot 5 + \frac{1}{3} \cdot 8^2 \cdot 8,3 - \pi \cdot 2^2 \cdot 5$
$V \approx 834,23\,cm^3$ (2 P.)
Masse m: (1 P.)
$m = 834,23\,cm^3 \cdot 2,7\frac{g}{cm^3} \approx 2252,4\,g = 2,25\,kg$

6 $V = \pi \cdot 4,9^2 \cdot 25 - \frac{1}{3}\pi \cdot 4,9^2 \cdot 8,8$
$- \frac{1}{3} \cdot \pi \cdot 10,2 \cdot (4^2 + 4 \cdot 0,2 + 0,2^2)$
$V \approx 1484,6\,cm^3$ (1 P.)
$m_1 = 1484,6\,cm^3 \cdot 10,5\frac{g}{cm^3} = 15588,3\,g$
$m_2 = 1484,6\,cm^3 \cdot 19,3\frac{g}{cm^3} = 28652,78\,g$ (1 P.)
$28652,78\,g = 15588,3\,g \cdot \frac{p}{100}$
$p = 183,8\,\%$
Der Körper wäre 83,8 % schwerer, wenn er aus Gold wäre. (1 P.)

7 a) $O_{Erde} = 4 \cdot \pi \cdot 6370^2 \approx 509904363,8$ (1 P.)
$O_{Mond} = 4 \cdot \pi \cdot 1738^2 \approx 37958532$ (1 P.)
$O_{Erde} \cdot \frac{p}{100} = O_{Mond}; \; p = \frac{O_{Mond} \cdot 100}{O_{Erde}} \approx 7,4\,\%$
Die Mondoberfläche beträgt ca. 7,4 % der Erdoberfläche. (1 P.)

b) $m_{Erde} = \frac{4}{3} \cdot \pi \cdot (63700000\,dm)^3 \cdot 5,5\frac{kg}{dm^3}$
$\approx 6 \cdot 10^{24}\,kg$ (1 P.)
$m_{Mond} = \frac{4}{3} \cdot \pi \cdot (17380000\,dm)^3 \cdot 3,3\frac{kg}{dm^3}$
$\approx 7,3 \cdot 10^{22}\,kg$ (1 P.)
$\frac{6 \cdot 10^{24}\,kg}{7,3 \cdot 10^{22}\,kg} \approx 82$
Die Erde ist etwa 82-mal so schwer wie der Mond. (1 P.)

zu den Aufgaben 5 bis 7:
In der Physik rechnet man meist mit den Einheiten.

Funktionen, Seite 65 bis 82

1 a) D = {10 g, 20 g, 30 g, 40 g, 50 g, 60 g, 70 g, 80 g, 90 g, 100 g}
W = {0,55 €, 0,90 €, 1,45 €}

b)

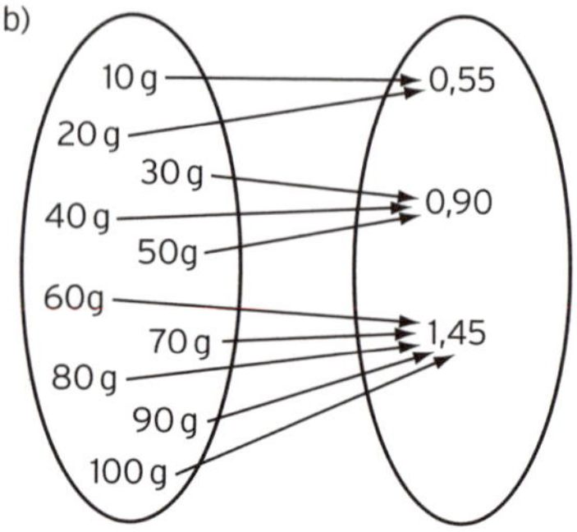

c)

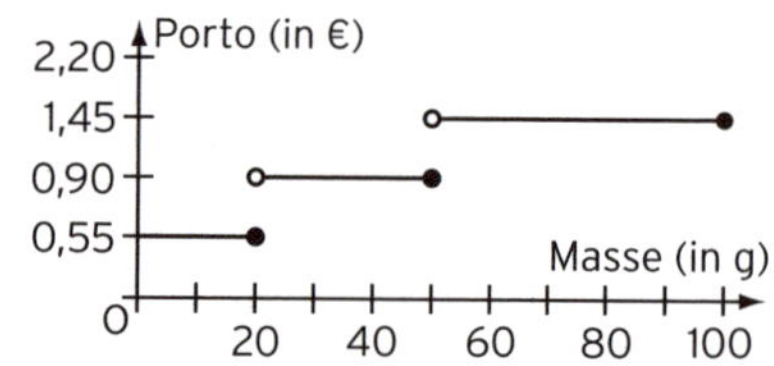

d) W = {0,55 €, 0,90 €, 1,45 €}

2

x	−2,5	−2	−1,5	−1	0
y	−3,9	−2	−0,84	−0,25	0

x	1	1,5	2	2,5
y	0,25	0,84	2	3,9

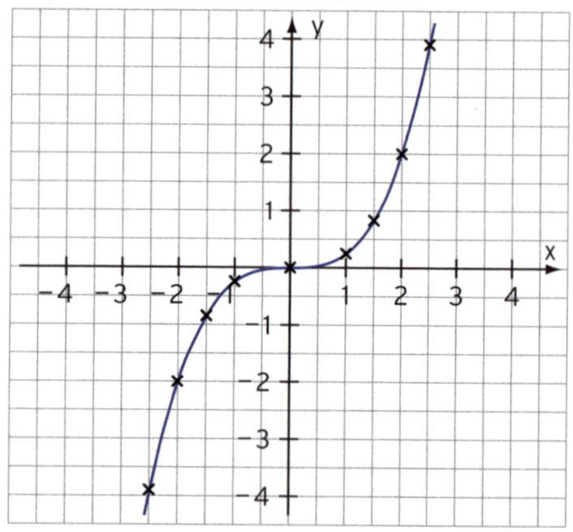

Der Graph verläuft im I. und III. Quadranten.

3 $\frac{y - (-2)}{x - (-1)} = \frac{8 - (-2)}{3 - (-1)}$
$\Leftrightarrow \quad \frac{y + 2}{x + 1} = \frac{10}{4} \qquad | \cdot (x + 1)$
$\Leftrightarrow \quad y + 2 = 2,5 \cdot (x + 1) \qquad | -2$
$\Leftrightarrow \quad y = 2,5x + 0,5$

4 Punkt-Steigungs-Form:

$\frac{y-(-3{,}5)}{x-6} = -\frac{3}{4}$

$\Leftrightarrow \quad \frac{y+3{,}5}{x-6} = -\frac{3}{4} \qquad |\cdot(x-6)$

$\Leftrightarrow \quad y + 3{,}5 = -\frac{3}{4}\cdot(x-6) \qquad |-3{,}5$

$\Leftrightarrow \quad y = -\frac{3}{4}x + 1$

Die Gerade schneidet die y-Achse an der Stelle +1.

5 $\frac{x}{-4} + \frac{y}{5} = 1 \qquad |\cdot(-20)$

$\Leftrightarrow \quad 5x - 4y = -20 \qquad |-5x$

$\Leftrightarrow \quad -4y = -5x - 20 \qquad |:(-4)$

$\Leftrightarrow \quad y = \frac{5}{4}x + 5$

Die Steigung ist $m = \frac{5}{4}$.

6 siehe Skizze rechts:

$m = \frac{-6}{2}$

$m = -3$

$y = -3x + 5$

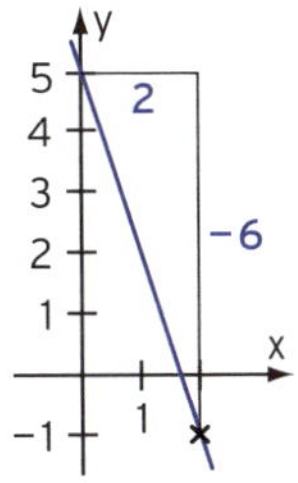

7 a) $d = \sqrt{(10-2)^2 + (7{,}5-1{,}5)^2}$; $d = 10\,\text{LE}$

b) $d = \sqrt{(5{,}8+2)^2 + (-4{,}4+3)^2}$; $d \approx 7{,}9\,\text{LE}$

8 siehe Skizze rechts:

$0 = 2x - 11 \Leftrightarrow x = 5{,}5$

$d = \sqrt{(11^2 + 5{,}5^2)}$

$d \approx 12{,}3\,\text{LE}$

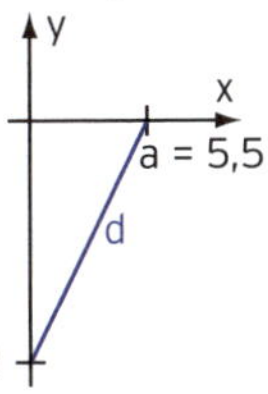

9 $M\left(\frac{5-1}{2}\middle|\frac{9+3}{2}\right)$,

$M(2|6)$, $P_1(-3|-4)$;

Zwei-Punkte-Form:

$\frac{y-6}{x-2} = \frac{-10}{-5} \Leftrightarrow y - 6 = 2\cdot(x-2) \Leftrightarrow y = 2x + 2$

10 a) $3\cdot\frac{1}{3} = 1 \quad \Rightarrow$ nicht senkrecht

b) $-2\cdot\frac{1}{2} = -1 \quad \Rightarrow$ senkrecht

c) $\frac{2}{3}\cdot\left(-\frac{3}{2}\right) = -1 \quad \Rightarrow$ senkrecht

d) $0{,}4\cdot2{,}5 = 1 \quad \Rightarrow$ nicht senkrecht

11 Die Gerade verläuft durch $P(5|3)$ und hat die Steigung $m = -2$.

Punkt-Steigungs-Form:

$\frac{y-3}{x-5} = -2 \Leftrightarrow y = -2x + 13$

12

x	−5,5	−5	−4	−3	−2	−1	0	1	1,5
y	−6,5	0	10	16	18	16	10	0	−6,5

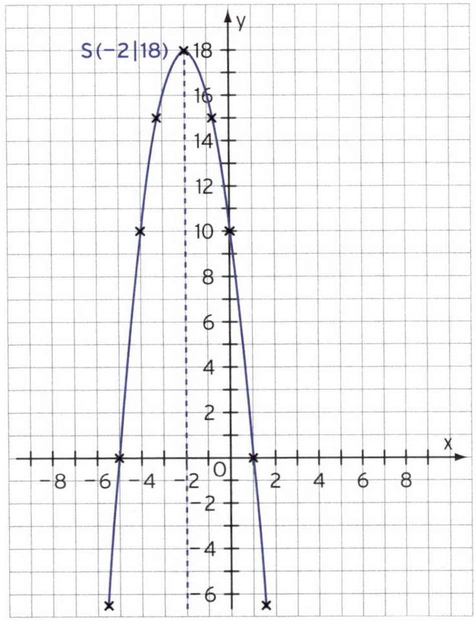

13

x	0	2	4	6	8
y	4	−5	−12	−17	−20

x	10	12	14	16	18	20
y	−21	−20	−17	−12	−5	4

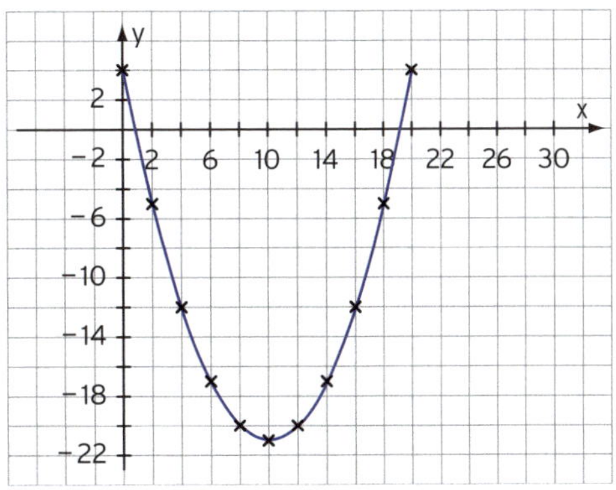

14 a) zu (4) b) zu (1) c) zu (2) d) zu (3)

15 a) $y = x^2 + 4x + 4 - 4 - 1$

$y = (x+2)^2 - 5 \Rightarrow S(-2|-5)$

b) $y = x^2 - 8x + 16 - 16 + 19$

$y = (x-4)^2 + 3 \Rightarrow S(4|3)$

c) $y = x^2 - 3x + \frac{9}{4} - \frac{9}{4} + \frac{13}{4}$

$y = \left(x - \frac{3}{2}\right)^2 + 1 \Rightarrow S\left(\frac{3}{2}\middle|1\right)$

16 a) gehört zu (4), b) gehört zu (3) und c) gehört ebenfalls zu (3).

17 Der Graph von $g(x)$ ist der um 3 Einheiten nach oben verschobene Graph von $f(x)$. Der Graph von $h(x)$ ist der um 3 Einheiten nach links verschobene Graph von $f(x)$.

18 f: (1) $D = \mathbb{R}$, $W = \{x \mid x \in \mathbb{R},\ x \geq b\}$
(2) Zu ihnen gehören die Punkte $(0 \mid b)$, $(1 \mid b+1)$ und $(-1 \mid b+1)$
(3) unverändert
(4) unverändert

g: (1) unverändert
(2) Zu ihnen gehören die Punkte $(-a \mid 0)$, $(-a+1 \mid 1)$, und $(-a-1 \mid 1)$
(3) Im Bereich $x < -a$ streng monoton fallend, im Bereich $x > -a$ streng monoton wachsend.
(4) Symmetrisch zur Achse $y = -a$

19 Zu (3): Für alle $x \in \mathbb{R}$ gilt $x_1 > x_2 \Rightarrow f(x_1) > f(x_2)$
Zu (4): Für alle $x \in \mathbb{R}$ gilt $f(-x) = -f(x)$

20 Der Graph verläuft punktsymmetrisch zu $S(5 \mid 2)$.

21 n gerade: $D = \mathbb{R}\backslash\{0\}$, $W = \mathbb{R}^+$
n ungerade: $D = \mathbb{R}\backslash\{0\}$, $W = \mathbb{R}\backslash\{0\}$

22 n gerade: $P(1 \mid 1)$, $Q(-1 \mid 1)$
n ungerade: $P(1 \mid 1)$, $Q(-1 \mid -1)$

23 n gerade: Die Hyperbel ist symmetrisch zur y-Achse.
n ungerade: Die Hyperbel ist punktsymmetrisch zu $(0 \mid 0)$.

24 Für alle $x \in \mathbb{R}^-$ gilt $x_1 > x_2 \Rightarrow f(x_1) < f(x_2)$
Für alle $x \in \mathbb{R}^+$ gilt $x_1 > x_2 \Rightarrow f(x_1) < f(x_2)$

25 a) f_1: $D = \mathbb{R}\backslash\{2\}$, $W = \mathbb{R}^+$
b) f_2: $D = \mathbb{R}\backslash\{0\}$, $W = \mathbb{R}\backslash\{-2\}$
c) f_3: $D = \mathbb{R}\backslash\{0\}$, $W = \mathbb{R}\backslash\{3\}$

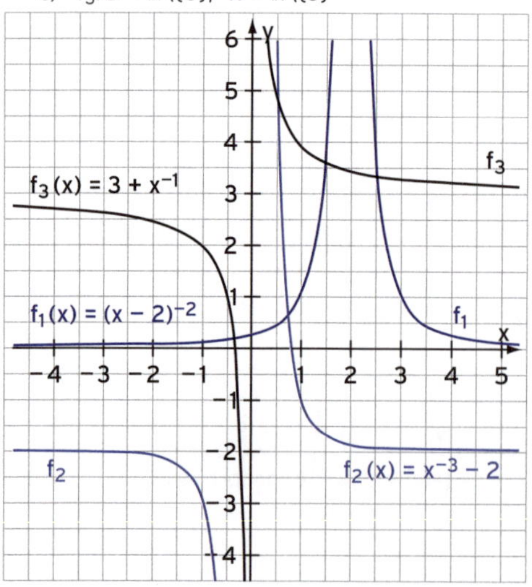

d) f_4: $D = \mathbb{R}\backslash\{-1\}$, $W =]-2; \infty]$
e) f_5: $D = \mathbb{R}\backslash\{-3\}$, $W =]1; \infty]$

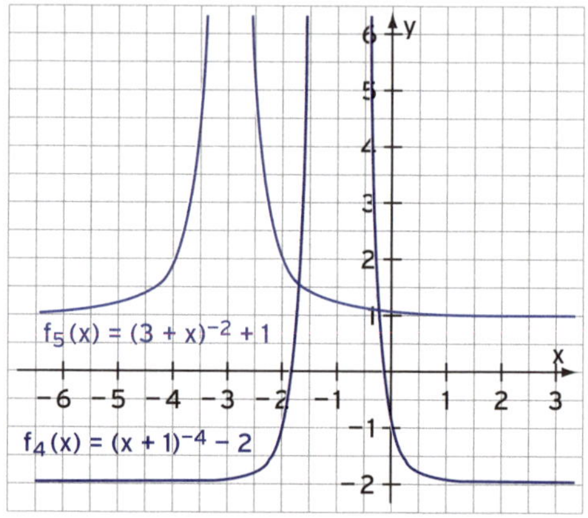

26 $\alpha = 19°$ $\beta = 29°$ $\gamma = 35°$
$\delta = 40°$ $\varepsilon = 50°$ $\omega = 72°$

a) $\sin 19° \approx 0{,}33$ b) $\cos 29° \approx 0{,}87$
c) $\tan 29° \approx 0{,}55$ d) $\sin 35° \approx 0{,}57$
e) $\tan 40° \approx 0{,}84$ f) $\sin 40° \approx 0{,}64$
g) $\cos 50° \approx 0{,}65$ h) $\sin 72° \approx 0{,}95$

27
- ΔOQP ist gleichschenklig, weil $\overline{OP} = \overline{OQ} = 1$.
- Die Winkel bei P und Q sind zusammen 120° und gleich, also hat jeder Winkel 60°.
- Damit ist das Dreieck mit drei 60°-Winkeln gleichseitig.
- Im gleichseitigen Dreieck ist jede Höhe zugleich auch Mittelsenkrechte. Deshalb ist R der Mittelpunkt von $\overline{OP}$, und es gilt $\overline{OR} = \cos 60° = \frac{1}{2}$.

28 a) Nach dem Strahlensatz gilt $\frac{\tan\alpha}{\sin\alpha} = \frac{1}{\cos\alpha}$, also $\tan\alpha = \frac{\sin\alpha}{\cos\alpha}$.

b)

	0°	30°	45°	60°	90°
$\tan\alpha$	0	$\frac{1}{\sqrt{3}}$	1	$\sqrt{3}$	n. def.

29 Die Gleichung gilt nach dem Satz des Pythagoras: $(\sin\alpha)^2 + (\cos\alpha)^2 = 1^2$;
$\sin^2\alpha + \cos^2\alpha = 1$

30 a) und b)

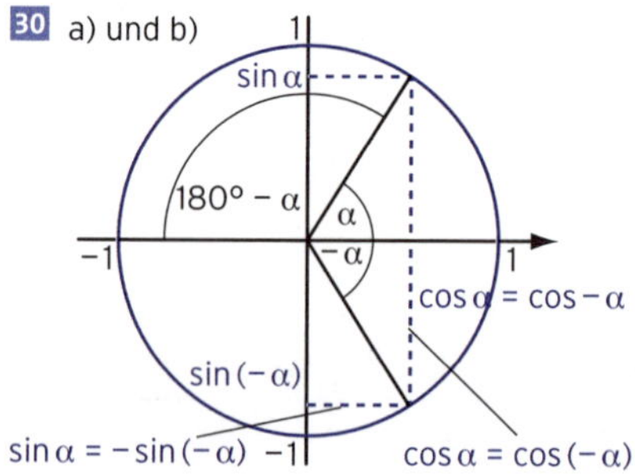

c) und d)

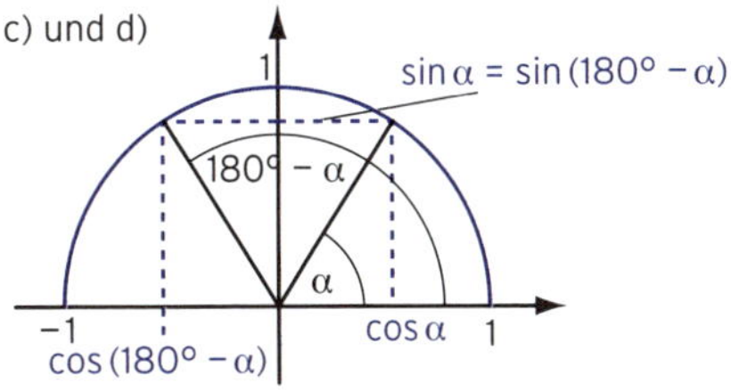

31 (1) $\frac{\pi}{2}$ entspricht einem Viertel des Umfangs, ist also 90° zugeordnet; sin 90° = 1.

(2) cos 90° = 0

(3) 2π ist der volle Umfang, also 360° bzw. 0° zugeordnet; tan 0° = 0.

(4) $\frac{\pi}{6}$ ist der 6. Teil des halben Umfangs, also 30° zugeordnet; sin 30° = 0,5.

32

α	43°	≈ 27°	168°	271°	≈ 254°	≈ 448°
b_α	≈ 0,75	0,471	≈ 2,932	≈ 4,73	4,441	7,826

33 a)

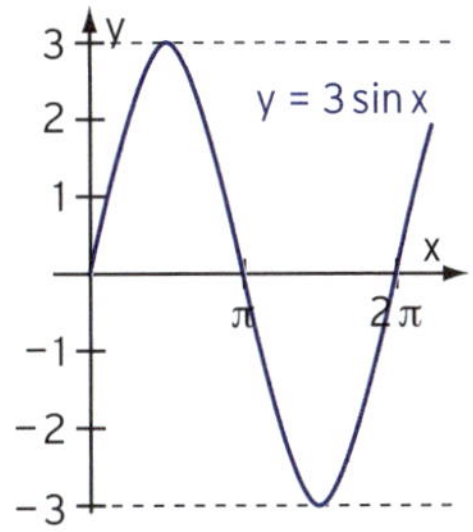

b)

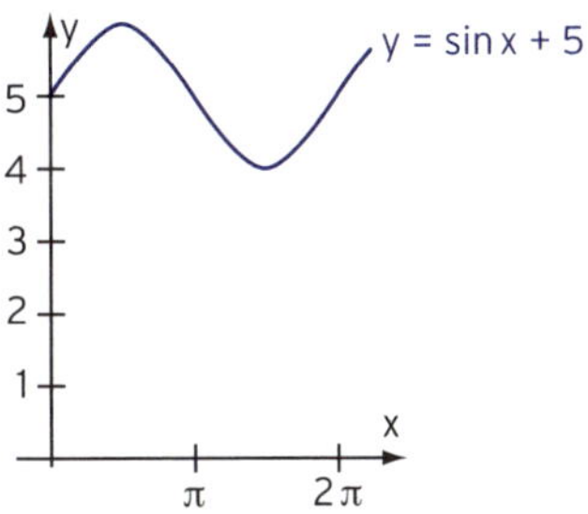

c)

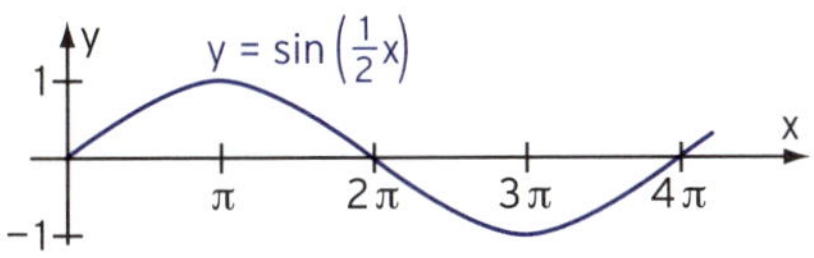

d)

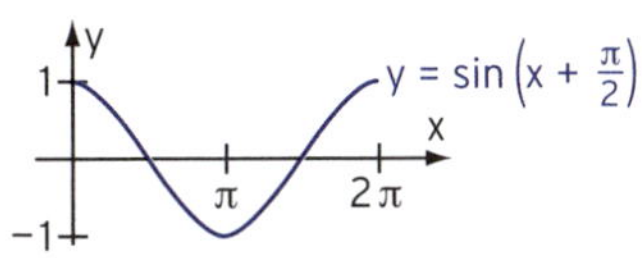

34 f:

x	1	2	3	4	5	6	7
y	−5	−3	−1	1	3	5	7

$\bar{f}$:

x	−5	−3	−1	1	3	5	7
y	1	2	3	4	5	6	7

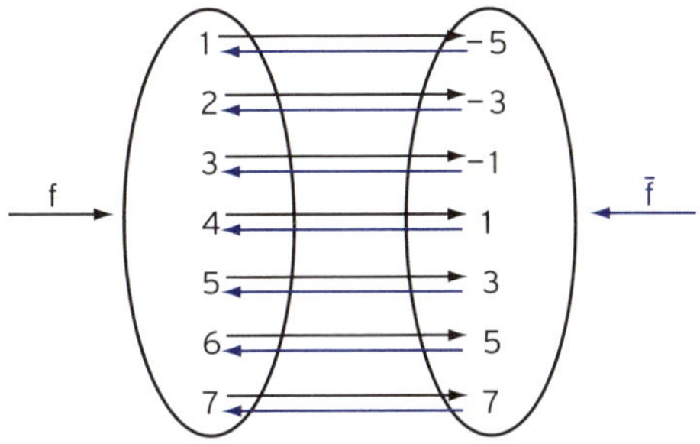

$\bar{f}$ ist die Umkehrfunktion von f.

35 Es gilt z. B. $(-3|9) \in f$ und $(3|9) \in f$, also $(9|-3) \in \bar{f}$ und $(9|3) \in \bar{f}$.

Bei $\bar{f}$ sind der Zahl 9 sowohl −3 als auch 3 zugeordnet, also ist die Zuordnung nicht eindeutig und damit keine Funktion.

36 a) $\bar{f}_1$ ist keine Funktion.

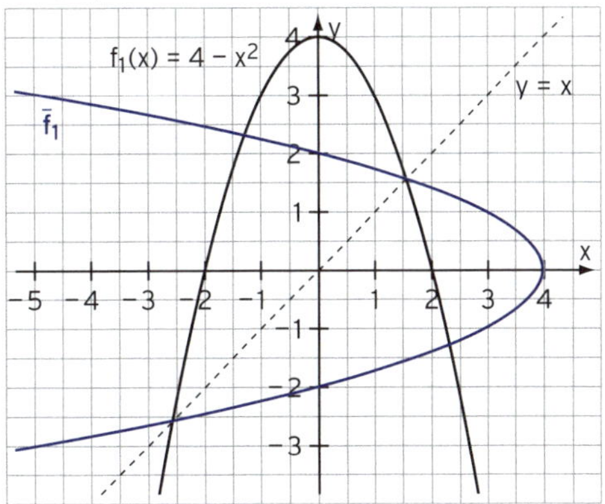

b) $\bar{f}_2$ ist eine Funktion.

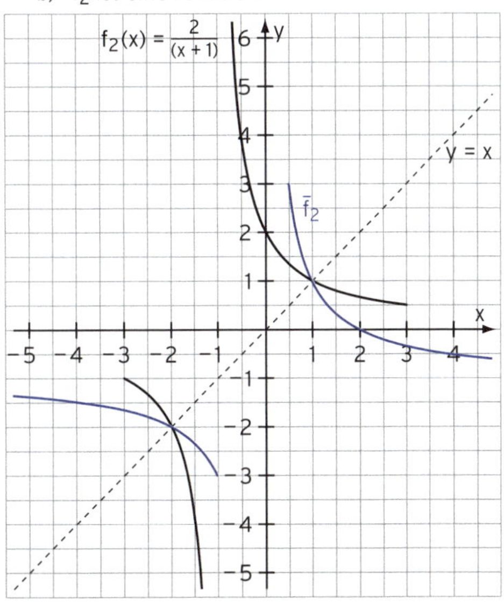

c) $\bar{f}_3$ ist eine Funktion.

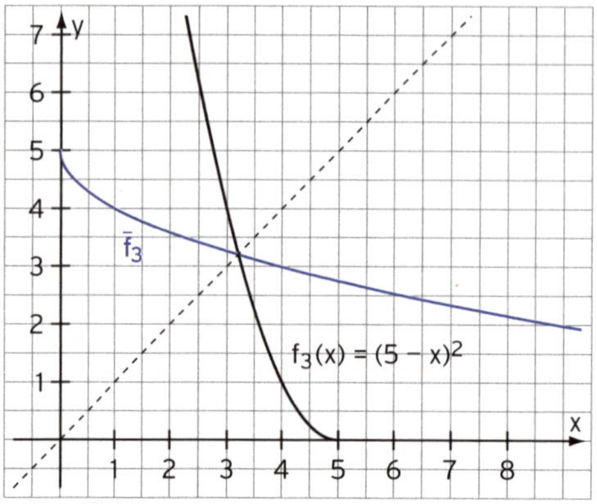

d) $\bar{f}_4$ ist eine Funktion.

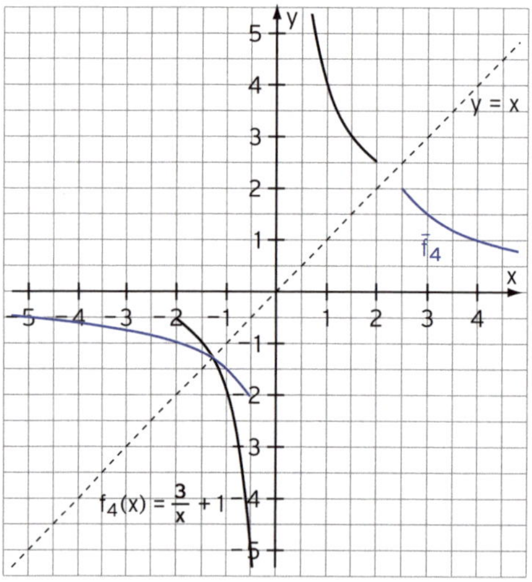

37 $\bar{f}$ wäre keine Funktion, wenn es ein x gäbe mit der Eigenschaft $\bar{f}(x) = a$ und $\bar{f}(x) = b$ und $a \neq b$, also $a > b$ oder $a < b$.
Das aber ist unmöglich, denn für die Funktion f würde gelten $f(a) = x$ und $f(b) = x$; und das widerspricht der Voraussetzung, dass f streng monoton fällt oder steigt.

38 Grafik vgl. Regeltext, Seite 78

a) $\sqrt{10{,}7} \approx 3{,}3$ b) $\sqrt{3{,}8} \approx 1{,}9$
c) $\sqrt{8{,}5} \approx 2{,}9$ d) $\sqrt{0{,}5} \approx 0{,}7$
e) $\sqrt{5{,}8} \approx 2{,}4$ f) $\sqrt{7} \approx 2{,}6$

39 a) $y_1 \approx 4{,}9$ b) $y_2 \approx 0{,}7$ c) $y_3 \approx 3{,}1$
d) $x_1 \approx 2{,}6$ e) $x_2 \approx -0{,}2$

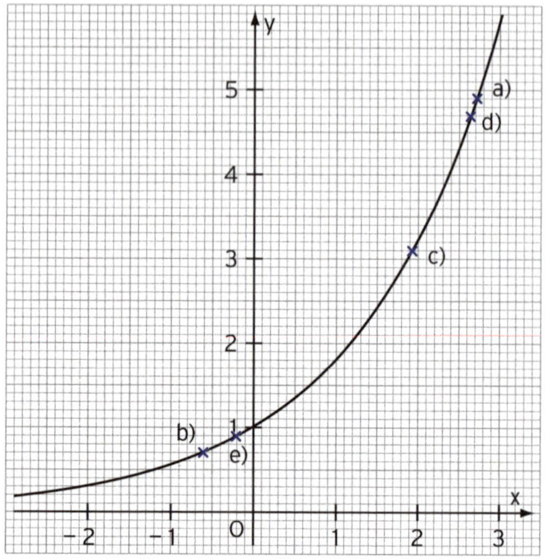

40 Es ist zu zeigen: Für alle $x \in \mathbb{R}$ gilt
$f(x) = g(-x)$
$f(x) = a^x = (a^1)^x = \left[(a^{-1})^{-1}\right]^x = (a^{-1})^{-x}$
$= \left(\frac{1}{a}\right)^{-x} = g(-x)$

41 a) $a \approx -1{,}6$ b) $b \approx 0{,}2$
c) $c \approx 0{,}2$ d) $d \approx 0{,}4$

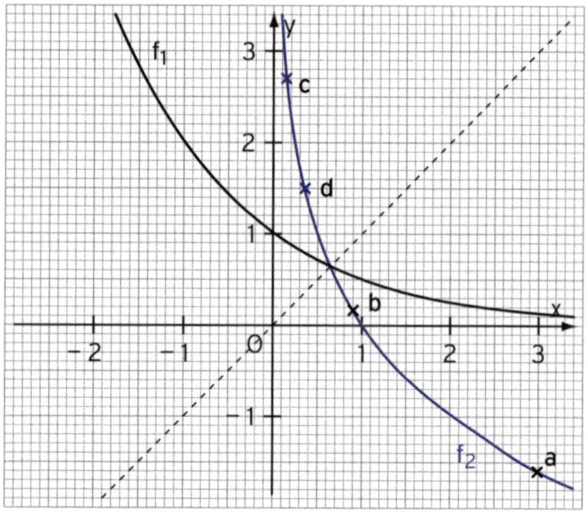

42 a) $\ln 1{,}8 \approx 0{,}6$ b) $\ln 0{,}5 \approx -0{,}3$
c) $\ln 2{,}5 \approx 0{,}9$ d) $\ln 0{,}3 \approx -1{,}2$

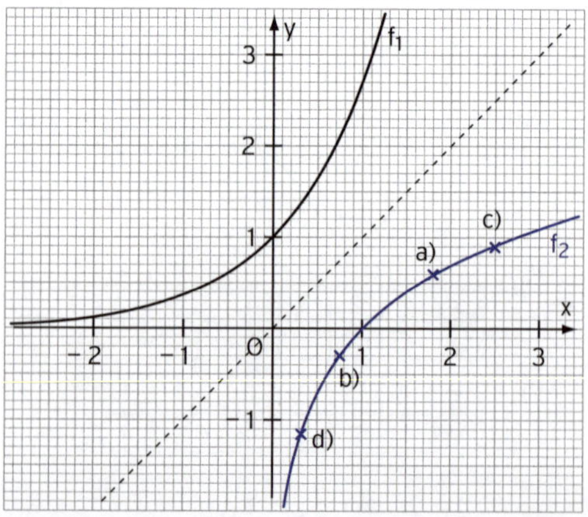

43 a) Maße eines A4-Blattes: 21 cm x 29,7 cm
$f(21) \approx 4{,}39$, der Graph wäre auf einer Höhe von 4,39 cm.
b) $f(827\,150\,000) \approx 29{,}7$
$87\,250\,000 : 21 = 41\,530\,953$; man müsste 41 530 953 Blätter aneinanderkleben.

Zwischentest, Seite 82

Vergeben Sie bitte einen Punkt pro Teilaufgabe oder Teilschritt, falls nicht anders angegeben.

1 b) und d) sind keine Funktionen, da es sich nicht um eindeutige Zuordnungen handelt.

2 g_2: $y = \frac{1}{3}x + 2\frac{2}{3}$; (2 P.) g_3: $y = -\frac{1}{2}x + 1$ (2 P.)

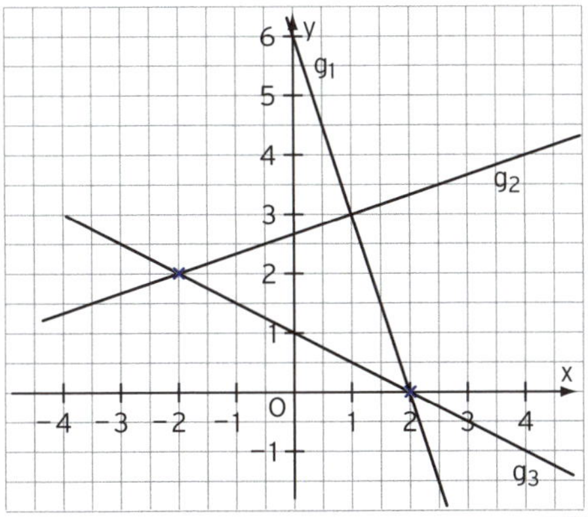

(2 P.)

3 a) $y = (x-2)^2 + 1$; $S(2|1)$ (3 P.)
b) $S(2-3|1-1) = S(-1|0)$
p_2: $y = (x+1)^2 = x^2 + 2x + 1$ (3 P.)

4 a) $D = \mathbb{R}$; $W = \{y \mid y \in \mathbb{R};\ y \geq 2\}$
b) $D = \mathbb{R}$; $W = \mathbb{R}_0^+$
c) $D = \mathbb{R} \setminus \{-2\}$; $W = \mathbb{R} \setminus \{-1\}$
d) $f_4(x) = \frac{1}{(x+2)^2} + 2 = (x+2)^{-2} + 3$
$D = \mathbb{R} \setminus \{-2\}$; $W = \{y \mid y \in \mathbb{R};\ y > 3\}$

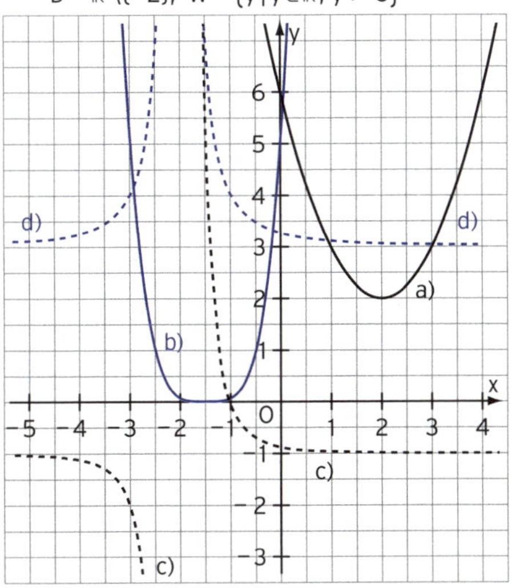

5 a) $\sin \pi = 0$ b) $\cos\left(\frac{2}{3}\pi\right) = -\frac{1}{2}$
c) $\sin\left(\frac{5}{6}\pi\right) = \frac{1}{2}$ d) $-\sin\left(\frac{5}{2}\pi\right) = -1$

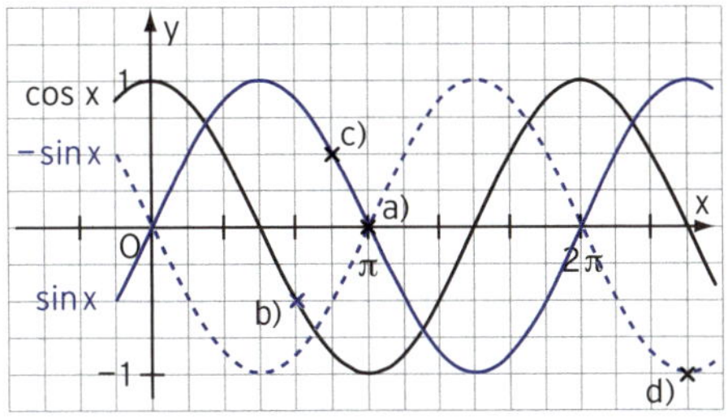

6 a) $\bar{f}$ ist keine Funktion (1 P.)
b) $\bar{f}$ ist eine Funktion (1 P.)
In der Grafik sind die Umkehrzuordnungen blau gezeichnet.

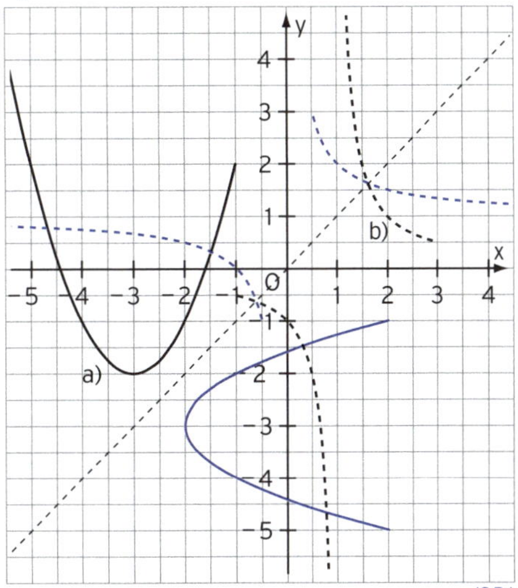

(2 P.)

7 $f(1) = 3 \Rightarrow 3 = a^1 \Rightarrow 3 = a \Rightarrow f(x) = 3^x$ (1 P.)

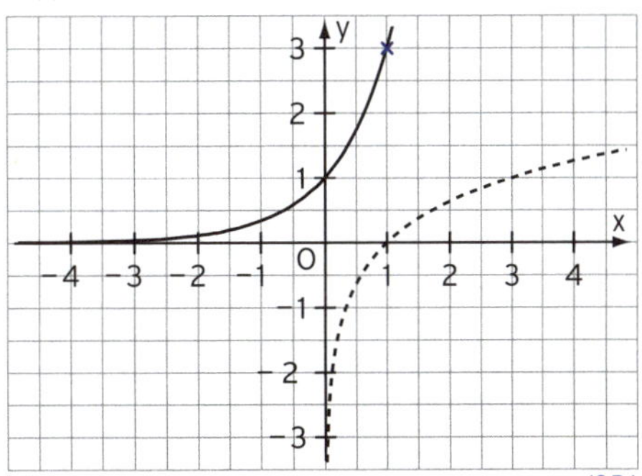

(2 P.)

Wachstum, Seiten 82 bis 86

1 a) $B(t+1) - B(t) = 1{,}8$ für alle t
$\Rightarrow$ lineares Wachstum
b) $B(1) - B(0) = 13{,}5 - 7 = 6{,}5$;
$B(2) - B(1) = 19 - 13{,}5 = 5{,}5$;
$6{,}5 \neq 5{,}5 \Rightarrow$ kein lineares Wachstum

c) $B(t+1) - B(t) = -\frac{1}{4}$ für alle t
$\Rightarrow$ lineares Wachstum

d) $B(t+1) - B(t) = 1{,}7$ für $0 \leqq t \leqq 3$,
aber $B(4) - B(3) = 1{,}9$
$\Rightarrow$ kein lineares Wachstum

2 a) $427{,}5 = 345 + 5d \Leftrightarrow d = 16{,}5$
b) $B(6) = 2{,}6 + 6 \cdot 0{,}8 = 7{,}4$
c) $333 = 520 + t \cdot (-11) \Leftrightarrow t = 17$
d) $19{,}7 = 26{,}8 + 4 \cdot d \Leftrightarrow d = -1{,}775$
$26{,}8 = B(0) + 7 \cdot (-1{,}775) \Leftrightarrow$
$B(0) = 39{,}225$

3 a) Funktionsgleichung $y = -0{,}15x + 1{,}8$

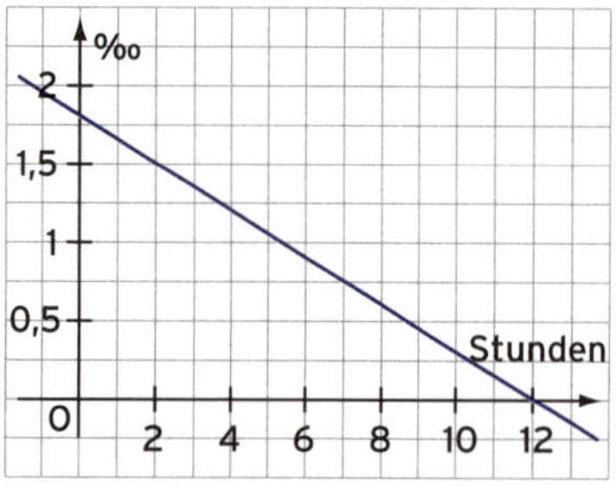

b) $B(t) = 1{,}8‰ - 0{,}15‰ \cdot t$, $t = 8$
$B(8) = 1{,}8 - 0{,}15 \cdot 8 = 0{,}6‰$
Nein, er hätte noch nicht wieder fahren dürfen.

c) $B(4) = 0{,}7$; $B(0) = ?$
$0{,}7\% = B(0) - 0{,}15‰ \cdot 4$
$\Leftrightarrow B(0) = 1{,}3‰$
Zur Unfallzeit hatte er 1,3‰.

4 $K(12) = 4500 \cdot 1{,}04^{12}$; Endkapital 7204,65 €

5 $40\,000 = K(0) \cdot 1{,}035^{20}$; $K(0) = \frac{40\,000}{1{,}035^{20}}$
Anlagekapital 20102,65 €

6 $33\,200 = 8000 \cdot a^{35}$; $a = \sqrt[35]{\frac{33\,200}{8000}} \approx 1{,}0415$
Zinssatz: $p\% = 4{,}15\%$

7 $B(6) = 200 \cdot 2{,}4^6$;
Bestand: ca. 38 221 Bakterien

8 10 Stunden = 600 Minuten; $\frac{600}{50} = 12$
In 12 gleichen Abständen (50 min) wächst die Kultur jeweils mit dem Faktor 2.
$2\,457\,600 = B(0) \cdot 2^{12}$; $B(0) = \frac{2\,457\,600}{2^{12}}$
Anfangsbestand: 600

9 $250 = 1018 \cdot 0{,}88^x \quad |:1018$
$\frac{250}{1018} = 0{,}88^x \quad |\ln$
$\ln\left(\frac{250}{1018}\right) = x \cdot \ln 0{,}88 \quad |:\ln 0{,}88$
$\frac{\ln\left(\frac{250}{1018}\right)}{\ln 0{,}88} = x \Rightarrow x \approx 10{,}98\,\text{km}$
In etwa 11 km Höhe misst man einen Luftdruck von 250 hp.

10

0	1	2	3	4
1000	900	855	812	771
–	45	43	41	39
100	145	188	229	268

11 a) $B(1) = 30 + 0{,}4 \cdot (150 - 30) = 78$
Ebenso: $B(2) \approx 107$; $B(3) \approx 124$
$B(4) \approx 134$; $B(5) \approx 140$
b) $2570 = 2300 + k \cdot (5000 - 2300) \quad |-2300$
$270 = k \cdot 2700 \quad |:2700$
$0{,}1 = k$
Schrittweise Berechnung wie in Teilaufgabe a) führt zu $B(4) \approx 3229$.

12 a) Es gibt eine Schranke (erwartete Besucherzahl 25 000). Durch die intensive Werbung wollen zu Beginn viele Leute den Film sehen, die Zunahme der Besucherzahl wird immer kleiner, je mehr Leute ihn schon gesehen haben. Die Änderungsrate ist also proportional zum Sättigungsmanko.
b) $2250 = 0 + k \cdot (25\,000 - 0) \quad |:25\,000$
$0{,}09 = k$
$B(t+1) = B(t) + 0{,}09 \cdot (25\,000 - B(t))$
Damit berechnet man $B(14) \approx 18\,324$.
Die Vorgabe wird nicht ganz erreicht.

13 a) Berechnet man $B(t+1) - B(t)$, so ergeben sich unterschiedliche, immer größer werdende Differenzen. Es kann also kein lineares Wachstum vorliegen.
$\frac{B(1)}{B(0)} \approx 1{,}1443$; $\frac{B(2)}{B(1)} \approx 1{,}159$;
$\frac{B(3)}{B(2)} \approx 1{,}148$; $\frac{B(4)}{B(3)} \approx 1{,}152$
Der Wachstumsprozess könnte also mit exponentiellem Wachstum modelliert werden. Für a verwendet man den Mittelwert $a \approx 1{,}15$. $B(t) = 1400 \cdot 1{,}15^t$. Wertevergleich:

Jahr	0	1	2	3	4
Modell	1400	1610	1852	2129	2449
Realität	1400	1600	1855	2130	2453

Die Werte schwanken in einem vertretbaren Rahmen.

b) Berechnet man die Differenz $B(t+1) - B(t)$, sieht man, dass der Zuwachs abnimmt $(B(1) - B(0) = 490$; $B(4) - B(3) = 269)$. Man kann also weder von linearem noch von exponentiellem Wachstum ausgehen. Es bleibt beschränktes Wachstum.
Da die Schranke S und der Proportionalitätsfaktor unbekannt sind, muss man ein lineares Gleichungssystem aufstellen:
$$\begin{vmatrix} \text{(1)}\ 2790 = 2300 + k \cdot (S - 2300) \\ \text{(2)}\ 3178 = 2790 + k \cdot (S - 2790) \end{vmatrix}$$

$$\begin{vmatrix} \boxed{1} & 2790 = 2300 + k \cdot S - 2300 \cdot k \\ \boxed{2} & 3178 = 2790 + k \cdot S - 2790 \cdot k \end{vmatrix} \quad \begin{matrix} \mid -2300 \\ \mid -2790 \end{matrix}$$

$$\begin{vmatrix} \boxed{1} & 490 = k \cdot S - 2300 \cdot k \\ \boxed{2} & 388 = k \cdot S - 2790 \cdot k \end{vmatrix} \quad \mid \cdot (-1)$$

$$\begin{vmatrix} \boxed{1} & 490 = k \cdot S - 2300 \cdot k \\ \boxed{2} & -388 = -k \cdot S + 2790 \cdot k \end{vmatrix} \left.\vphantom{\begin{matrix}1\\1\end{matrix}}\right\} +$$

$102 = 490 \cdot k \quad \mid :490$

$0{,}21 \approx k$ in $\boxed{1}$ liefert $S \approx 4633$

$B(t+1) = B(t) + 0{,}21 \cdot (4633 - B(t))$

Vergleich der Werte:

Jahr	0	1	2	3	4
Modell	2300	2790	3177	3483	3725
Realität	2300	2790	3178	3514	3783

Bewertung: Am Anfang ist das Modell sehr gut, danach liegen die berechneten Werte etwas zu tief. Daher eignet sich dieses Modell nur bedingt für eine Prognose. Das Modell in Teilaufgabe a) scheint realistischer für eine Prognose.

14 Da die Zimmertemperatur (messen!) eine Schranke darstellt, muss von beschränktem Wachstum ausgegangen werden. Prüfen Sie, ob das für Ihre Messwerte der Fall ist. Vergleichen Sie zum Bestimmen der Funktionsgleichung das Vorgehen bei Aufgabe 11 b).

Zwischentest, Seite 86

Vergeben Sie die Punkte wie angegeben.

1 a) lineares Wachstum (2 P.)
b) beschränktes Wachstum (2 P.)
c) exponentielles Wachstum (2 P.)

2 $8{,}75 - 6{,}45 = 2{,}3$; $11{,}05 - 8{,}75 = 2{,}3$;
$13{,}35 - 11{,}05 = 2{,}3$; $15{,}65 - 13{,}35 = 2{,}3$
$\Rightarrow$ lineares Wachstum mit $d = 2{,}3$
$B(t) = 6{,}45 + t \cdot 2{,}3$ (1 P.);
$B(7) = 6{,}45 + 7 \cdot 2{,}3 = 22{,}55$ (1 P.);
$B(10) = 29{,}45$ (1 P.); $B(20) = 52{,}45$ (1 P.)

3 a) $K(t) = 60\,000 \cdot 1{,}0255^t \quad \left(a = 1 + \frac{2{,}55}{100}\right)$
$K(10) = 60\,000 \cdot 1{,}0255^{10} \approx 77\,180{,}56$ €
(2 P.)

b) $80\,000 \leqq 60\,000 \cdot a^{10} \quad \mid :60\,000$
$\frac{8}{6} \leqq a^{10} \quad \mid \sqrt[10]{}$
$\sqrt[10]{\frac{8}{6}} \leqq a$
$1{,}0292 \leqq a \Rightarrow$ p müsste mindestens 2,92 % betragen. (2 P.)

c) $92\,395 = 60\,000 \cdot 1{,}0292^t \quad \mid :60\,000$
$\frac{92\,395}{60\,000} = 1{,}0292^t \quad \mid \ln$
$\ln\left(\frac{92\,395}{60\,000}\right) = t \cdot \ln(1{,}0292) \quad \mid :\ln(1{,}0292)$
$15 \approx t$
Es würde 15 Jahre dauern. (2 P.)

4 a) Durch intensive Werbung kennen bereits alle das Gerät. Die zwei Drittel von 50 000 ($\approx$ 33 333) Haushalte sind die Schranke S. Je mehr das Gerät schon haben, desto geringer ist der Zuwachs an verkauften Geräten. (1 P.)

b) $B(1) = 9000$; $B(0) = 0$; $S = 33\,333$
$9000 = 0 + k \cdot (33\,333 - 0) \quad \mid :33\,333$
$0{,}27 \approx k$
$B(t+1) = B(t) + 0{,}27\,(33\,333 - B(t))$
t in Monaten (3 P.)

t	1	2	3	4	5	6
B (t)	9000	15 570	20 366	23 867	26 423	28 289

c)

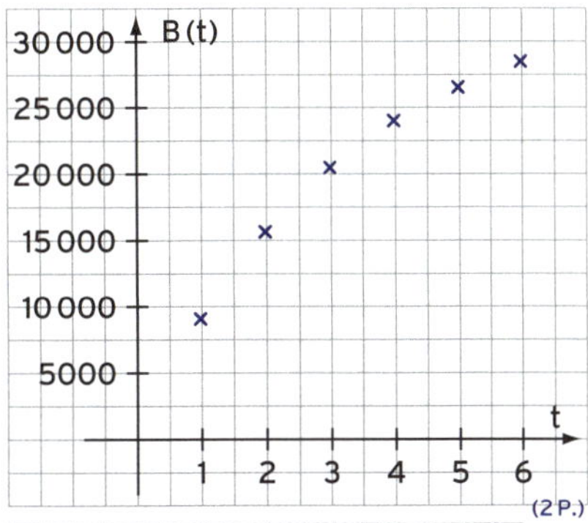

(2 P.)

5 a)

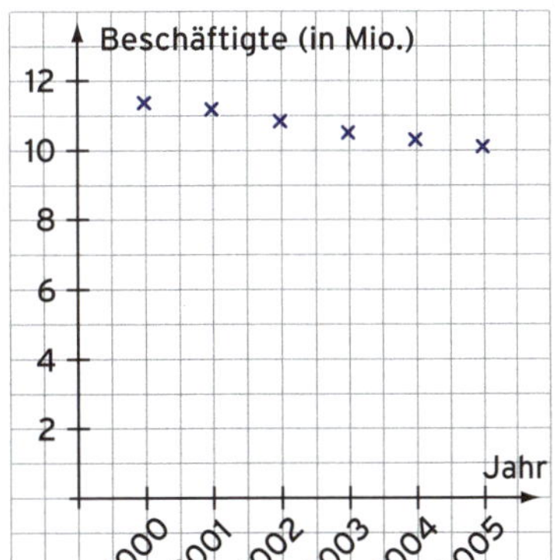

(1 P.)

b)

t	B (t + 1) − B (t)	$\frac{B(t+1)}{B(t)}$
0	−0,18	0,984
1	−0,34	0,969
2	−0,33	0,969
3	−0,2	0,981
4	−0,2	0,981

Die berechneten Werte verdeutlichen, dass eine Modellierung mit exponentiellem Wachstum besser ist. Der durchschnittliche Wachstumsfaktor $a \approx 0{,}977$.
$B(t) = 11{,}31 \cdot 0{,}977^t$ (3 P.)

c) $B(9) = 11{,}31 \cdot 0{,}977^9 \approx 9{,}173$. Nach diesem Modell hätten im Jahre 2009 noch 9 173 000 Menschen im sekundären Sektor beschäftigt sein dürfen. (2 P.)

d) Die Lösung kann je nach Quelle abweichen. Laut Stat. Bundesamt waren im Jahr 2009 rund 10 Mio. in diesem Sektor beschäftigt. Das in a) entwickelte Modell lieferte also einen deutlich falschen Wert und ist daher für Prognosen recht ungeeignet. (2 P.)

Daten und Zufall, Seite 87 bis 95

1 a) Die Gesamtzahl der Arbeiten ist 27, also ist die Note mit dem Rangplatz 14 der Median. Das ist die 3.

b) $\overline{x} = \frac{2 \cdot 1 + 5 \cdot 2 + 8 \cdot 3 + 7 \cdot 4 + 4 \cdot 5 + 1 \cdot 6}{27} = 3{,}\overline{3}$

c) $s \approx 1{,}247$; Formel siehe unten

2 a) Median: 63 280 €; Mittelwert: 93 862 €; Standardabweichung: 92 103 €.

b) Die Standardabweichung verrät sehr große Verdienstunterschiede.
Der Mittelwert hat keine Aussagekraft über die Gehälter, eher schon der Median, der unempfindlicher gegen Ausreißer (hier das Gehalt von Herrn Krause) ist.

3 Man kann 5040 (7!) verschiedene Zahlen bilden.

4 Es gibt $5 \cdot 6 \cdot 8 = 240$ verschieden aussehende Fahrzeuge des Autotyps.

5 Für die Herren gibt es 24 (4!) verschiedene Sitzverteilungen, für die Damen ebenfalls. Kombiniert man jede mögliche Sitzverteilung der Herren mit jeder Sitzverteilungsmöglichkeit der Damen, so gibt es $24 \cdot 24 = 576$ Möglichkeiten, die Karten zu verteilen.

6 Es gibt 1296 (6^4) mögliche Ergebnisse (Variation mit Zurücklegen).

7 Es gibt $\frac{6!}{(6-4)!} = 360$ Möglichkeiten (Variation ohne Zurücklegen).

8 Es gibt $\frac{49!}{6! \cdot 43!} = 13\,983\,816$ Möglichkeiten (Kombination ohne Zurücklegen).

9 a) Die Ergebnismenge hat 992 Elemente $(32 \cdot 31)$.

b) E = {(Karo König/Herz König), (Karo König/Herz Bube), (Karo König/Karo Bube), (Karo Bube/Herz König), (Karo Bube/Herz Bube), (Karo Bube/Karo König), (Herz König/Karo König), (Herz König/Karo Bube), (Herz König/Herz Bube), (Herz Bube/Karo König), (Herz Bube/Karo Bube), (Herz Bube/ Herz König)}

10 a) {WWW, WWZ, WZW, ZWW, WZZ, ZWZ, ZZW, ZZZ}

b) E = {WZZ, ZWZ, ZZW, ZZZ}

11 Das Ereignis hat 25 Elemente $(5 \cdot 5)$.

12 a) absolutive Häufigkeit von E_1: 11 und von E_2: 14

b) relative Häufigkeit von E_1: 44 % $\left(\frac{11}{25} = \frac{44}{100}\right)$ und von E_2: 56 %.

13 Die Serie bestand aus 800 Würfen (48 % ≙ 384 ⇒ 1 % ≙ 8 ⇒ 100 % ≙ 800).

14 $P(E) = \frac{6}{36} = \frac{1}{6}$ zu E gehören 6 Ergebnisse:
E = {6-6; 5-6; 6-5; 5-5; 6-4; 4-6}

15 $P(E) = \frac{6}{16} = \frac{3}{8}$ zu E gehören: E = {WWZZ, WZWZ, WZZW, ZWZW, ZWWZ, ZZWW}

16 zu E gehören:

- Jeder Bube als 1. Ziehung; jede andere Karte als 2. Ziehung ⇒ $4 \cdot 31$
- Jede andere Karte als 1. Ziehung und ein Bube als 2. Ziehung ⇒ $28 \cdot 4$

$P(E) = \frac{4 \cdot 31 + 28 \cdot 4}{32 \cdot 31}$; $P(E) \approx 0{,}2379 \approx 23{,}79\,\%$

17 $P(E) = \frac{12}{56} \approx 21{,}4\,\%$ $\left(\frac{4 \cdot 3 = 12}{8 \cdot 7 = 56}\right)$

18

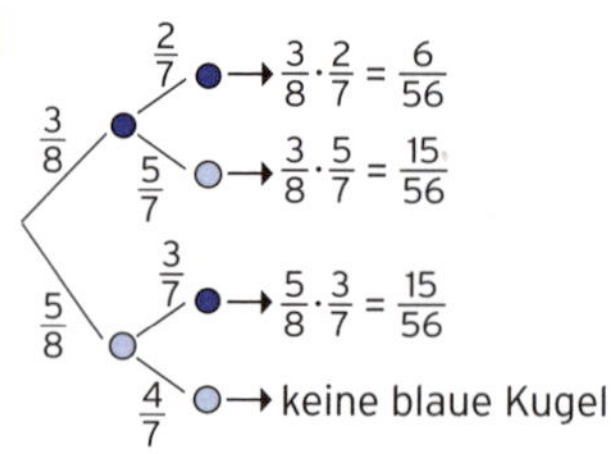

P (mind. 1 blaue Kugel)
$= \frac{6}{56} + \frac{15}{56} + \frac{15}{56} = \frac{36}{56} \approx 64{,}3\,\%$

19

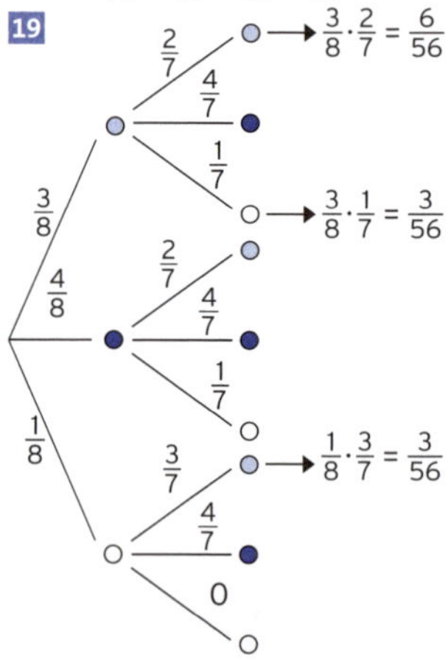

P (keine blaue Kugel)
$= \frac{6}{56} + \frac{3}{56} + \frac{3}{56} = \frac{12}{56} \approx 21{,}4\,\%$

zu **1** c) $s = \sqrt{\frac{2 \cdot (2{,}\overline{3})^2 + 5 \cdot (1{,}\overline{3})^2 + 8 \cdot (0{,}\overline{3})^2 + 7 \cdot (-0{,}\overline{6})^2 + 4 \cdot (-1{,}\overline{6})^2 + 1 \cdot (-2{,}\overline{6})^2}{27}} \approx 1{,}247$

20 A = {4; 5; 6}; $\overline{A}$: *Die Augenzahl ist höchstens 3;*
$\overline{A}$ = {1; 2; 3}
B = {2; 4; 6}; $\overline{B}$: *Die Augenzahl ist ungerade;*
$\overline{B}$ = {1; 3; 5}
C = {3; 6}; $\overline{C}$: *Die Zahl ist nicht durch 3 teilbar;*
$\overline{C}$ = {1; 2; 4; 5}
D = {1; 3; 4; 5}; $\overline{D}$: *Der Würfel zeigt 2 oder 6;*
$\overline{D}$ = {2; 6}

21 Da E: *Der Schütze hat mindestens einen Fehlschuss* viele Ergebnisse hat, ist es hier einfacher über das Gegenereignis zu gehen $\overline{E}$: *Der Schütze hat nur Treffer.*
$P(E) = 1 - P(\overline{E})$; $P(E) = 1 - 0{,}9^5 \approx 0{,}41 = 41\,\%$

22

A = {0; 4; 8}	$P(A) = \frac{3}{10} = 0{,}3$
B = {7}	$P(B) = \frac{1}{10} = 0{,}1$
C = {0; 1; 2; 3; 4; 5; 6; 8}	$P(C) = \frac{8}{10} = 0{,}8$
D = {0; 1; 2; 3; 4; 9}	$P(D) = \frac{6}{10} = 0{,}6$

23 a) Insgesamt wurden 470 Mädchen befragt.
b)

	J	$\overline{J}$	Gesamt
M	350	**220**	**570**
$\overline{M}$	**180**	250	430
Gesamt	**530**	470	1000

c) $|\overline{J} \cap \overline{M}| = 250$.
250 Mädchen sehen weniger als 2 h fern.
d) $P(J \cap \overline{M}) = \frac{180}{1000} = 0{,}18 = 18\,\%$

24

	F	$\overline{F}$	Gesamt
V	36	14	50
$\overline{V}$	20	730	750
Gesamt	56	744	800

F: Farbfehler, $\overline{F}$: Farbe in Ordnung, V: Verarbeitungsfehler, $\overline{V}$: Verarbeitung in Ordnung
$|\overline{F} \cap \overline{V}| = 800 - 70 = 730$
$|V| = 50$
$|F| = 800 \cdot \frac{7}{100} = 56$; der Rest ergibt sich.
a) $P(V \cap F) = \frac{36}{800} = 0{,}045 = 4{,}5\,\%$
b) $|A \cup B| = 20 + 36 + 14 = 70$
vgl. a)
$P(A \cup B) = \frac{70}{800} = 0{,}0875 = 8{,}75\,\%$

25 a) P(*gerade Zahl oder mindestens eine 4*)
= P(*gerade Zahl*) + P(*mindestens 4*)
− P(4)
$= \frac{1}{2} + \frac{1}{2} - \frac{1}{6} = \frac{5}{6}$
b) P(*ungerade Zahl oder nicht unter 3*)
= P(*ungerade*) + P(*nicht unter 3*)
− P(*ungerade und nicht unter 3*)
$= \frac{1}{2} + \frac{2}{3} - \frac{1}{3} = \frac{5}{6}$

26 $P(A) = \frac{4}{10} + \frac{5}{10} - \frac{2}{10} = \frac{7}{10}$
$P(B) = \frac{5}{10} + \frac{6}{10} - \frac{3}{10} = \frac{8}{10} = \frac{4}{5}$
$P(C) = \frac{4}{10} + \frac{8}{10} - \frac{2}{10} = \frac{10}{10} = 1$

27 a) $P(E) = P(J) + P(M) - P(J \cap M)$
$P(E) = \frac{530}{1000} + \frac{570}{1000} - \frac{350}{1000} = \frac{750}{1000}$
$= 0{,}75 = 75\,\%$
b) $P(F) = P(\overline{V}) + P(F) - P(\overline{V} \cap F)$
$P(F) = \frac{750}{800} + \frac{56}{800} - \frac{20}{800} = \frac{786}{800} = 98{,}25\,\%$

28 $P(A) = \frac{7}{20} \cdot \frac{3}{20} = \frac{21}{400} = 5{,}25\,\%$
$P(B) = \frac{3}{20} \cdot \frac{13}{20} = \frac{39}{400} = 9{,}75\,\%$
Beide Ereignisse lassen sich mit dem Multiplikationssatz berechnen, da die Teilereignisse unabhängig sind.

29 $P(A) = \frac{1}{6} \cdot 1 = \frac{1}{6}$; $P(B) = \frac{1}{6} \cdot \frac{1}{6} \cdot 6 = \frac{1}{6}$;
$P(C) = \frac{1}{6} \cdot \frac{1}{6} \cdot 15 = \frac{15}{36}$; $P(A \cap B) = \frac{1}{6} \cdot \frac{1}{6} = \frac{1}{36}$;
$P(A \cap C) = \frac{1}{6} \cdot \frac{1}{6} \cdot 3 = \frac{1}{12}$; $P(B \cap C) = \frac{1}{6} \cdot \frac{1}{6} \cdot 3 = \frac{1}{12}$
$P(A \cap B) = P(A) \cdot P(B)$
$\Rightarrow$ A und B sind unabhängig.
$P(A \cap C) \neq P(A) \cdot P(C)$
$\Rightarrow$ A und C sind abhängig.
$P(B \cap C) \neq P(B) \cdot P(C)$
$\Rightarrow$ B und C sind abhängig.

Zwischentest, Seite 95

Vergeben Sie die Punkte wie angegeben.

1 Median: 2476,50 € (1 P.); Mittelwert: 2516,08 € (1 P.). Der Mittelwert ist informativer, es handelt sich dabei um den monatlichen Durchschnittsverdienst. (1 P.)

2 a) Permutation: n = 6 (6 Ziffern); 6! = 720
Im schlimmsten Fall müsste Dennis 720 Nummern durchprobieren. (je 1 P.)
b) Hier handelt es sich um eine Variation ohne Wiederholung. n = 18; k = 3
$\frac{18!}{(18-3)!} = \frac{18!}{15!} = \frac{18 \cdot 17 \cdot 16 \cdot \not{15!}}{\not{15!}} = 4896$
Mit 4896 Tippscheinen wäre sicher der richtige Tipp dabei. (2 P.)

3 a) absolute Häufigkeit: 6; rel. Häufigkeit: $\frac{6}{32}$
(2 P.)
b) seien s: Sportmuffel; $\overline{s}$: Sport treibende.
Dann gilt für das Ereignis: *Unter drei zufällig gewählten Schülern sind mindestens zwei Sportmuffel* = {sss; ss$\overline{s}$; s$\overline{s}$s; $\overline{s}$ss}
P(E)
$= \frac{6}{32} \cdot \frac{5}{31} \cdot \frac{4}{30} + \frac{6}{32} \cdot \frac{5}{31} \cdot \frac{26}{30} + \frac{6}{32} \cdot \frac{26}{31} \cdot \frac{5}{30} + \frac{26}{32} \cdot \frac{6}{31} \cdot \frac{5}{30}$
$= \frac{41}{496} \approx 0{,}08 = 8\,\%$ (2 P.)

c) E: *Von 7 Schülern ist mindestens einer im Sportverein*
$\overline{E}$: *Von 7 Schülern ist keiner in einem Sportverein*
P(E)
$= 1 - P(\overline{E}) = 1 - \left(\frac{24}{32}\cdot\frac{23}{31}\cdot\frac{22}{30}\cdot\frac{21}{29}\cdot\frac{20}{28}\cdot\frac{19}{27}\cdot\frac{18}{26}\right)$
$\approx 0{,}897 = 89{,}7\,\%$ (2 P.)

4 a) Die Lichtanlage und die Bremse sind defekt. (1 P.)
b) Die Lichtanlage oder die Bremse sind defekt. (1 P.)
c) Die Lichtanlage ist defekt und die Bremse ist in Ordnung (nicht defekt) (1 P.)
d) Die Lichtanlage ist nicht defekt und die Bremse ist defekt. (1 P.)
e) Die Lichtanlage ist in Ordnung oder die Bremse ist in Ordnung. (1 P.)
f) Die Lichtanlage ist in Ordnung oder die Bremse ist in Ordnung $\left(\overline{A \cap B} = \overline{A} \cup \overline{B}\right)$ (1 P.)

5 a)

	M	$\overline{M}$	Gesamt
J	10	15	25
$\overline{J}$	24	36	60
Gesamt	34	51	85

M: Männer, $\overline{M}$: Frauen, J: jünger als 45, $\overline{J}$: älter als 45. (3 P.)

b) $|M \cap J| = 10$; $\quad \frac{10}{85}\cdot 100 \approx 11{,}8\,\%$ (1 P.)
c) $P(\overline{M} \cup J) = P(\overline{M}) + P(J) - P(\overline{M} \cap J)$
(Additionssatz)
$P(\overline{M} \cup J) = \frac{51}{85} + \frac{25}{85} - \frac{15}{85} = \frac{61}{85} \approx 71{,}8\,\%$ (2 P.)

6 a) $P(A) = P(\textit{König}) + P(\textit{As})$
$(\textit{König} \cap \textit{As} = \{\ \})$
$P(A) = \frac{4}{32} + \frac{4}{32} = \frac{1}{4}$ (1 P.)
$P(B) = P(\textit{Bube}) + P(\textit{Karo})$
$\quad - P(\textit{Karobube})$
$= \frac{4}{32} + \frac{8}{32} - \frac{1}{32} = \frac{11}{32}$ (1 P.)
$P(C) = 1 - P(\textit{Pikdame})$
$\left(\overline{\textit{keine Dame} \cup \textit{kein Pik}} = \textit{Dame} \cap \textit{Pik}\right)$
$= 1 - \frac{1}{32} = \frac{31}{32}$ (1 P.)

b) $P(E) = \frac{8}{32} = \frac{1}{4}$
$P(F) = \frac{4}{32}\cdot\frac{28}{31} + \frac{28}{32}\cdot\frac{27}{31}$
$P(F) = \frac{7}{8}$
Baumdiagramm zur Berechnung von F:

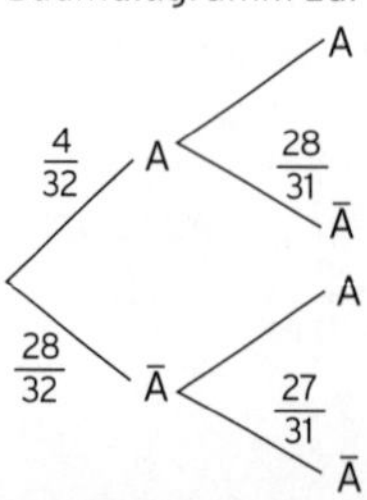

A: As
Ā: kein As

$P(E \cap F) = \frac{1}{32}\cdot\frac{28}{31} + \frac{7}{32}\cdot\frac{27}{31} = \frac{7}{32}$
$P(E)\cdot P(F) = \frac{1}{4}\cdot\frac{7}{8} = \frac{7}{32} = P(E \cap F)$
Die Ereignisse sind unabhängig. (2 P.)
Baumdiagramm zur Berechnung von $E \cap F$:

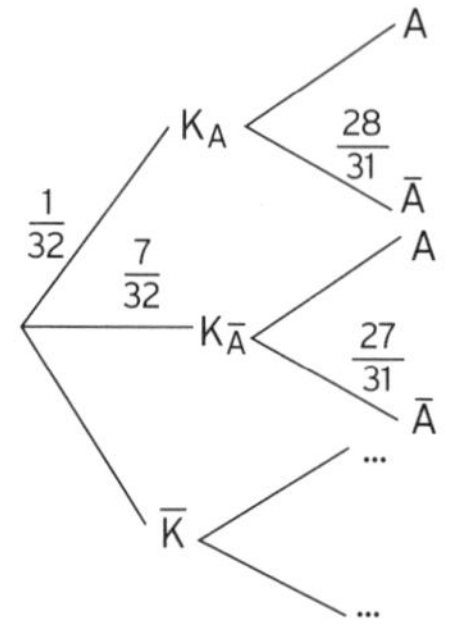

K_A: Karo-As
$K_{\overline{A}}$: andere Karokarte
A: As
$\overline{A}$: kein As
$\overline{K}$: keine Karokarte

Abschlusstest, Seite 96 bis 101

Vergeben Sie bitte einen Punkt pro Teilaufgabe oder Teilschritt, falls nicht anders angegeben.

1 x = 6; linke Seite: −102, rechte Seite: −102

2 a) $(7a^2b - 5b)^2 = 49a^4b^2 - -70a^2b^2 + 25b^2$
b) $(4 - -7a^2)^2 = 16 - 56a^2 + 49a^4$
c) $(7a + 9b)\cdot(7a - 9b) = 49a^2 - -81b^2$
d) $(5a - 3b)^2 = 25a^2 - 30ab + 9b^2$

3 $D = \mathbb{R}\setminus\{\pm 2\}$; $L = \{3\}$;
linke Seite: $\frac{15}{15}$, rechte Seite: $\frac{5}{5}$ (je 2 P.)

4 a) $a = \frac{2A}{h} - c$ b) $b = \frac{u - a - c}{2}$
c) $r = \sqrt{\frac{O}{4\pi}}$ d) $s = \frac{O - \pi r^2}{\pi r}$ oder $s = \frac{O}{\pi r} - r$

5 a) $L = \{(3\,|\,-7)\}$ b) $L = \{(4\,|\,9)\}$ (je 2 P.)

6 a) x: Menge dest. Wasser;
y: Menge der 20 %igen Mischung
$\left|\begin{array}{l} \boxed{1}\ x + 4\,\ell = 9\,\ell \\ \boxed{2}\ 0\cdot x + 0{,}3\cdot 4 = 0{,}2\cdot y \end{array}\right|$ (2 P.)
b) Gleichungssystem lösen:
$\boxed{1}\ x + 4\,\ell = y$
$\boxed{2}\quad 1{,}2 = 0{,}2\,y \quad |:0{,}2$
$6 = y \quad$ in $\boxed{1}$ einsetzen
$x + 4 = 6$
$x = 2$ (2 P.)
Der Schüler muss 2 ℓ dest. Wasser verwenden.

7 (1) $-2\cdot 35 \neq -35$ kein Lösungspaar
(2) $10 - 3{,}5 \neq -2$ kein Lösungspaar
(3) $5\cdot(-7) = -35$, $5 - 7 = -2$ Lösungspaar
(4) $-18{,}5\cdot(-16{,}5) \neq -35$ kein Lösungspaar
(je 0,5 P.)

8 $-\frac{2}{5}\cdot\left(x - \frac{20}{4}\right) \leqq x^2 - \left(x + \frac{1}{2}\right)^2$
$-\frac{2}{5}x + 2 \leqq x^2 - \left(x^2 + x + \frac{1}{4}\right)$
$-\frac{2}{5}x + 2 \leqq -x - \frac{1}{4} \quad | + x - 2$ (2 P. Rechnung 1 P. Zeichnung)
$\frac{3}{5}x \leqq -\frac{9}{4} \quad | \cdot\frac{5}{3}$
$x \leqq \frac{15}{4} = 3{,}75$

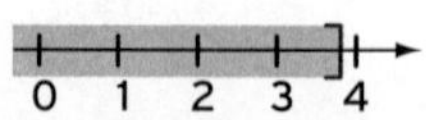

9 a) $\frac{7}{5}+\frac{21}{4}-\left(\frac{30}{7}-\frac{2}{3}\right)=\frac{28}{20}+\frac{105}{20}-\left(\frac{90}{21}-\frac{14}{21}\right)$
$=\frac{133}{20}-\frac{76}{21}$
$=\frac{2793}{420}-\frac{1520}{420}=\frac{1273}{420}$

b) $\frac{19}{3}-\frac{2}{5}:\left(\frac{9}{14}+\frac{21}{14}\right)=\frac{19}{3}-\frac{2}{5}:\frac{30}{14}=\frac{19}{3}-\frac{\not{2}^{\,1}}{5}\cdot\frac{14}{\not{30}_{\,15}}$
(je 2 P.) $=\frac{19}{3}-\frac{14}{75}=\frac{475}{75}-\frac{14}{75}=\frac{461}{75}$

10 a) $4{,}156\cdot 10^9$ b) $4{,}192\cdot 10^{-10}$

11 a) $3{,}125\cdot 10^{12}$ (2 P.) b) $7\cdot 10^1$ (2 P.)

12 a) a^{1-p} b) $\frac{1}{5x}$ c) b^{8-m} d) $\frac{y^3}{8x^3}$

13 a) 5 b) 2 c) 3

14 a) 25 b) 10 c) 9

15 $2x^4-2x^2+2x^2-2=3-x^4+4$
$2x^4-2=7-x^4 \quad |+x^4+2$
$3x^4=9$
(2 P.) $x^4=3 \Rightarrow x_1=\sqrt[4]{3};\ x_2=-\sqrt[4]{3}$

16 a) $x=2$ b) $x=0$ c) $x=\frac{1}{8}$
d) $x=243$ e) $x=\frac{1}{8}$ f) $x=a$

17 $8^x-5=-(2^{3x}-9)$
$(2^{3x})-5=-2^{3x}+9 \quad |+2^{3x}+5$
$2\cdot 2^{3x}=14 \quad |:2$
$2^{3x}=7 \quad |\ln$
$3x\cdot\ln 2=\ln 7 \quad |:(3\ln 2)$
$x=\frac{\ln 7}{3\cdot\ln 2}=\frac{\ln 7}{\ln 2^3}=\frac{\ln 7}{\ln 8}$ (2 P.)

18

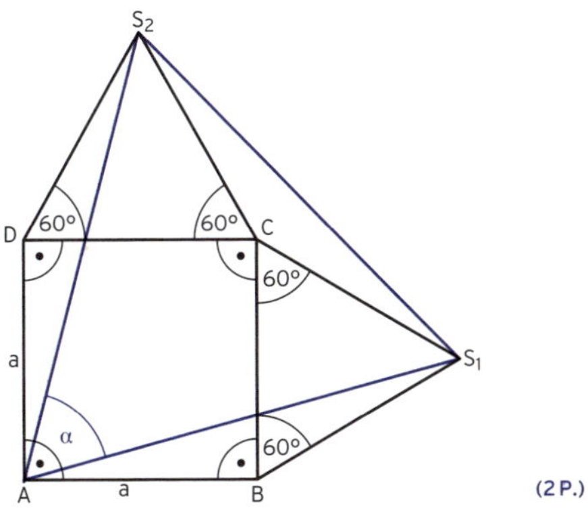

(2 P.)

Die Dreiecke AS_2D und ABS_1 stimmen jeweils in zwei Seiten und dem eingeschlossenen Winkel (90° + 60°) überein, sind also nach sws kongruent. Damit sind die Strecken $\overline{AS_1}$ und $\overline{AS_2}$ gleich lang. Das Dreieck S_1S_2C hat bei C einen Winkel von
360° − 90° − 60° − 60° = 150° = (90° + 60°)
und zwei gleich lange Seiten wie die erstgenannten Dreiecke. Damit sind also alle drei Dreiecke ABS_1, S_1S_2C, AS_2D kongruent und die Strecke $\overline{AS_1}=\overline{S_1S_2}=\overline{S_2A}$.
Es folgt die Behauptung. (2 P.)

19 a) $\frac{x}{4{,}4}=\frac{9{,}5}{4}$, $x=10{,}45$ (2 P.)
b) $\frac{2{,}9}{(y+2{,}9)}=\frac{2{,}3}{4{,}3}$; $y\approx 2{,}52$ (2 P.)

20 a) $\frac{a}{2}=\sqrt{11{,}7^2-10{,}9^2}$, $a\approx 8{,}5\,\text{cm}$ (2 P.)
b) $d=a\cdot\sqrt{2}$, $d\approx 12\,\text{cm}$ (2 P.)

21 $S_K=\sqrt{15^2-5{,}8^2}=13{,}83329\ldots$ (2 P.)
In der Ebene beträgt die Entfernung ungefähr 13,8 km.

22 $h=\sqrt{a^2-\left(\frac{a}{2}\right)^2}$; $h=\sqrt{\frac{3}{4}a^2}=\frac{a}{2}\sqrt{3}$ (2 P.)

$\sin 60°=\frac{\frac{\not{a}}{2}\sqrt{3}}{\not{a}}=\frac{1}{2}\sqrt{3}$
wegen $\cos(90°-\alpha)=\sin(\alpha)$ ist
$\cos 30°=\frac{1}{2}\sqrt{3}$

$\sin 30°=\frac{\frac{\not{a}}{2}}{\not{a}}=\frac{1}{2}(=\cos 60°)$

$\tan 30°=\frac{\frac{\not{a}}{2}}{\frac{\not{a}}{2}\sqrt{3}}=\frac{1}{\sqrt{3}}\cdot\frac{\sqrt{3}}{\sqrt{3}}=\frac{1}{3}\sqrt{3}$

$\tan 60°=\frac{\frac{\not{a}}{2}\sqrt{3}}{\frac{\not{a}}{2}}=\sqrt{3}$

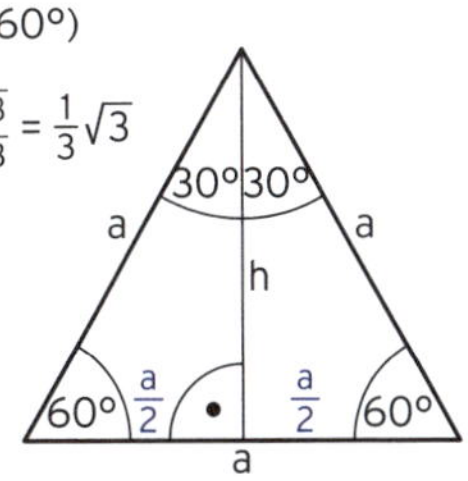

(je 1 P.)	30°	45°	60°
sin	$\frac{1}{2}$	$\frac{1}{2}\sqrt{2}$	$\frac{1}{2}\sqrt{3}$
cos	$\frac{1}{2}\sqrt{3}$	$\frac{1}{2}\sqrt{2}$	$\frac{1}{2}$
tan	$\frac{1}{3}\sqrt{3}$	1	$\sqrt{3}$

23 a) $x\approx 8{,}2\,\text{cm}$ (3 P.) b) $b\approx 7{,}3\,\text{cm}$ (3 P.)

24 $A_{Kreisring}=\pi\cdot 4{,}2^2-\pi\cdot 2{,}7^2$; (1 P.)
$A_{weiß}=\frac{A_{Kreisring}}{360}\cdot 109$; $A\approx 9{,}845\,\text{m}^2$ (2 P.)

25 $A_{Abfall}=A_{Qr}-A_{Kr}\approx 7{,}726\,\text{cm}^2$; (2 P.)
$\frac{7{,}726}{36}\approx 21{,}5\,\%$ (1 P.)

26 $a\approx 7{,}1\,\text{cm}$, $O=303\,\text{cm}^2$ (2 P.)

27 $u\approx 16{,}65\,\text{m}$ (2 P.); $16{,}65:0{,}25\approx 66{,}6$ (1 P.)
Es werden 67 Blumen benötigt.

28 a) $V=V_Z+V_{Ku}$ (2 Halbkugeln),
Zylinderhöhe 2,50 m
$V\approx 2{,}827\,\text{m}^3+0{,}905\,\text{m}^3=3{,}732\,\text{m}^3$ (2 P.)
b) $O=M_Z+O_{Ku}$
$O\approx 9{,}425\,\text{m}^2+4{,}524\,\text{m}^2=13{,}949\,\text{m}^2$ (2 P.)

29 a) $V=V_W+V_P$; $V=216\,\ell+102\,\ell=318\,\ell$ (2 P.)
b) $V=V_{Kl}+V_{Hk}$; $V\approx 10{,}8\,\ell+4{,}6\,\ell\approx 15{,}4\,\ell$ (2 P.)

30 $r\approx 7{,}04\,\text{cm}$; $O\approx 622{,}8\,\text{cm}^2$ (2 P.)

31 r der Kugel $\approx 0{,}282\,\text{m}$; $V\approx 0{,}094\,\text{m}^3$ (2 P.)
a des Würfels: 0,408 m; $V\approx 0{,}068\,\text{m}^3$ (2 P.)

32 $h = 6r$;

$O = 2 \cdot \pi \cdot r^2 + 2 \cdot \pi \cdot r \cdot 6r$ $\quad V = \pi \cdot r^2 \cdot h$

$O = 2 \cdot \pi \cdot r^2 + 12 \cdot \pi \cdot r^2$ $\quad V = \pi \cdot r^2 \cdot 6r$

$O = 14 \cdot \pi \cdot r^2$ $\quad V = 6 \cdot \pi \cdot r^3$

$r = \sqrt{\frac{O}{14 \cdot \pi}} \approx 4{,}46\,cm$ $\quad V \approx 1672{,}3\,cm^3$

33 a) $y = 1{,}5x + 6$ (1 P.) b) $y = 1{,}5x - 3$ (2 P.)
c) $y = -4x + 20$ (2 P.) d) $y = 1{,}6x + 0{,}2$ (2 P.)

34 a) $f(x) = (x-2)^2 + 3$ (4 P.)

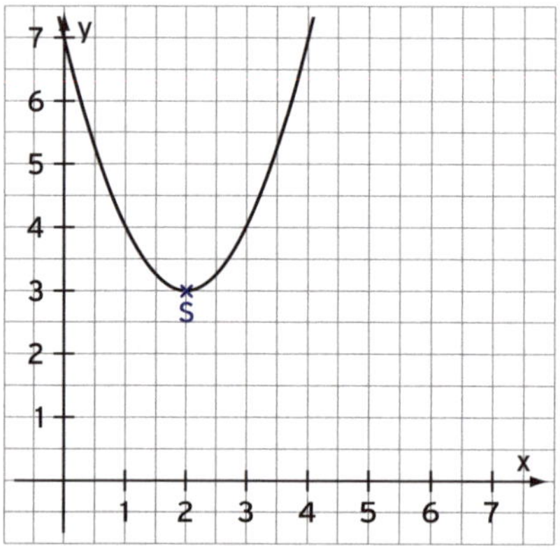

b) $S(2\,|\,3)$ (1 P.)
c) Es gibt keine Nullstellen (2 P.)

35 a) (3) b) (2) c) (4) d) (1)

36 Samuel hat recht, es handelt sich um exponentielles Wachstum. (2 P.)

37 a) Zur Vereinfachung der Berechnungen setzt man $t = 0$ für das Jahr 1966 und $t = 1$ für 1976 etc., also t in 10-Jahres-Schritten.
Dann ergibt
$B(1) - B(0) = 864563$; (1 P.)
$B(2) - B(1) = 968373$ (1 P.)
Fazit: Kein lineares Wachstum!
$\frac{B(1)}{B(0)} \approx 1{,}20$; (1 P.) $\frac{B(2)}{B(1)} \approx 1{,}19$ (1 P.)
Fazit: Exponentielles Wachstum mit $a = 1{,}195$ scheint geeignet.
$B(t) = 4219900 \cdot 1{,}195^t$

b) $B(3) = 7201217$
$B(4) = 8605454$
$\Rightarrow$ Für die Zeit ab 1986 liefert das Modell deutlich zu hohe Werte. (2 P.)

c) Berechnung der Einwohnerzahlen nach dem Modell $B(t) = 4219900 + 885000 \cdot t$ liefert:

t	B(t)
0	4219900
1	5104900
2	5989900
3	6874900
4	7759900

Das Modell ist zwar auch ungenau, scheint aber für den gesamten Zeitraum und gerade auch für Prognosen (z.B. 2012) besser geeignet. (4 P.)

38 a) Der Notendurchschnitt beträgt 3,53. (2 P.)
b) Formel siehe unten; $s \approx 1{,}06$ (2 P.)

39 Die Glücksfee kann 362 880 (9!) verschiedene 9-stellige Zahlen ziehen. (2 P.)
Um sicherzugehen, hätte man alle 362 880 möglichen Tipps abgeben müssen, was 181 440 € gekostet hätte.
Gewonnen aber hätte man dann nur 100 000 € – das ist nicht fair. (2 P.)

40

Ereignis e_i	e_1	e_2	e_3	e_4
abs. H.	7	9	13	11
rel. H.	$\frac{7}{40}$	$\frac{9}{40}$	$\frac{13}{40}$	$\frac{11}{40}$
W. in %	17,5 %	22,5 %	32,5 %	27,5 %

(je 0,5 P.)

41 a) $A = \{11; 22; 33; 44; 55; 66\}$;
$B = \{12; 15; 24; 33; 36; 45; 66\}$
$C = \{36\}$
$D = \{46; 55; 56; 66\}$
b) $\overline{A}$: *Die AZ sind verschieden*
$\overline{D}$: *Das Produkt der AZ ist höchstens 20.*

42 a)

(2 P.)	A	$\overline{A}$	ges.
B	7 %	4 %	11 %
$\overline{B}$	43 %	46 %	89 %
ges.	50 %	50 %	100 %

A: Ampel rot
B: Bahnschranke zu

b) $P(A \cap B) = 7\,\%$ (1 P.)
c) P(*mind. einmal freie Fahrt*)
$= 1 - P$(*nie freie Fahrt*) (2 P.)
$= 1 - 0{,}54^{10}$ (an 5 Tagen 10-mal) $\approx 99{,}8\,\%$
Die Aussage von Frau Dr. Meier ist nur leicht übertrieben.

43 $P(A) = \frac{6}{21}$; $P(B) = \frac{7}{21} = \frac{1}{3}$; $P(C) = \frac{1}{21}$; $P(D) = \frac{4}{21}$

a) $P(A \cup B) = \frac{6}{21} + \frac{7}{21} - \frac{2}{21} = \frac{11}{21}$

b $P(C \cup D) = \frac{1}{21} + \frac{4}{21} - 0 = \frac{5}{21}$

c) $P(B \cup \overline{D}) = \frac{7}{21} + \frac{17}{21} - \frac{18}{21} = \frac{6}{21} = \frac{2}{7}$

d) $P(\overline{A} \cup C) = \frac{15}{21} + \frac{1}{21} - \frac{15}{21} = \frac{1}{21}$

44 $P(A \cap B) = \frac{2}{21}$
$P(A) \cdot P(B) = \frac{6}{21} \cdot \frac{1}{3} = \frac{2}{21} = P(A \cap B)$
$\Rightarrow$ A und B sind unabhängig.
$P(A \cap D) = \frac{2}{21}$; $P(A) \cdot P(D) = \frac{8}{147} \neq P(A \cap D)$
$\Rightarrow$ A und D sind abhängig.
$P(B \cap D) = \frac{1}{6}$; $P(B) \cdot P(D) = \frac{4}{63} \neq P(B \cap D)$
$\Rightarrow$ B und D sind abhängig.

zu **38** b) $s = \sqrt{\frac{(1-3{,}53)^2 + 4 \cdot (2-3{,}53)^2 + 9 \cdot (3-3{,}53)^2 + 10 \cdot (4-3{,}53)^2 + 6 \cdot (5-3{,}53)^2}{30}}$